한국 현대건축의 지리지 2

서 울 체

박길룡 / 이재성

서울을 건축으로 보다

디북

머리말
서울의 지역성은 가능한가

역사 이동에는 상황마다의 인과성이 엄연하다. 시간의 파조波潮는 쓰나미처럼 연동적이다. 시간차를 두지만 전체가 함께 운동하는 수리 역학적 성질이 있다. 한국도 아시아와 세계와 함께 동조하고 반동한다.

한국의 현대건축에도 지방색이 있다는 믿음으로 서울성을 뒤져보기 시작했으나 곧 포기하였다. 미리 걱정했던 대로 모두 희석되거나 단종된 것 같았다. 서울을 포기하고 좀 더 시선을 멀리 하여서 건진 것이 『제주체』2014, 도서출판 디이다. 제주에서는 온연하고 확연한 현대적 지방색을 건질 수 있었다.

제주에서 서울의 건축으로 시선을 옮겨 오니, 서울성의 기미가 보이기 시작했다. 한국이 세계화되었다 해도 그 천연자天然子가 작용할 터이고, 외계인 건축가가 서울에서 작업한다 하더라도 그냥 하지는 않는다는 것이다. 아무리 그래도 서울에 건축되었다 해서 그냥 서울체가 되는 것은 아니다. 서울성을 찾는다 하더라도 한국적인 것과 구분되는지, 그것이 진정 광주나 부산과 차별되는지를 가려 말할 수 있어야 할 것이다. 수도라는 도시적 상황은 서울성을 위하여 조건이 될 수도 있지만, 유니버설한 성질로 희석되어 버릴 개연성도 크다.

고유섭미술사학자, 1905~1944 식으로 말하면 결국 지역성은 표현체, 구현체, 상징체, 형상체로 드러난다. 그러니까 도시의 지역성으로써 서울체를 구분하기 위해서는 물상적 차원만이 아니라 이 도시를 이루는 여러 가지 현상적 양태를 알아볼 일이다. 조금 더 미시적인 안경으로 갈아 끼고 보니 서울의 지리, 풍광, 문리, 정치, 사회, 역사의 작용을 찾을 수 있을 것 같다. 서울의 언어에도 사투리가 있고, 표준어 이외에 지역 고유의 언어가 있다. 거기에 침잠하여 있는, 묻어도 덮어도 비어져 나오는 정서는 어찌하겠는가.

지역성은 관계성이며 상대성이고 궁극적으로는 자의성을 발견하는 일이 더 중요하다. 건축적 서울성 역시 몇 가지 변인變因을 필연으로 한다.

아픔을 견뎌낸 장소

서울은 한반도의 허리에서 한강의 수리水理를 끼고 형성되며, 하늘을 맴도는 풍리風理와 그 걸출한 북악에서 지리地理를 얻었다. 그것을 천혜天惠라 하는가 보다.

그러나 사람의 도시는 인고忍苦의 장소이다. 서울도 조선 건국과 천도遷都 이후 몽골과 왜의 전란으로 쑥대밭이 되었던 것을 다시 살렸다. 정치·외교의 거점으로 서양의 문물이 먼저 들어오는 곳도 서울이다. 일제 식민지의 본거지, 한성은 경성으로 멸실되는 듯했다. 한국전쟁 때는 북한의 일차적인 타격 목표가 서울에 집중되었고, 연합군의 수복 목표도 우선 서울이었다. 서울은 대한민국 수도로 4·19, 5·16, 10·26 등의 정치적 부침을 목도하며 그의 몸을 그을리면서 사회의 모순을 참아 내었다.

　도시 정책의 난맥으로 몸은 상처투성이지만, 한강이 있고 북한산이 있고 남산이 있기 때문에 버텼다. 문화 교차가 가장 활발하고 먼저 벌어지니, 그 교환에서 잡종 강세를 이루며 서울성은 강고하여졌을지 모른다. 그렇게 서울은 한국 근대사의 중심에 있어 크고 깊은 복잡성을 이룬다.

팽창하는 육욕 생물

600년 도시는 세계적으로 흔하지 않다. 히로시마, 나가사키, 베를린, 서울. 특히 전란으로 다 망가졌던 도시가 재생된 경우는 흔하지 않다. 근대 서울이 세운 개발 개념에서는 인구 천만 정도가 비전이었다. 서울은 그때까지만 해도 저밀도였으며 평균 2.5층의 건물이 도시를 채우고 있었다. 이호철이 소설 『서울은 만원이다』를 쓸 때1966 서울 인구는 '고작' 380만 명 정도였다. 지금은 인구 천만을 넘나든다지만, 문제는 인접 경기의 도시들이 서울과 합체하려 한다는 사실이다. 그래서 서울은 그 자신의 팽창만이 아니라, 상상을 초월하는 몸집 불리기가 진행 중이다. 파워레인저스, 트랜스포머처럼 다른 개체와 합체하면 엄청난 파워를 갖는다.

　서울을 [규모+인구+역사시간]를 총합한 계수로 산정한다면 세계 최고의 도시가 될 것이다. 서울은 면적 605.2제곱킬로미터, 인구 972만여 명2019년으로, 인구밀도 1만 6천여 명/km²은 도쿄 6천3백여 명/km²보다 높으며, 특히 600년의 역사를 가진 도시는 따라올 자가 없다. 역사로 치면 로마나 파리가 월등하겠지만, 그들 도시의 인구는 423만 명과 214만 명 2018년에 지나지 않는다. 서울 인구는 최근 조정 국면에 들어섰지만, 매년 20만 명씩 엄청난 속도로 팽창해 왔다. 서울은 2012년 인구와 GDP의 규모로 20K-50K 클럽에 들었다. 천만 인구를 가지고 25,000$/인의 경제력을 가진 도시는 세계에서 일곱 도시밖에 없단다.

서울은 도시 경제력에서 건설 주도력이 23퍼센트인데, 세계적으로 상위 그룹인 스페인의 17.9퍼센트, 미국의 10.0퍼센트에 비해 월등한 수치이다. 이는 건설 투자가 과잉이라는 이야기도 되지만, 이미 서울은 도시 경제에 마취되어 되돌릴 수도 없다. 도시 면적 70퍼센트를 토지 구획 사업, 택지 개발, 재개발, 재건축으로 갈아엎으며, 서울은 지난 70년 사이에 불규칙, 비균질, 계획 사업, 건설 드라이브로 성장했다.

21세기의 지방색

한국의 21세기에서 지방색을 찾는 것이 무모한 일이 되어 버린 것을 잘 안다. 이미 세계 또는 서양 문화와 한통속이 된 것도 잘 안다.

한반도에 꽂힌 빨대처럼 전국성을 흡입하니 모든 지방의 혼합체나 마찬가지이다. 반면에 서울에 이입된 외래문화는 다시 지방으로 파출되니 전국성의 유통센터와 같다. 더욱이 문제는 시공의 개념이 급박하게 단축된다는 사실이다. 고속철로 서울-광주, 서울-부산 2시간은 서울의 강서에서 강동까지 가는 시간과 같다. 시간이 공간을 휘젓고 다니다 보면 지역성은 희석되기 마련이다.

그러니까 21세기에 지방색을 가진다는 것은 무모한 일이다. 그러나 시좌視座를 돌려 보면, '그래서 달라질 일'이 있다. 소위 '익숙한 것으로부터 오류'를 범하는 문화의 버릇이다. 보통 세계성에 희석될수록, 지방색을 교반攪拌하고 있을수록, 그 한편에는 독자적으로 달라질 차이를 만드는 욕망이 있다.

그것이 진화進化이건 변태變態이건, 종의 교반이 더 진행되기 전에 유전자 코드를 가려낼 수 있기를 바란다. 서울성을 지방성과 구분하려는 것은 치졸한 오류임을 알면서도 서울성의 증거를 찾아본다. 만약 이 서울성의 규명이 여의치 못하다면, 현재적 가치를 위한 '서울의 건축'으로 활용되기를 바란다.

서울성

서울성을 찾기 위해 몇 개의 키워드를 상정했다. 물론 이는 단박에 추출된 것이 아니고 연역적이며 다시 귀납적인 과정을 반복한 결과이다.

원형질 서울의 맛이 있는데, 그것은 단아하다. 서울 음식은 기본적으로 맑고 깨끗해야 한다. 김치 국물조차 그렇다. 간장으로 담그는 김치, 장김치는 서울 사람들의 성질이다. 소박하게 식사하는 문화로, 전라도의 떡 벌어진 한 상 차리기에 상대하면 무색해지지만 합리적이다. 민요에서 경기창은 구슬픈 서도창에 비해 경쾌하며, 걸걸한 남도창에 비해 맑다. 서울의 공기는 남도처럼 눅눅하지 않고 북한처럼 메마르지 않다. 한반도는 북위 43도에서 33도까지 길게 발달한 지리여서 면적은 얼마 안 되어도 수직적으로는 꽤 구분이 된다. 그래서 바람도 구별되는데 서울은 그 중심에 있다.

큰 것의 기회 큰 것일수록 욕망의 엔트로피는 저지할 수가 없다. 오히려 큰 도시는 기회가 많다. 몰려드는 자본은 부동산의 욕망으로 태환되고 빌딩으로 쌓인다.

역사와 시간 쌓여 축적된 가치는 그 위의 어떤 자연의 재해나 인간의 파훼에도 불구하고 그 또한 원형질로 흡수한다. 한양과 경성과 서울의 주름 사이에 나이테는 자꾸 불어나고, 테 사이에 문명이 쌓인다. 그 시간이 600년쯤 되면 이제 낡은 것과 새 것이 섞여 보인다. 갈등의 세상 조선의 문물을 다시 찾고, 모순 속에서 근대적 자아를 가리며, 현대의 궁극성을 모색하며 나이테를 만들어 왔다.

기억을 기념 건축에서 기념성은 표현을 위한 절호의 기회이다. 건축가는 이를 위해 할 수 있는 모든 승부를 던진다. 자칫 건축이 예술일 수 있는, 합목적성이 경계를 넘는 일이기 때문이다. 기억의 두께가 두꺼워질수록 잊지 말아야 할 것이 많아진다. 도시에서 장소가 생성되는 동기이며, 사람이 기념할 기억을 만들기도 한다. 말하자면 얼마나 풍부한 장소를 가지고 있는가에 따라 서울성이 짙어질 것이다.

도시 문화   수도라는 도시성은 각별하지만, 한 국가의 멱살이기도 하다. 도시는 물상 지리만이 아니라 문예 지리의 현상이다. 그만큼 서울은 낱낱의 양태보다는 지리와 사람과 문예가 집합된 구조로 읽는 일이 중요해진다.

수선의 지리   북한산과 한강을 기폭으로 하는 풍수는 경이로운 도시 풍경을 만든다. 그만큼 서울의 건축은 그것을 배경으로 할 소질이 많다. 조금만 물러서 보면 건축이 산과 겹치거나 강과 엮인다. 건축가는 아주 긴요한 단서로 시작하는 것이다.

한강   서울의 으뜸 자랑인 풍수지리에서 북악, 남산, 한강의 지리로 강 북쪽에 틀을 만들었지만, 이제 한강 이북은 그 반쪽의 형국일 뿐이다. 큰 규모에 질량을 더하니 서울은 가히 몸집의 도시이다. 한강의 스케일은 당당한데, 로마의 테베레, 파리의 센, 마드리드의 만사나레스는 한강에 비하면 개천 수준이다. 큰 강이 큰 땅을 섭생하며 큰 인구를 맞아들이고 큰 문명을 낳는다. 1970년대까지만 해도 한강은 서울의 남쪽 변방을 지나고 있었지만, 지금은 서울의 중심을 흐른다.

자본주의 도시   도시가 몸집을 불리는 것은 그만한 영양의 신진대사를 필요로 한다. 세계의 대도시들이 과대 영양으로 비대해져서 문제를 만들지만, 우리는 후기 자본주의로 치닫고 있다. 상업주의가 도시를 두통 속에 가두거나, 여유 자본이 도시를 스마트하게 한다. 쉽게 말해 도시의 반은 돈으로 만든다.

서울의 건축술   건축만으로 지역성을 알아보는 일은 어렵겠지만, 서울이라면 해 볼 만한 건축이 여럿 구현되었다. 그것은 기술적 승리이기도 하고, 똑똑한 건축을 만드는 방법이며, 건축의 새로운 해부학적 이해로 얻어진다. 그중의 수선首善은 문화 욕망을 건축으로 반환해 내는 일이다.

첨단적 이해　가장 앞에 있는 생각은 뒤를 알아야 한다. 그가 그 무리를 위한 길을 만들므로, 새로워야 하고 전통을 튼실하게 할 책임이 이 선두에 있는 것이다. 낯선 것이 두렵지 않고, 국제적인 접촉에서 맨 앞에 있다. 한국에서 첨단적인 것이 새 시대의 일인 만큼, 21세기에 들어 낡은 것이 새삼스러워지는 일이 생기기 시작했다. 서울의 두터운 연륜은 이제 낡은 것이 낯설어지는 시간에 들었다. 엄연한 모순이지만, 과거와의 해후에 집착하는 레트로스펙트가 현대적 상투성을 상대한다.

착한 건축　큰 것이 착해야 한다. 도시 생활에서 종교가 착하고, 자본주의에서 기업이 착하고, 민주주의에서 공공이 착할 때 빛난다. 공공이 착한 것은 건축이 사회적이라는 뜻에서 당연한 의미이지만, 자본의 시대에서 기업이 착해지는 현상은 고무적이다. 특히 후기 자본주의의 한 틈 빛으로 보인다.

이러한 전제로부터 서울의 건축을 다음과 같은 11개의 키워드로 정리한다. 이 키워드들은 단순하게 추출된 것이 아니라, 어떤 서사적 구조를 갖는다. 그 구조란 서울의 현대건축을 설명하기 위해 1/ 시간적 적층으로 말하며, 2/ 지역적으로 엮으며, 3/ 현대화 과정에서 건축 개념이 확장된다는 뜻으로 순서를 잡았다. 그것을 다시 다음과 같이 서사 구문으로 읽을 수 있다.

한성 500년–경성 35년–서울 70년이라는 [서울의 나이테]는 인문–지리에서 [기념적 기억]을 만들어 간다. 우리는 도시가 수월적 존재이기 위해 풍부한 [도시 문화 장소]가 중요함을 안다. 서울은 산과 [한강이 품고 있던 것]이 많다. 당연히 [자본의 도시]에서 강남을 따로 보게 하며, [대학의 건축]에서 엘리티시즘을 기대한다. [도시 건축, 스마트 빌딩]이 특별할 것이며, 자본주의 서울의 건축을 고무하는 것은 [테크놀로지, 몸의 감각]이며, 후기 모더니즘에서 [낯선 것에 대한 자유로움], 국제적으로 개방된 [월경越境 문화, 문화 교차]로 잡종 강세하며 진화한다. 그 이마에 진 주름만큼 메트로폴리스에서 [착한 건축]을 찾는 것이 이 책의 궁극적 목표라 하겠다.

목 차

서울의 나이테

수선	공간 사옥 020 공간 아넥스 022 아라리오뮤지엄 인 스페이스 024
경복궁 옆 사간동 패	대한출판문화회관 028 갤러리현대 029 금호미술관 031 국제갤러리 K1 033 국제갤러리 K3 035 국립현대미술관 서울관 037
오래된 근대성	아트선재센터 042 가회헌 046 북촌마을안내소 048 송원아트센터 051
서촌, 북악의 그늘	아름지기 055 통의동 보안여관, 보안 1942 058 메밀꽃 필 무렵 060 이상의 집 062 온그라운드 갤러리 064
정동이 기억하는 것	서울시립미술관 068 이화100주년기념관 070 돈의문박물관마을 072
인사동	쌈지길 078 학고재갤러리 080
대학로	아르코 미술관/예술극장 083 마로니에공원 087 대학로 문화공간 091 쇳대박물관 093 동숭교회 095

기념적 장소, 서울이 기념할 것

한강의 절경 또는 피의 장소, 그 모순	양화진 외국인선교사묘원 101 절두산 순교기념관 104 절두산 순교자기념탑 107 서소문성지역사박물관 109
서울의 한국 사람들	환기미술관 114 탄허기념박물관 118 안중근의사기념관 120 윤동주문학관 124

머리말	서울의 지역성은 가능한가	002
	서울성	007
맺음말	〈서울체〉를 마무리하며	472
	색인	474

도시·문화·장소

조선의 멱, 수도의 문화 중심축	광화문광장 135 서울광장 137 서울시청사 139 서울도시건축전시관 142 서울로7017 144 윤슬 147
백세청풍, 청계천	청계천박물관 154 서울문화재단 156
시대의 긴 운명, 세운상가	다시·세운 프로젝트 159
북악의 맥박, 평창동 문화 예술 마을	토탈미술관 164 가나아트센터 165 김종영미술관 168
용산의 기억, 군화의 땅	전쟁기념관 174 국립중앙박물관 176 국립한글박물관 183
백제의 땅, 올림픽공원	세계평화의문 188 소마미술관 189
외곽 문화, 주변과 중심	서울식물원 195 성수문화복지회관 200 우란문화재단 202

한강이 품고 있던 것

강변 인프라를 문화로	선유도공원 211 노들섬 오페라하우스 프로젝트 213 뚝섬 전망복합문화시설 216 난지 수변생태학습센터/한강야생탐사센터 219 당인리 문화창작발전소 220
아름다워지고 싶은 수상 토목	한강의 다리 223 한강의 다리 쉼터 231

자본·도시·강남

한남대로 3형제, 꼰벤뚜알프란치스코수도회 교육관 239   일신홀 240
건축의 표층 언어 핸즈코퍼레이션 사옥 241

압구정에 바람 부는 날 갤러리백화점 명품관 서관 245   청담동 부티크 가로 246
  이상봉타워 252

강남에서 건축 문화하기 아크로스 255   퀸마마마켓 256   ABC사옥 258   바티_리을 261
  메이크어스 263

엘리트 디자인, 대학의 건축

국립, 서울대학교 서울대학교 39동 (건축학과) 268   서울대학교 미술관 270
  서울대학교 관정도서관 273   서울대학교 IBK커뮤니케이션센터 275
  서울대학교 야외공연장 278

공립, 서울시립대학교 선벽원 282   서울시립대학교 조형관 286
  서울시립대학교 100주년기념관 287

사립, 숭실대학교 숭실대학교 조만식기념관/웨스트민스터홀 289   숭실대학교 학생회관 291

서울·도시·건축, 스마트 빌딩

모던 댄디 삘딩 국제빌딩 299   LG 트윈타워 301   SK 서린빌딩 303

빌딩 시스템 교보타워 309   어반하이브 311   원앤원 63.5 314   KH바텍 사옥 316
  플레이스원 319

밀도의 교책 질모서리 323   EG소울리더 325

빌딩 해부학, 몸의 감각

몸의 건축 포스코센터 332   종로타워 334

기술과 건축, 서울월드컵경기장 337   부띠크모나코 339
구분되지 않는 뜻

비틀리는 바벨탑 GT타워 이스트 344   SK T-타워 345   에스트레뉴 347

낯선 것에 대한 자유로움

보편성에 대한 의심 웰콤시티 353 크링 356 예화랑 357
플랫폼엘 컨템포러리 아트센터 360

낯선 건축술 플래툰쿤스트할레 363 커먼그라운드 365 파이빌99 367

낯선 과거, 문화비축기지 372 서서울예술교육센터 376 평화문화진지 378
레트로스펙티브

시간의 해후 젠틀몬스터 북촌 플래그십스토어 382 젠틀몬스터 홍대 플래그십스토어 383
성수동 대림창고 갤러리컬럼 385

국경을 넘는 문화, 문화 교차

용감한 외래종 삼성미술관 리움 391 이화여자대학교 캠퍼스 콤플렉스 396
동대문디자인플라자 399

서울 건축의 국제 패션 선타워 406 다이코그램 408 현대아이파크타워 410

착한 건축

아름다운 종교 가회동성당 416 밀알학교 418

착한 기업 문화 현대카드 영등포사옥 422 국립현대미술관 젊은건축가프로그램 424

도서관의 현대적 개념 현대카드 디자인 라이브러리 431 현대카드 트래블 라이브러리 433
현대카드 뮤직 라이브러리 435 바이닐앤플라스틱/스토리지 438
현대카드 쿠킹 라이브러리 440

도시 건축의 윤리 휴머니스트 사옥 444 맥심플랜트 446 ZWKM 블록 448
아모레퍼시픽 사옥 451

공공이 착하기 성동책마루 457 구로청소년문화의집 459 은평구립도서관 461
은평구립 구산동도서관마을 464 내를건너서숲으로도서관 466
한내지혜의숲 468

01

서울의 나이테

수선

경복궁 옆 사간동 패

오래된 근대성

서촌, 북악의 그늘

정동이 기억하는 것

인사동

대학로

한성漢城 500년1394~1910, 경성京城 35년1910~1945, 서울 70여 년으로 현재 이 도시의 나이는 600세가 넘었다.

1394년태조 3년 한성漢城으로 수도가 정해지면서 조선의 정궁正宮 경복궁과 창덕궁, 창경궁, 덕수궁경운궁으로 정치적 중심을 잡고, 종묘와 사직으로 동-서의 정신적 대칭을 이룬다. 동-남-서의 큰 문 흥인문興仁門, 숭례문崇禮門, 돈의문敦義門으로 인과 예와 의가 드나들고, 좀 더 작은 소통을 위해 여러 소문小門으로 틀을 만들었다. 일단의 풍수는 성곽이라는 인공 구조에 짜 넣어졌는데, 그 자연적 프레임 안에 기하학적 질서를 품게 하지만 완벽한 격자는 아니다.

그중에서 경복궁의 동편 북촌은 관리들의 공간이었고, 궁전의 서쪽 서촌은 문화 예술인의 공간이었다. 그 차이는 희석되고 말았지만 기억은 되살리기에 달렸다.

이러한 구도 안에 담겨진 건축은 조선조의 폐쇄성과 성리학이 지배하는 문화 때문에 변화의 수용을 주저한다. 구한말에 이르러 억지로 문을 열고 서구를 받아들이지만 일본 제국주의의 발이 더 빨랐다.

국제 외교의 동네가 된 정동은 외국 문물의 착발지이며, 우리 근대 건축의 유전자 변이가 시작되는 곳이다. 용산은 일본 군국주의의 거점이었는데 아직도 군사 거점으로 굳어 있다. 기어이 서울의 정치적, 정신적 가슴은 일본 문물로 덧발라진다. 남대문 쪽으로 을지로黃金町, 충무로本町, 명동明治座 등 일본 상업 지구가 번성하면서 종로와 동대문 쪽의 민족 자본과 대척하는 듯했다. 게이쇼京城는 조선총독부를 정수리에 두고 제국 정치, 식민 경제, 모던 문화의 일본 도시로 개조된다. 그 기묘한 문화는 삼킬 수 없는 계륵으로 70여 년 동안 반도의 목에 걸려 있다.

해방이 되었지만 한국전쟁 후 모더니즘은 원조 문화 또는 미국 문화에 휩쓸려, 극심한 미국 편재의 기술과 질료로 서울의 건축을 만들어 왔다. 그러니까 서울에는 600여 년의 시간이 다채색 시루떡처럼 켜켜이 쌓여 있다.

수선首善
공간 사옥 / 공간 아넥스 / 아라리오뮤지엄 인 스페이스

조선의 한성 지도 〈수선전도首善全圖〉는 옛 서울의 모습을 아는 데 용이하다. 착한 으뜸 '수선'은 서울을 뜻하므로 곧 '서울전도'의 뜻이다. 그러나 지도의 뜻보다는 조금 은유적인데, 사기의 유림전儒林傳 중 '건수선자경사시建首善自京師始', 으뜸가는 선의 건설은 서울에서 시작된다는 데에서 연유한다. 확대하면 강의 북쪽머리쪽은 양陽이고 수선이다.

그림 같은 도시 지도
서울의 고지도를 보면 마치 축소된 산수화 같다. 평면은 산세, 수세, 도시 구조를 중심의 시점에서 보고 있다. 북악산은 북쪽으로 자빠지고 동대문은 동쪽으로 눕고 목멱산은 남쪽으로 뒤집혔다. 지리를 그림으로 그리면서 대상을 감성 정보로 보는 것이다. 그래서 서울이라는 공간은 함지박 같다.

풍수는 북쪽 위에 북악이 장대하니 머리에서 좌우로 팔을 벌려 껴안는 모양이다. 그 머리에 경복궁을 묻고 한강이 발치에 흘렀다. 누구라도 그것을 장풍득수藏風得水로 단번에 안다.

옛 도심에서도 북촌과 남촌은 구별된다. 북촌은 궁궐과 사직을 품고 있으며 조선 문화의 최상위체였다. 북촌도 일제강점기 동안 훼철되어 가지만 여전히 서울성의 기저를 이루어 왔다. 그래서 어떤 현대 건축가라도 이 장소에서는 아무렇게나 하지 못한다.

한성적인 것—궁실 건축과 한옥, 경성적인 것—일본과 서양화, 서울적인 것—근현대가 혼성하지만, 경복궁 뒤의 경무대 또는 청와대의 위세로 더딘 도시 성장과 여린 밀도가 북촌의 존재감이 된다. 이러한 아이러니는 도시에서 여러 군데 보인다.

서울에서 나이 먹기

건축은 지은 지 100년쯤 되어야 나이 좀 들었다 소리를 듣는데, 서울에서는 늙기도 힘들다. 일제 때 지은 집은 원로 대접을 받지만, 일제 잔재라는 멍에를 지고 있다. 한국전쟁이 서울의 살을 저미고 뼈를 부러트려 놓고 지나간 자리에 그나마 기사회생한 건축이 있어 한국 모더니즘의 잔영으로 전해진다. 전쟁 직후의 건축은 환갑을 넘었지만, 그것 가지고는 나이 축에도 들지 못한다.

1970년대 개발의 폭풍이 거세지며, 이제 서울에서 건물은 조로早老하여 보통 20~30년이면 떠나갈 나이로 취급된다. 그것도 법으로 정하여 생명 재촉을 금지하고 있는 덕분이다. 서울에서 재개발을 하려면 당해 지역의 건축 수령이 25년 이상 되고, 진단을 통해 사망 허가를 받아야 한다. 1981년도 이전의 건축은 20년이 시한이고, 1992년 이후의 건축은 40년 이상 되면 죽어야 하거나 죽을 수 있다. 특히 1981년도 이전의 건축은 기술이 허술해 고려장이 빨리 온다.

그러니 어떻든 남아 있다는 것은 칭찬 받을 일이다. 월간 『공간』은 1992년 '건축25년상'을 제정했다. 말하자면 25년은 버틸 수 있어야 제대로 어른이 되고, 비로소 존재의 가치가 드러날 것이라는 뜻이다. 그렇듯 25년도 대단한 생존력이라는 생각이기도 했다. 건축25년상의 첫 번째 수상은 주한 프랑스대사관1961, 김중업이고, 두 번째는 절두산 순교기념관1967, 이희태, 세 번째는 공간 사옥1971, 김수근이 받았다.

북촌의 기억

공간 사옥 1971-1977 / 김수근 / 종로구 율곡로 83

북촌은 서울의 가슴이며 기억의 보고이다. 창덕궁 이서以西이자 경복궁 이동以東의 지역은 예부터 중견 관료들이 차지해 왔으니 선비의 동네이다. 동리로는 원서동, 가회동, 소격동 등에 이르며, 완만한 남향 경사의 지세에 있어 풍광이 넓다. 경복궁 서쪽의 효자동 일대를 서촌이라 하여 구분하는데, 아무래도 경복-창덕의 두 궁궐 사이인 북촌의 격조가 높다. 한동안 이 지역도 개발의 바람에 사라질 뻔했다. 한옥 살리기 운동으로 시간의 기억은 연장되지만, 예전의 그것인지는 모르겠다.

공간 사옥은 1971년 김수근이 한국종합개발공사를 정리하고 자기 본연의 작업에 돌아오기 위해 지은 집이다. 대지의 동쪽에 창덕궁이 내려다보이고, 서쪽으로는 휘문고등학교가 있었는데 1978년 학교가 이전하며 현대그룹이 사옥을 짓고 들어왔다. 이제 율곡로 83의 이야기를 세 차례 나누어 할 것이다.

공간 사옥은 참으로 촘촘한 건축이다. 가지고 있는 공간이 그렇고 치수와

공간 사옥은 등록문화재 제586호로, 현대건축으로서는 흔하지 않은 존재감이다.

요소가 그렇다. 이는 김수근이 앞서 설계한 자유센터나 그 뒤의 스펙터클한 작품과 비교되는 성질이다. 그것은 지각적 밀도이기도 한데, 조밀한 질량에서 나온다. 치수를 아껴 쓰며 손 뼘으로 재어 가는 결정이기에 그러하며, 벽돌의 소질이 지배하는 건축은 손으로 쌓기에 그렇다. 김원석은 벽돌 건축에 대해 "김수근 건축이 갖는 사상과 철학에, 과연 벽과 벽 사이에 숨겨진 이야기가 있다면 벽돌이 우리 손에 익숙하면서도 우리에게 낯설지 않고 친근감을 주는 소재로, 건축 그 자체가 갖는 기능과 표정의 따스함과 인간 척도에 잘 맞는 휴먼 스케일을 적용하여 시대의 수공예적인 쌓기 공법은 당연한 선택이었다."●고 말한다.

공간 사옥은 서울의 현대건축이 프라이드를 가질 수 있게 하는 건축이다. 40년이 넘는 나이가 되었는데, 크게 3세대로 구분하겠다. [김수근 시대의 공간 사옥1971~1977], [김수근 사후 장세양의 확장1996~1997], [공간 쇠멸 후 아라리오 미술관2014~]의 역사이다.

● 김원석, 「한국 현대건축의 새로운 지평」, 김수근 별리 10주년 기념 세미나, 1996

오른쪽 김수근 세대의 공간 사옥과 왼쪽 장세양의 신사옥이 가운데 마당과 한옥과 석탑을 공유한다. 그동안 마당은 공간그룹의 갖가지 이벤트들을 담았다.

시간의 적층

공간 아넥스 1997 / 장세양 / 종로구 율곡로 83

1986년 김수근의 별리 후 장세양1947~1996의 시대가 되면서 공간은 경영의 안정을 되찾고, 프로젝트도 확장시켜 갔다. 작업 공간의 부족을 느끼며 장세양은 별관을 구상하는데 이게 어렵다. 그것은 단순한 확장이 아니라, 김수근의 그림자를 벗는 일이며 후계자 장세양이 자신을 그리는 일이기 때문이다.

'시간의 적積, strata'을 화두로 하는 그의 주제는 공간 사옥이 갖는 시대적 의미 때문에 장세양의 자의성에게만 의존하기 어려운 사회적 일이기도 하다. 그가 김수근의 그늘에서 원서동과 그 주변에 누적시킨 시간은 20년이 넘는다. 그것은 장세양이 10년 동안 김수근을 배우고, 다시 10년 동안 보습補習하는 시간이다. 그의 생애의 거의 반을 차지하는 것이다.

장세양으로서 이 장소에 누적된 기억은 사고思考의 볼모이기도 하며, 그의 건축을 위한 결정적 단서가 되기도 한다. 그의 에스키스는 원서동, 창덕궁, 공간 사옥이 시간을 두고 쌓아 온 구체적인 사실들, '먼저 것과 나중 것의 겹침'을 엮는 것이다. 그렇게 해서 북촌의 시간과 장소적 성질을 포개 놓은 투명체, 없는 듯이 있지만 상황을 포괄하는 투명한 덩이가 생겼다.

그 자신의 건축에서 무엇이 보다 중요한 것이냐를 분명히 할 수 없던 상황에서 모두를 지우고 새로 그리기 시작하는 하얀 도화지 위의 어려움이 있었을 것이다. 그즈음 그는 자신의 작업을 좀 더 선명한 개념과 실천으로 석명釋明하여 내려고 하나, 너무 여러 차원의 상황이 교직交織되어 있었다. 그러다가 율곡의 '이기理氣'라는 관념에 도달한다.

이기이원理氣二元에서 장세양

이理는 현상 세계를 구성하는 실질적 질료이다. 기氣는 사물의 자연스러운 생명 운동의 작용 에너지이다. 이와 기는 짝을 이루면서도 대치시켜 그렇게 하지 않을 수 없는 관계이다. 상보적이지만 엄연히 구분되는 관계이다. 불상리

서울체

공간의 나이가 20년이 되면서 건축 시간의 켜는 중첩되며 복잡해졌다.

설계 업무를 위해 증축한 이 공간은 현재 레스토랑이 되었다.

서울의 나이테

不相離이며 불상잡不相雜의 태극처럼 그려진다.

그의 사유는 완성되지는 않았으나, 주변에 묻고 답을 궁금해 하였다. 그러나 그에게 시간이 그리 많이 남아 있지 않다는 사실을 우리도 그도 몰랐다. 자유로움의 어려움을 두고 1996년 그는 급작스레 숨을 놓았다. 김수근 추모 10주년에 내놓으려고 그렇게 공을 들이던 별관은 유작이 되었다.

그즈음 그를 추모하며 쓴 글이 있다.

"요즈음 더욱 그가 자꾸 재떨이에 비벼 꺼대는 담뱃재 끝에는 생각의 상흔傷痕들이 묻어 있었다. 그리고 우리는 그와 그의 건축을 더 깊이 이해할 기회를 미룬 채 그의 죽음을 맞았다. 그의 사유는 그가 남길 유작들을 통해 언제인가 우리의 무딘 생각을 자극하고 고무할 것이지만, 지금은 어처구니없는 생명의 원리에 대해 분노와 같은 감정을 누르기가 어렵다. 원서동 공간 사옥의 빈 방의 어둠 속에서 그가 외롭게 가던 상황을 보며 가슴을 저미는 것이다. 그리고 좀 더 편안한 잠을 지켜 주지 못한 많은 친구들을 나는 비난한다."

공간 별관은 장세양의 유작이 되고 말았지만 '1998 한국건축가협회상'을 수상했다.

늙은 새 나이

아라리오뮤지엄 인 스페이스 2014

장세양에 이어 공간은 이상림 대표로 전이되었다. 한동안 경영을 확장하였으나, IMF 경제 위기와 세계 금융 위기에 휩쓸리며 2013년 사무소 경영이 어긋나 법정관리에 들어갔다. 빚을 갚기 위해 월간 『공간』을 팔고 공간 사옥도 내놨다. 공간의 가족들에게는 피눈물 나는 일이었지만, 자본시장은 눈물이 없다. 미술상 아라리오에 팔리며 공간은 원서동의 시간을 거두었다.

골목에서 현관으로 오르거나 지하 카페로 좌향하거나 오른쪽 마당으로 통했다.
현재 공간의 모습은 유지된 듯하지만, 공간의 맥이 막혔다.

현재 아라리오뮤지엄의 전시 공간은 옛날의 설계실이었다.
상하층의 유기적 연계, 가리고 열리는 공간 구조는 훼철毁撤되었다.

서울의 나이테

건축 사무소에서 미술관으로

아라리오뮤지엄 인 스페이스는 2014년 9월 개관했다. 2013년 11월 아라리오가 공간건축으로부터 공간 사옥을 매입한 후 약 10개월 만의 일이다. 일을 서두른 감이 있다.

김수근의 본관은 접근부터가 복잡하여 선큰 앞마당으로 들거나, 계단을 올라 현관과 리셉션에 든다. 이러한 공간 사옥의 원형질인 공간의 흐름, 교차, 기운은 리노베이션 과정에서 상실되었다. 접근 공간에서 반 층 올라 리셉션으로 터진 시각은 전시실을 만드느라고 폐쇄되었고, 당초 매각 때 약속했던 안쪽의 '김수근 실'은 폐기되었다. 미술관으로서 공간은 폐색적이며 다소 그로테스크 해졌다. 공간 사옥 시절, 카페로 쓰이던 반지하 공간은 푸근했고 앞마당을 지나 속 마당에는 빛이 그득했다. 거기에 있는 석탑과 한옥이 이 장소가 북촌이라는 기호인 듯했다. 지금은 마당에 야외 조각이 보충되었고, 기존의 지하 극장 '공간사랑'은 이벤트 공간으로 쓰인다.

아라리오뮤지엄이 품고 있는 시간의 기억이 얼마나 유지될지는 모른다. 건축의 물질은 유지되고 있으나 남에게 맡겨진 공간 문화가 얼마나 기억될지는 모를 일이다. 장세양이 만든 별관의 설계실은 카페-레스토랑으로 개조되어 갤러리의 재정을 돕는 모양이다. 아마 공간은 연명의 시간을 끌 수는 있겠지만, 결국 소멸되어 갈 것이다. 그 거인의 죽음은 다음과 같다.

먼저 내용이 소멸된다 — 건축 문화의 프로그램들이 미술관이 되었다. 다음 공간의 괴멸이다 — 열리고 이어지던 공간은 막히고 왜곡되었다. 그 다음 형상이 무너지는 것은 시간문제이다 — 현재 껍질만 남았지만, 곧 물상일 뿐이다. 기억을 지운다 — 담쟁이가 지우개이다.

경복궁 옆 사간동 패

대한출판문화회관 / 갤러리현대 / 금호미술관 / 국제갤러리 K1 / 국제갤러리 K3 / 국립현대미술관 서울관

경복궁 동쪽 옆, 사간동 길에는 시간 이외에 흐르는 것이 하나 더 있는데 중학천中學川이다. 지금은 하수도가 되었지만, 삼청동에서 발원하여 청계천에 이르던 개천이었다.

삼청동에서 광화문에 이르는 이 길은 한국 정치사에 자주 등장한다. 경복궁 일원이 가지고 있는 기억은 조선조 최고의 존엄이며, 서늘한 식민지 시대 총독부의 기세이며, 자유당 독재의 경무대景武臺이며, 4·19 혁명의 목표 지점이었고, 5·16 혁명의 상징적 현장이었다. 1991년 청와대가 신축되었지만, 한동안 삼엄했던 군사정권의 기억이 더 짙다.

그러면서도 줄곧 경복궁을 끼고 있어 시간은 조선을 기축으로 하는 것 같다. 그래서 시간이 더뎌 보인다. 그 시간 사이에 사간동은 소규모 갤러리들의 별자리가 직선으로 도열하며 화랑의 거리를 만들고 있었다. 미술 자본이 모여 세력을 넓히던 강남의 화랑에 비해, 튼튼한 미술 경영 구조가 사간동의 갤러리 문화이다.

약 880미터 정도 되는 이 길에서 우리는 시간 횡단을 할 것이다.

경복궁 동쪽 담을 따라 삼청동-사간동 길이 병치한다.

서울의 나이테

동십자각 닮기

대한출판문화회관 1975 / 홍순인 / 종로구 삼청로 6

대한출판문화회관은 사간동 길 초입에 1975년 준공되었다. 이 초입이란 경복궁 동십자각東十字閣을 건너다보는 위치이다. 그래서 두 건물은 자주 겹쳐 보이는 장면을 만든다. 하나는 조선의 전통 건축이고 하나는 한국의 근대건축이지만, 몇 가지를 공유한다.

우선 전塼이라는 검은 벽돌이다. 이 물상은 즉각 알아보겠지만, 또 하나 중요한 겹침은 반듯한 조형이다. 반듯함이란 추상적이기 때문에 언뜻 헤아리기 어렵지만, 조선의 궁궐 건축은 원천적으로 반듯하다. 지금은 섬처럼 떨어져 나와 있는 동십자각은 경복궁 남동 모서리의 망루였다. 정방형 평면에 사모지붕으로 정연한 양식이다. 대한출판문화회관은 파사드 중심의 조형으로 규칙적인 창호의 펀칭이 가지런하다. 창은 일단 유리 면을 깊이 넣었다가 가운데 부분만 내밀었다. 그래서 창의 패턴 리듬이 강하다. 지반층은 더 구체적인 전통 요소인 아치와 화강석 부조 등으로 경복궁 옆을 의식한다. 사간동의 건축적 맥락은 이렇게 경복궁과 함께 흐른다.

경복궁 옆 사간동 길에서 파사드 중심의 조형이다. 검은 벽돌의 전통적 질감을 유리의 명징함과 대립시킨다.

경복궁 바라기

갤러리현대 1995 / 배병길 / 종로구 삼청로 14

대한출판문화회관에 붙어 있는 건물이 갤러리현대 본관이다. '현대'라는 이름은 사간동 길에 두 채가 있어 헛갈리기 쉽다. 하나는 갤러리현대 본관삼청로 8이고, 다른 하나는 배병길이 설계한 갤러리현대 신관삼청로 14이다. 이전에는 현대화랑이라 했는데, 화랑보다는 갤러리가 멋있는 모양이다. 박명자 대표는 1970년 인사동에 현대화랑을 개관하고, 1975년에 여기 사간동으로 이전하였다가 건축이 변용되면서 오늘에 이른다. 2012년에는 갤러리현대 강남을 제3관으로 만들었다.

여기에도 근대 서울의 기억이 짙다. 이 장소는 한국의 2세대 근대 건축가 '박학재 건축사무소' 자리였으며, 3세대 건축가 김원의 '광장건축' 사무소가 있었고, 아래층은 패션 디자이너 앙드레 김이 작업하던 곳이다. 여러 해 동안 한국 근대 문화의 용도로 쓰였던 기억할 만한 장소이다. 광장건축은 4세대 건축가 배병길이 대학 졸업 후 실무를 익히던 곳이라는데, 그가 건축의 리노베이션을 설계하니 장소와 인연이 끈질기다.

경복궁 건너다보기

사간동 길의 저녁 빛을 받는 서향의 대지에서 디자인은 '경복궁 바라보기'로 결정된다. 그래서 차양遮陽을 위해 겉에 두른 격자 틀이 깊다. 비철금속의 표장은 디테일이 거친데, 그것이 의도된 기공技工인지, 또는 경제적 부담으로 불가피한 미숙함인지는 모른다. 다만 금속 표면의 냉정한 감각을 깊이감이 중화시킨다. 그 역시 빛과 그림자의 성능이다.

1995년 개관 프로젝트로 전면 창의 깊이감에서 조명 아티스트 얀 케르살레Yann Kersalé가 연출한 동적 빛의 이미저리가 기억난다. 광원을 깊이 설치하고 간헐적으로 색을 변조하는데, 표면의 금속은 갑옷 같이 완강하지만 속의 빛이 지속적으로 숨을 쉬는 것 같았다. 아주 단순한 기술이지만 인상적인 밤의 연출이었다.

전면이 가로와 경복궁을 응시한다. 기존 건물을 엮어 재건축하지만, 새로운 형태를 입혔다.

개관 프로젝트는 조명 아티스트 안 케르살레가 연출했다.
갤러리현대는 이미 있던 건물을 개축한 것이지만 지하에서 상층부까지 트고, 비틀고, 다시 접속시키면서 공간이 활달해졌다.

서울체

깊은 창은 내부에서 경복궁을 조망하는 장치이다. 쉽게 짐작하겠지만, 경복궁을 조망한다는 것은 천혜의 조건이다. 남의 경치를 빌리는 것을 차경借景이라 하는데, 훔치는 도경盜景일 수도 있고, 자기 존재 가치를 이웃에 의존하는 탁경託景이라 해도 좋겠다. 전통 궁궐의 조망은 갤러리 현대의 인조 구조물과 대립적이지만, 상보적인 상관으로도 보인다.

크지 않은 전시 공간은 지하—1층—2층으로 이어지며 공간적으로 동선을 이끈다. 선큰과 오픈과 중층 구조는 기존 건물을 베어 내고 잇고 덧대어 만든 것이다. 대지에 대한 적격함과 도전적인 조형을 평가하여 '1996 한국건축가협회상'을 받았다.

정아한 비단 호수

금호미술관 1996 / 김태수 / 종로구 삼청로 18

이 미술관은 금호그룹의 창업자인 박인천錦湖 朴仁天, 1901~1984이 남긴 문화유산이다. 금호는 전라도에서 소상공인과 일제의 하급 관리를 지내다가 광복 후 대중교통 사업에 성공하였다. 1977년 금호문화재단을 설립하고 1989년 관훈동에 금호갤러리를 개관하였다. 그 개관 7주년인 1996년, 사간동에 미술관을 짓고 금호의 이름을 단 것이다. 차녀 박강자朴康子, 1941~가 금호미술관 관장으로 있다.

경복궁의 단서

서향西向하는 파사드는 2~3층을 무창으로 하고 지반층로비의 유리와 최상층의 천창 구조가 구분된다. 화강석의 정면은 경복궁의 사괴석 돌담에서 연유하였을 것이다. 전통 돌담 위에 기와를 얹듯이 건물 최상단4층의 크라운이 보인다. 전통 한옥에서 사괴석은 정방형으로 잘라 사방을 강회 줄눈으로 바른다. 그래서 단아하고 반듯한 한옥의 질료이다. 전통의 사괴석은 보통 18센

경복궁을 향하는 파사드는 단순하며 구성적이다. 표면에 전통적인 사괴석의 질료를 입었다.

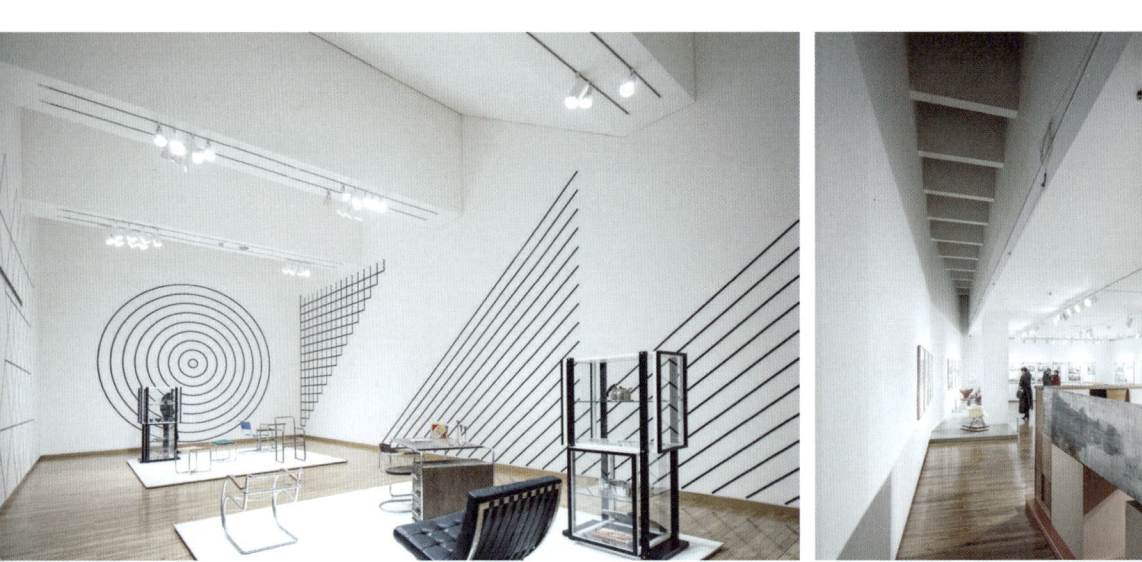

전시실은 일반적인 화이트 박스이며, 통로와 부수 공간을 따로 두어 전시 영역의 독립적 환경을 유지한다.

티미터6치 크기의 정방형 큐브에 볼록 줄눈인데, 금호미술관에서는 좀 더 큰 30센티미터10치 정방형이다. 가는 평 줄눈이어서 표질감은 여리지만, 반듯한 입방 면에 채워 쌓는 조형으로서 형태-패턴-질서가 합일한다.

사간동 길에서는 건물 높이가 4층으로 제한되면서, 전시 공간이 더 필요하여 지하에 주 전시를 두었다. 로비의 직하층이 전시에 더 편할 수 있고, 창이 없는 화이트 박스의 전시실로서는 지하 공간이 더 자유롭다. 최상층은 톱라이트를 위한 구조로 하였으나, 실제 자연광 투입은 어려움이 있는지 폐쇄되었다.

낯선 선택 1

국제갤러리 K1 1991 / 배병길 / 종로구 삼청로 54

국제갤러리는 사간동 길이 끝나고 삼청동으로 넘어갈 즈음에 있다. 화랑의 경영이 잘되었는지 지금은 K1, K2, K3로 분동을 만들어 세력을 넓히고 있다.

해체적 건축

배병길에게 국제갤러리의 설계가 의뢰될 즈음, 세계 건축은 '해체 건축'에 열심이었다. 건축은 구법에 종속하지 않고 인습적 양식으로부터 자유로워질 것을 주장하며 위치, 질서, 의미조차 해체한다. 소위 '절대주의絕對主義'와 통한다. 물론 해체de-construction 자체가 자유이기 때문에, 위와 같은 자기 선언조차 해체할 수 있다.

배병길은 해체적 경향으로 국제갤러리에 앞서 (실현하지는 못했지만) 불교박물관을 발표했다. 만유인력을 무시하며(하는 듯이) 안정을 비웃고 (결국 구조체를 만들지만) 대신 (불교로서는 파격인) 동적 조형을 도모한 것이다. 당연히 불교박물관의 제안은 거부된다. 그러나 되돌아보면 이 아무것도

외관을 해체하는 일은 쉬우나 내적 속성은 구조적이다.

닮지 않은 절대주의가 가장 불교적이었을 것 같다. 대신 현대성을 지향하는 국제갤러리로서는 배병길의 조형 솜씨를 받아들일 만하다. 미술관의 기호로서도 마땅하다.

그러나 갤러리는 신축이 아니라 기존 건축의 재축이었기 때문에 제약이 많은 과제였다. 그래서 해체가 벌어지는 듯하지만, 실내 공간은 그냥 보수적이다.

우리는 미술관 건축을 좀 다른 시선으로 보아야 한다. 보통 건축이 미술적이라는 뜻은 거북하지만, 미술관 건축이 오브제로 남는 일은 자주 벌어진다. 건축이 미술일 수는 없지만, 미술관이 지향하는 미학을 전하는 미디어로서 역할은 좀 더 열려 있다.

건물의 나이가 30세나 되었고 한국 현대건축에서 서른 살이면 고령에 속한다. 기능적 연계성이 불편했던지 대대적인 개조를 하여 옛 모습은 다시 해체되었다.

서울체

낯선 선택 2

국제갤러리 K3 2012 / SO–IL Architects / 종로구 삼청로 48–10

국제갤러리는 확장을 거듭하면서 가장 먼저 자리 잡은 갤러리를 K1이라 하고, 이어서 K2, K3를 만들었다. 먼저 말한 국제갤러리 K1은 삼청로 변에 있고, K2는 그 뒤의 골목에 들어가 있다. 국제갤러리 설립 30주년을 기념하며 만든 K3는 미국 건축사무소 SO–IL이 디자인한 감각적인 물상으로, 더 깊숙한 곳에 있다.

이 대지는 뒷길에서도 노출되는데 건축 주변에 공지를 두어 사방을 돌아볼 수 있다. 마당은 내부 공간에 들기 위한 경로이기도 하지만, 마당 자체도 전시의 영역이 될 것이다. 짐작건대 건축가는 금속 그물을 씌운 건물을 시각적으로 잘 드러내기 위해 주변을 산개시킨 것 같다. 그만큼 건축은 그 자체가 시각적 오브제이다.

건축은 금속 망으로 옷을 해서 입었다. 스테인리스 메시가 만드는 빛 반사, 무아레 패턴moiré patterns을 위해 51만 개의 스테인리스 스틸 고리가 소모되었단다. 왜 건물이 그물을 뒤집어쓰고 있는가는 질문할 수 없다. 건축이 현대미술이라고 하면 질문이 무색해지기 때문이다.

그물을 입은 건축은 무아레 시각을 만들며 건물의 윤곽을 일렁이게, 어른거리게, 아롱지게 한다. 그러니까 통념적으로 건물은 고형의 물상인데 비해 이 건축은 빛과의 현상이다. 그렇다 하더라도 서울의 보수적 시선에서는 이러한 시스루의 옷을 입히는 것이나 금속 고리의 재질은 이상성징異常性徵일 수 있다.

전시 공간은 단순한 직방형이지만 층고가 6미터로 넉넉한 화이트 박스이다. 이 공간에 수많은 장르의 미술을 수용하여야 하기 때문이다. 천장에 걸린 모빌은 자유롭게 부유하며 대형 걸개그림이 가능하고 어떤 설치미술도 한 자리 할 수 있다.

집 한 채를 몽땅 금속 그물로 포획했다. 스테인리스 스틸 그물은 촘촘하다.

전시 공간은 직방형의 화이트 박스이지만, 천장고가 높아 미술의 수용이 다채로울 수 있다.

서울체

현대미술이 사간동을 위무하다

국립현대미술관 서울관 2013 / 민현준 / 종로구 삼청로 30

경복궁 동쪽에 있던 기무사國軍機務司令部의 이전이 1993년부터 논의되기 시작하여, 2002년에야 과천으로 확정된다. 2009년 이명박 대통령은 이 기무사 땅에 미술관을 짓기로 약속하며 국립현대미술관 서울관이 그려지기 시작한다.

기층基層의 역사

조선조에서 경복궁 동편 사간동과 서편 체부동은 궁궐의 보조 기능이었다. 여기에서 시간을 거슬러 올라가면 이조 종친부宗親府의 존재가 엄연하다. 종친부는 조선 왕실의 어르신들을 모시는 조직으로 길 건너의 경복궁을 주 시선에 둔다. 그래서 사간동 길에 종친부 대문이 있었고, 바깥마당을 지나 중문을 거치면 지대가 높아지며 종친부 건물이 자리했다. 그중 경근당敬近堂, 옥첩당玉牒堂 두 채가 현재 복원되었다. 이쯤에 올라와 돌아보면 경복궁과 인왕산이 조망된다. 그 유명한 정선鄭敾의 인왕재색仁王霽色, 1751의 실물이 보인다. 그러니까 이곳은 켜켜이 형형색색으로 그려지는 역사 경관의 장소이다.

일제강점기 때, 경복궁 근린에 군영이 들어서며 병원을 설치한 것이 광복 후에도 육군병원으로 굳어 버렸다. 모든 병원이 생명을 위한 시설이지만 국군병원은 더 긴박하다. 박정희 시해 사건 때도 여기에서 주검들이 수습되었다. 경무대 또는 청와대가 가까운 위치여서 방첩대또는 보안사 또는 기무사령부가 은밀히 눈을 흘겼다. 이 근대 정치사 현장에 미술관이 생겨 장소의 혼을 위무한다는 생각이 든다. 병원에 쌓인 고통과 죽음, 보안대의 어두운 기억을 현대미술이 위로하는 것이다.

건물을 해체한 미술관

2010년 현상설계에서 당선된 민현준은 교수 건축가로, 그의 디자인은 실험적이지만 구조적인 다중체多重體이다.

그는 이 장소를 씹고 되씹어 대안을 내었다. 먼저 조형으로 보면 거기에 있었던 것이 만드는 '시간의 맥락성'이다. 이는 프로그램이 '형태 없는 미술관'을 유도하던 것과도 상통한다. 무릇 구겐하임Guggenheim, NewYork 1959, Bilbao 1997처럼 현대 미술관이 형태로 랜드마크를 욕망하던 바와는 비교된다. 두 번째는 미술관으로서는 획기적인 공간 구조이다. 보통 입구에서 시작하는 관람을 퇴로까지 일관되게 유도하는 동선이 전형이었다. 이 현대 미술관은 유도식 선형의 동선 구조를 풀어 버리고, 공간의 위계를 흔들었다. 그래서 전정과 중정과 선큰과 전시 공간이 해방된 체계로 엮인다. 해방과 체계와 구조란 모순된 말이지만, 이끌려 다니는 동선이 아니라 관람자가 자유롭게 선택하며 거점과 분화된 공간들을 산책하는 것이다. 그만큼 방문객은 안에서 자주 길을 잃어버릴 수도 있다. 전통적인 선형 유도식 동선에 익숙한 사람은 혼란스럽기도 하고 볼 것을 놓치는 경우도 생길 수 있다. 그러나 어차피 이만한 규모의 미술관이라면 우리가 한꺼번에 다 답파할 필요는 없다.

전면에 드러난 옛 병원 건물은 정면 16칸에 3층이니, 그러지 않아도 긴 길이가 층간 수평선을 강조하여 더 길어 보인다. 곡면으로 접힌 모서리는 제제션Sezession 조형 같기도 하다. 통합병원 당시의 벽면은 시멘트 모르타르로 발라져 있었는데, 그 표면을 긁어내니 재생 적벽돌의 질감이 되었다.

각 공간은 외장 재료가 내부 기능을 표현한다. 기존의 헌 벽돌 ― 학예실 영역 / 미색 테라코타 타일 ― 교육과 서비스 영역 / 유리와 비철금속 ― 전시 영역 등으로 기능에 따라 재료가 달라진다. 그러니까 재료를 통일하지 않는 것은 우리가 어떤 공간에 있는지 인지의 수단이 된다는 것이다.

전시 영역에 들어와 처음 만나는 공간적 거점은 인포박스이다. 대형의 설치미술이 가능한 아트리움은 전시 방문객의 첫 인상을 결정짓는다. 아트리움은 지하에 빛을 끌어 들이는 하늘 박스이다. 그 주위로 8개의 전시실이 있는데 모두 빛 환경과 스케일과 입체 형식이 다르다. 전시 박스 중에서 블랙 박스는 음향과 영상이 가능하고, 화이트 박스는 가변적인 전시 공간이다.

우리는 내·외부 공간에서 종친부와 경복궁에 대한 장소의 뜻을 자주 만난

교육동과 학예동(병원 건물 리노베이션) 사이로 마당이 있고 그 원경으로 종친부 건물이 보전되었다.

종친부 앞에서 마당을 통해 경복궁과 인왕산을 본다.
경복궁 너머 원경이 정선鄭敾의 인왕제색도仁王霽色圖의 장면이다.

서울의 나이테

로비는 전시 정보, 공간 지리, 미술관의 인상을 전한다. 유리면 뒤로 종친부 한옥이 보인다.
미술관 중심에 박힌 중정은 지하가 숨 쉬는 공간이면서 여러 가지 이벤트를 담는다.

다. 내부는 외부와의 접속 기회를 여러 가지로 만든다. 이는 박물관 피로의 해결이기도 하고, 먼저 말한 위치 인지의 수단이기도 하다. 미술관의 감상이 줄곧 유쾌한 것은 아니고, 사실상 미학적 긴장 관계로 끌려다니는 행태임을 안다면 카페와 외부 공간과 자연이 중요해진다.

6개의 크고 작은 마당 주위에 배치된 공간은 건물을 해체한다. '건물이 배경이 되고 마당이 주체가 되는 현대 미술관의 수범'이 된다. 이 마당은 여러 가지 이벤트와 기능을 담으며 장르의 편재偏在를 피하는, 더 다양한 예술의 수용력의 수단일 것이다.

현대 미술관은 미술을 전시하는 곳이 아니다. 미술관은 미술의 촉매이면서 개별적 지식이면서 시대 의식을 연다. 국립현대미술관도 그동안 지속적으로 장르를 확장하며 내용과 수단을 넓혀 왔다. 우리가 향유할 미적 카타르시스를, 지식의 심원을, 사회적 발언을, 자칫 누추해질 우리의 삶을 일깨운다. 적극적인 미술관은 미술에 대꾸하는 것이 아니라, 미술의 개념을 진화시킨다. 그래서 국립현대미술관은 우리 시대 현대미술의 자신감이다.

건축은 '2014 한국건축가협회상'을 받았다.

서울체

오래된 근대성
아트선재센터 / 가회헌 / 북촌마을안내소 / 송원아트센터

이 제목은 모순이다. 간혹 수사학을 좋아하는 예술이 이런 명제를 쓰지만 엄연히 모순이다. '오늘의 어제'라거나 '미래의 전통'과 같은 시제를 왜곡하는 일은 시간이 헝클어졌기 때문이다.

다음과 같은 시제의 패러독스가 때를 기다리고 있거나 '지금을 진행 중'이다. 풍문여고 터는 서울공예박물관으로 개발 중이다. 미국대사관 직원 주택 지종로구 송현동는 한진그룹에서 매입하여 7성급 호텔 건립을 시도하고 있지만 '학교 근처 호텔 불가'라는 턱에 걸려 있다. 북촌은 국립현대미술관 서울관과 함께 수많은 문화 알갱이들을 키우고 있다. 먼저 말한 사간동 미술관 가로가 안국동 쪽으로 연장되며 북촌에 문화가 흐르게 한다.

서울의 나이테

낭만적 모더니즘

아트선재센터 1998 / 김종성 / 종로구 율곡로3길 87

대우그룹의 총수였던 김우중의 큰 아들 김선재는 미국 유학 시절 교통사고로 세상을 떠났다. 그의 어머니는 아들의 죽음을 위무하기 위해 고향인 경주에 미술관을 설립했다. '선재'의 이름으로 된 미술관은 경주의 선재미술관1991을 본관으로 하며, 그 7년 뒤 서울 소격동에 아트선재센터가 개관하였다. 경주와 서울의 미술 소장 및 큐레이팅을 함께하는 것은 경제적인 일이다. 그보다 서울에 다른 하나의 작은 예술 공간이 아들을 추념하는 어머니의 마음일 것이다. 그러나 대우그룹이 1999년 해체되면서 경주의 것은 우양미술관이 되었다.

건축적 얼개

지금은 국립현대미술관 서울관의 동편 벽을 끼고 있어 존재감이 흐려졌으나, 아트선재센터는 한때 북촌에서 명망 있는 전시 프로그램을 전개했다. 고전적인 김종성의 디자인치고는 비교적 낭만적인 건축으로, 내부 전시 공간은 큰 아크를 그리는 1/4 원형이다. 외관에서 이 아크는 성곽을 연상케 하는 화강석 벽이다. 벽의 곡률이 도로를 따라 우리를 자연스럽게 입구로 이끈다.

미술관은 2015~2016년 전면적인 리노베이션을 통해 외관과 골격은 유지하지만 내용이 조금 달라졌다. 1층에서 리셉션 이후의 공간과 2, 3층이 전시 공간이다. 원래는 1층에 카페테리아와 뮤지엄숍이 있었는데, 개조 작업에서 모두 전시 공간으로 확충하였다. 또한 높이 3.9미터의 기존의 천장을 떼어 내고 슬래브 밑을 노출시켜 천장고를 높인 효과를 보았다. 그래서 김종성의 건축이 거칠어졌다.

전시 공간은 1/4 원형의 방사형인데, 평면을 보면 분원分圓의 두 변에 코어와 서비스 공간을 두고, 변이 반지름인 원호를 그어 부채꼴 공간을 만든다. 이는 북촌에서 불규칙한 대지의 윤곽을 기하학적으로 정리한 결과이다. 안쪽으로 두 개의 기둥이 있고 밖의 아크를 따라 네 개의 기둥이 도열한다.

서울체

곡선과 직선이 만드는 기하학적 외관이다.

원래 카페와 뮤지엄숍이었던 1층 공간을 전시실로 확충했다.
1층 전시실은 아크를 따라 천창을 가지고 있다.

서울의 나이테

이는 방안方眼과 모듈을 궁극적인 수단으로 하는 김종성 건축으로서는 (파격적)이다. '파격'을 괄호 안에 넣은 것은 여전히 이 공간이 질서를 가지고 고전적이기 때문이다.

전시 공간에서 원호는 다이내믹하지만, 곡면에 전시를 거는 일이 불편하기도 하다. 기둥이 벽에 함입되지 않으면 시선에 거치적거릴 수 있다. 전시 기본 체계를 그리드의 방형方形으로 고집하느냐, 방사형으로 하느냐, 아니면 원 중심을 향한 동심원으로 하느냐의 문제가 남는다. 전시 공간은 기획 전시를 주로 하기 때문에 단순하고도 융통적이어야 한다.

전시 공간은 인공조명으로 제어하지만, 각 층마다 큰 창을 하나씩 내어 자연광을 들인다. 2층에서는 현관 위에서 연속된 큰 창이 북촌을 보고, 3층에서는 북쪽으로 북악의 풍치를 본다. 외관의 맨 위에 창이 규칙적으로 뚫려 있는데, 3층 전시장에서 본 측천창側天窓의 채광 면일 것이다.

각 층의 전시장을 잇는 계단은 전면 투명 유리로 하여 폐쇄적인 전시장과 대비된다. 적극적으로 밝으며, 관람객들은 삼청동 일대의 한옥과 도시 풍경을 만난다. 남쪽에 따로 있는 한옥의 전모를 레벨이 상승하면서 보는 기회이기도 하다.

석재 화강석으로 외관을 취하는 것은 북촌의 정서와 함께하는 뜻일 것이다. 다만 그것만으로는 부족하다고 느꼈는지 고풍의 조경이 이를 돕는다. 돌담과 키가 훤칠한 대나무와 소나무 조경이 한국적 풍경을 만들려는 의도이다. 큰 석재 벽은 홍은석이며, 수평은 통줄눈이지만 수직으로는 불규칙 패턴이다. 더 살펴볼 것은 곡면 벽체에서 각 석재 블록이 둥글게 재단되었다는 것이다. 보통은 직선의 블록을 줄눈에서 꺾어 곡면을 만드는 데 비해, 여기에서는 특별한 석공의 솜씨를 본다.

작지만 다원적인 프로그램

2008년부터 지하에 '씨네코드 선재'라는 독립·예술 영화관이 있었다. 실험적인 영화와 인디 작업들의 공간이기도 했는데, 2015년 미술관의 전면적 리

한옥은 미술관의 현대성을 시간으로 대립시킨다.

노베이션에서 폐관하였다. 그 뛰어난 음향 설비를 기억하는 사람들이 많은데, 현재는 영상 미술을 위해 기획적으로 운영한다.

대지의 남쪽으로는 대우의 전신 창업주^{한성실업}의 한옥이 한 채 있었다. 미술관을 신축하면서 그 한옥을 허물지 않고 지금 자리에 이축한 것이라 한다. 가옥으로서 채의 구조가 있었으나 나머지 채들은 너무 낡아 살리지 못하고 지금의 단일 채만 남았다. 한옥 주택은 정통적이라기보다는 일제 때 일본과 서양화를 받아들인 디자인이다. 가옥으로서 내부 구조가 복잡했으나 다 털어버리고 다목적으로 쓰인다. 이축한 위치에서 한옥은 너무 협소한 땅 안에 갇혀 있어 주변이 옹색하다. 모던 디자인의 미술관과 한옥은 상대성으로 보이지만, 그 장소가 북촌이니 이 모두를 자연스럽게 아우르는 것 같다.

아트선재센터의 부관장이었으며 김우중 회장의 외동딸인 김선정^{한국예술종합학교} 교수가 개축을 경영하고 관장을 맡았다. 건축은 '1999 한국건축가협회상' 수상작이다.

모던 공간
– 목조 감성

가회헌 2006 / 황두진 / 종로구 북촌로5길 14

북촌은 서울의 한성 시대부터 묵혀 온 한옥을 사실事實로 가지고 있다. 근처에만 해도 윤보선海葦 尹潽善 가옥종로구 윤보선길 62, 1870년대 건축, 서울시 민속자료 27호, 백인제 가옥가회동 북촌로7길 16, 서울시 민속문화재 등이 있으며, 북촌의 한옥 마을은 거주–상업–업무 시설로 다변화되어 있다.

건축가 황두진의 한옥

건축가 황두진의 건축 개념은 한옥을 기반으로 한다. 그가 한옥 건축가는 아니지만, 깊은 연구를 통해 자신의 건축에 습윤濕潤시켜 온 성질이다. 보다 구체적일 때는 구법을 차용하고, 좀 더 중성적일 때는 감성으로 겹치고, 좀 더 추상적일 때는 은유로 닿는다.

가회헌은 한옥과 현대건축이 섞이지 않고 혼재하여 있는데, 여기에서 현대건축도 북촌의 정서에 적셔 내었다. 그것은 절충이나 혼성이 아니라, 양자가 원래의 속성을 유지한 채 끼워 맞춰지는 것이다. 황두진의 한옥에 대한 깊은 애정은 이 양자의 모호한 또는 어정쩡한 희석보다는 두 개의 독립적 가치를 결합시킨 창발이다.

북촌의 인문적 지리에서 당연하지만, 새 건축들도 조선의 향기를 안다. 아무렇게나 하지 못하는 장소에 들어온 것이다. 가회헌 건축은 북촌 길의 정서에 연속하는 2층짜리 몸집이다. 볼륨이 더 필요하면 셋백하여 올려놓아서 외관은 계단 모양을 이룬다. 안으로 마당을 만들고 공간을 분절하는 것은 '채 나눔'에서 익숙히 보던 것이다.

'우드앤브릭'Wood&Brick, 왜 군이 영어를 쓰는지 모르지만이라는 브랜드로 1층은 베이커리–카페이고 2층은 레스토랑이다. 이 브랜드는 황두진의 건축 조형에 작동하는 것 같다. 목재는 실내와 가구에서 유용하고, 벽돌은 이 브랜드가 손 가공이라는 업태와 상관하는 것 같다. 목조와 콘크리트가 섞이는 복

가로 전경에서 스케일의 분절, 한옥과 목조, 목재와 유리의 다각적 조합을 본다.

북촌이 가지고 있는 조선-근대-현대라는 3세대 시간의 켜를 혼효混淆한다.

서울의 나이테

잡한 구체와 여러 재료의 혼용이 다과의 향기와 어우러진다. 사실상 유리가 지배적인 재료인데, 그것은 허체로 작용하고 나머지 가구체를 먼저 드러나게 한다. 그 가구체가 곧 한옥의 특징인 텍토닉tectonic이다. '2007 한국건축가협회상' 수상작이다.

붉은 언덕

북촌마을안내소 2016 / 윤승현, 이지선 / 종로구 북촌로5길 48

장소는 건축이나 시설이라는 물상物象만으로 만들어지지 않는다. 지리가 작용할 때도 있고, 사건도 장소를 만들며, 시간과 기억이 거기에 있던 혼을 일깨우기도 한다.

조선시대에는 이곳에 장원서掌苑署가 있었는데, 궁중의 화초를 관리하던 일종의 수목원이었다. '홍현紅峴'은 1894년고종 31년 갑오개혁 당시 행정구역 개편으로 얻은 안국동 부분의 이름이다. 특별히 '김옥균의 집'을 지칭하기도 했단다. 그러니까 홍현은 개혁의 의지를 숨기고 있었던 듯하다.

한때 경성중학교1900년 개교, 경성 제1고보가 식민지 소년들 중에서 수재만을 모았었고, 해방 후에는 한동안 경기고등학교가 똑똑한 그들의 공간이었다. 1976년 경기고등학교가 강남구 삼성동으로 이전한 이유는 강남 개발을 촉발

비교적 낮은 계단 오름이지만, 왼쪽의 엘리베이터를 이용할 수 있다.
캔틸레버로 튀어나온 볼륨 밑은 쉼터를 만들며,
계단과 주변에 벤치 모양으로 화강석 괴를 세워 쉬어 가는 엉덩이를 받는다.
벽에는 브로치 모양으로 장식도 달아 주었다. 화장실은 밖의 다공성 벽돌 쌓기로 빛의 파편을 맞는다.

중앙 위에 서울교육박물관이 보이고, 그 앞으로 계단 접근로를 만들어 홍현이라 했다.
왼쪽이 북촌 안내소와 갤러리, 오른쪽 벽돌의 공간이 공중화장실이다.

하라는 것이었다. 이 장소를 내팽개친 한국의 근대성은 한참 곤궁했던 모양이다. 소년 교육의 성지가 1977년 정독도서관으로 남은 것이 고맙지만, 한동안 그 존재의 기표는 흐릿했다. 교사는 경사로를 올라 운동장 깊숙이 있고, 사람들은 옹벽과 담장 옆길을 그냥 지나치기 때문이다. 여기에 공간을 인지시킬 확실한 기표가 하나 만들어졌다.

경기고등학교 시절에는 북촌로5길 변은 콘크리트 옹벽으로 교사와 구분되고 있었다. 그러니까 홍현 프로젝트는 옹벽을 헐고 개방하여 정독도서관과 북촌로5길 사이를 소통시키는 것이다. 시설은 3가지 프로그램으로 짜여 있는데, 하나는 북촌길에 걸려 있는 안내소 역할이며, 작은 갤러리 공간을 가지고 있다. 다른 하나는 공중화장실이다. 아마 우리나라에서 가장 (비싼 재료를 사용해서가 아니라) 고급 화장실일 것 같다.

무엇보다 디자인의 핵심은 담장을 대체한 계단 공간인데, 단순히 오르는 시설이 아니라 피곤해진 다리를 쉬거나 길을 관망하는 등 역할이 다양하다. 도시에서 공공의 계단은 이동의 수단만이 아니다. 걸터앉기에 좋은 치수이다. 또한 외부 계단은 앞으로 트인 전망을 소질로 한다. 그래서 로마의 스페인 계단Scalinata di Trinitá dei Monti이나 뉴욕 메트로폴리탄 미술관의 계단이 사람들을 머물게 한다. 홍현의 크기는 그렇게 스펙터클하지 않지만, 가다 쉬다 할 장소로서는 괜찮다.

새 장소는 '갤러리+북촌마을안내소+공중화장실'의 기능을 구성하면서 이를 자연스럽게 트기 위해 산개散開시킨다. 건축 재료가 3가지 이상 독립적으로 쓰이는데 필시 주변에서 채집된 것이리라. 갤러리는 재생 벽돌로 투박하고 시간성이 짙다. 안내소의 아연판은 회색의 중성이다. 계단을 만드는 화강석은 전통적으로 다듬어 쌓기의 정감을 가지고 있다. 공중화장실의 붉은 벽돌도 이 '홍현'의 은유 같다. 벽돌 쌓기로도 비록 제한적이지만 정연한 형태를 만들 수 있다. 손아귀에 들어오는 이 재료를 쌓으면서 줄눈이 패턴을 만들고, 내밀거나 디밀어 쌓으면 요철凹凸 묘법으로 구사된다. 벽면을 다공질로 만들면 빛과 만나는 방법이 달라진다.

우리나라의 공중화장실은 허접했던 옛날의 콤플렉스가 있는지 (쓸데없을 만큼) 공을 많이 들인다. 아마 절집의 '해우소解憂所'라는 개념부터인지, 용변 이상의 성능이다. 이 변소도 '살롱' 같이 만들었다.

여하튼 북촌 길의 정서를 접수할 적당한 장소가 만들어졌다. 도시에서 경계를 헌다는 것은 벽을 터는 일 이상의 큰 의미이다. 물론 정독도서관옛 경기고등학교, 1938, 삼청동 북촌로5길 48이나 서울교육박물관을 찾는 길이기도 하다.

역사의 귀퉁이에서

송원아트센터 2014 / 조민석 / 종로구 윤보선길 75

송원아트센터는 동국제강 산하의 송원문화재단1996년 설립이 지은 건축이다. 화동에 2005년에 지은 미술관이 있었는데, 2012년 새 아트센터 건축에 착수한 것이다.

아트센터는 북촌로5길과 윤보선길이 교차하는, 3미터의 레벨 차를 갖고 있는 삼각형 대지에 불안정한 포즈로 앉았다. 길이 교차하며 한성과 서울의 시간이 비켜 지나가는 귀퉁이다. 부등각이 섞인 상황 자체가 다이내믹하다. 결국 이 부정형 속에서 자신이 입장을 정리하면서 건축은 여러 가지 예각과 선의 충돌을 만든다.

특히 건축은 코너를 특별하게 드러내는데, 건물 몸체를 올려놓은 삼각 지주와 그 위의 귀퉁이 창이 인상적이다. 귀퉁이는 30도 정도의 예각이지만, 둥글게 하여 인지를 부드럽게 한다. 우리의 시각도 대상이 뾰족하면 다칠 수 있다.

형질

철강 회사의 건축이라 그런지, 아연판 럭스틸과 동강판 주름판을 형질로 입었다. 금속판 표면은 수직선으로 굴곡을 만드는데, 보통 공장에서 찍은 골판

두 길의 귀퉁이에서 두 차원이 교접한다. 건축에서 수많은 예각과 선과 면을 만난다.

서울체

과 달리 접은 각도가 일정하지 않다. 너비가 다른 5종의 메탈 패널을 이어 전체 수평 구조를 감추고 한 통의 금속 덩이로 조형했으며, 표면의 미세한 파동은 빛에 반응한다.

모두 5개 층인데 지하 2~3층은 전시 공간이며, 1층 같은 지하 1층을 주차장으로 하고, 지상 1~2층이 레스토랑 및 복합 문화 공간이다. 외관이 밋밋한 데 반해 각도의 상황 때문에 내부 공간은 대단히 활발하다.

좀 불친절한 입구에서 지하로 전시 공간에 든다. 일반적인 갤러리가 진입을 여유로운 로비로 시작하는 데 비해, 여기에서는 관객을 지하로 들이미는 듯한 인상이다. 지하 공간에서 빛 환경을 만들며 여러 위계의 오픈을 통해 수직적 교환이 활발한 결과이다. 1~2층 오픈 공간에서는 외관에서 보았던 경사 지붕을 확인할 수 있는데, 경사면은 전체가 천창이다.

레스토랑과 미술관의 두 기능 모두가 주제적 입장에 양보가 없이 적극적이었다. 그러나 레스토랑의 수익성이 갤러리 운영을 지원할 것이라는 기대가 어렵게 되어, 최근 이탈리아 레스토랑은 영업을 접고 갤러리를 주체로 하는데, 물론 향후의 프로그램은 가변적이다.

1~2층의 레스토랑 자리는 미술관의 연장 공간이 되었다. 경사 천장 전체가 루버를 단 천창이다.

서촌西村, 북악의 그늘

아름지기 / 통의동 보안여관, 보안 1942 / 메밀꽃 필 무렵 / 이상의 집 / 온그라운드 갤러리

청와대 앞 효자동 길은 한동안 건축이 제한되었기 때문에 현대건축이 끼어들지 못했다. 무엇보다 인왕산이 덩치를 으쓱하면 경복궁은 물론 서촌의 건축도 기를 숙였다. 서촌은 보통 청운-효자동 지역과 웃대로는 옥인동, 통인동 일대이지만, 현재는 북서쪽으로 확장되고 있다. 이 공간에도 한성-경성-서울의 기억이 깊다. 남아 있는 한옥들과 카페, 공예품점, 문예 공간들이 실타래처럼 점철되는데, 박노수미술관, 진화랑종로구 효자로 25, 대림미술관종로구 자하문로4길 21을 비롯한 크고 작은 미술 공간을 찾는 일이 즐겁다.

박노수미술관종로구 옥인1길 34은 화백의 가옥을 보전하며 종로 구립으로 만들었다. 비교적 풍부한 기증 컬렉션으로 기획전이 다양하다. 1937년에 지은 이 집은 잡종 양식이 재미있다. 스페니시 기와를 얹었으나 서까래는 한옥풍이며, 층간 보는 일본식 같고 전체적인 구법은 벽돌조 서양식이다. 근대 한국화가 박노수의 미학이 여백의 여운에 있다는데, 이 집은 너무 많은 것으로 꾸며졌다.

종로구립 박노수미술관. 대단히 복잡한 양식적 혼용이다.

경복궁 옆에서

아름지기 2013 / 김종규 + 김봉렬 / 종로구 효자로 17

아름지기는 경복궁을 건너다보고 있으니 디자인의 단서가 무엇인지 금방 알겠다. 이처럼 디자인의 맥락을 위한 준거가 확연할 경우, 건축가는 좋기도 하고 거북하기도 하다. 좋은 점은 그 단서가 개념을 여는 결정적 열쇠이기 때문이고, 거북한 것은 자의보다 주변에서 받는 지시 때문이다.

아름지기에서는 좋거나 또는 거북한 두 가지가 타협하는 모습을 본다. 첫째는 긴 경복궁 돌담 길이고, 둘째는 담 너머 춤추는 궁궐의 지붕들이다. 이 두 가지는 경복궁이라는 하나의 물상이지만, 담과 지붕은 대척적 성질이다. 담은 땅에 밀착된 수평으로 요지부동인 경계이며, 그 위로 하늘과 가까운 지붕은 넘실대며 춤춘다.

이 두 가지는 아름지기 건축을 이룬 두 건축가의 심성이기도 하다. 저층부는 김종규이고, 상층의 한옥 부분은 김봉렬이다. 두 건축가는 상치적이지만 보족적인 관계로 콜라보레이션을 만든다. 김종규는 차갑고 말이 없고 말랐지만 이지적이다. 아름지기 디자인과 똑같다. 건축가이면서 역사학자인 김봉렬은 푸근하고 여유 있고 리듬을 안다. 역시 아름지기 디자인과 똑같다.

지반층은 전시실로 개방되지만 2층에 사무실과 회의실을 얹고 있다. 가로 레벨에서 보아 저층부의 재료는 콘크리트로 전체적으로 침묵적이다. 2층의 콘크리트 박스는 큰 회의실이고, 한옥은 전시와 작은 모임을 위해 쓰인다. 한옥은 단청을 하지 않은 집이지만 디테일은 다 갖췄다. 지붕의 크기에 적절하게 서까래만 내민 홑처마이고 막새기와가 없이 간소하다. 전면의 툇간은 남향과 마당에 대한 배려이다. 왜 한옥인가는 경복궁 옆이라는 문맥에서 말하였지만, 아름지기의 상징체인지도 모르겠다. 간혹 한옥은 어정쩡한 절충보다 사실적 오브제로서 더 유효할 수 있다.

'으름지기'는 서울이 지켜야 할 유산을 관리한다. 전통의 현대화, 문화유산 환경 가꾸기, 전통의 창조적 계승을 위한 교육과 연구를 하고 있다. 아름

아래에서 위로 세 부분을 나누어 보는데 무거운 질감에서 가벼움으로 쌓인다. 그것이 전통적이다.

2층은 관리 사무소와 대회의실과 함께 마당을 만들고, 한옥으로 전시실, 소회의실을 만들었다.

서울체

1층은 전시, 2층에 옥상 정원과 학예실, 회의실 등을 배치하고, 한옥을 현대건축과 병치시킨다.

서울의 나이테

지기는 실제로 수많은 유-무형 유산들의 생명을 구했다. 안국동과 함양에 한옥을 가지고 있어 문화 체험으로 경영하며, 종로구 통인동 '이상李箱의 집' 도 운영한 바 있다.

이 서촌의 대지는 원래 조선의 유적을 깔고 앉아 있었다. 보통 개발을 할 때 대지에서 74퍼센트 이상의 유물과 유구가 발견되면 원형 보존, 64퍼센트 면 이전 복원을 위해 공사를 멈추어야 한다. 이 땅에서는 (공교롭게도) 58퍼센트가 나왔단다. 옛 창의궁 터의 부분으로 추정하는 대지에서 아름지기 건축은 담장 유구遺溝를 이전 복원하는 조건으로 신축되었다.

편안함을 지킨다

통의동 보안여관, 보안 1942 2017 개축 및 신축 / 민현식 (신관) / 종로구 효자로 33

경복궁 서편으로 효자로를 통해 청와대에 이른다. 효자로는 지난 세기 동안 청와대의 서슬 밑에서 개발이 지체되고, 건축의 씨알들도 잘 자라지 못했다. 그러나 그 사이에도 유의할 만한 작은 건축들이 깨어났다.

원래 보안여관은 1930년대부터 있었고, 1942년부터 통의동 2-1번지 시절 건물의 모습을 지녔다고 한다. 한동안 도시 개발을 모른 척하며 경영난을 겪다가 2004년 문을 닫았다. 최성우 일맥문화재단 대표가 이 장소의 근대 문예적 기억을 되살리고, 2017년 옆에 새 집을 지어 두 채의 복합 문화 예술 공간을 만들었다.

보안 1942는 크게 다목적 전시 공간과 생활 밀착형 숙박 시설로 구분한다. 신관은 지하 2층 클럽, 지하 1층 갤러리, 1층 카페, 2층 책방, 3~4층 게스트하우스 등으로 내용이 복합적이다. 4층의 신관과 2층의 구관의 공간을 짧은 구름다리가 잇는다. 위층에 오르면 영추문 넘어 경복궁 서편이 내려다 보인다.

왼쪽 4층 건물이 신관이고, 오른쪽이 옛 건물을 개조한 보안여관이다.
신관 2층에서 효자로를 건너 경복궁을 본다.
옛 보안여관 건물은 갤러리로 만들어 공간형 전시로 설치미술을 대상으로 한다.

서울의 나이테

원래 여관 건물은 방형 입면에 타일을 바른, 조형에 대해 아무 생각이 없는 듯했다. 1층 가운데에 현관을 두고, 완벽한 대칭은 아니지만 2층은 3개의 방마다 창을 하나씩 두었다. 여관은 방이 칸을 이루는 공간이었는데, 이것을 설치미술의 공간으로 바꾸었다. 결국 새로운 모던이 내부를 망가트려 다른 모던인 체한다. 빈 속은 헐어 천장을 거두고 골격을 노출시키며, 미술을 메케한 먼지 냄새와 얼버무려 두었다.

새 건물 역시 그 아무 것도 아닌 조형을 닮으려고 한다. 그래도 창을 구성적으로 하며 미니멀하지만 음조적이다. 여러 부분에서 작동하고 있는 디테일의 묘미를 찾는 일도 재미있을 것이다. 무엇보다 건축의 내용은 참여적 예술로 카페, 서점, 갤러리, 게스트하우스의 기능을 단순한 틀에 함유한다.

경복궁 영추문을 보는 방법

메밀꽃 필 무렵 2018 / 이도은, 임현진 / 종로구 효자로 31-1

경복궁은 남쪽의 정문 광화문光化門, 동쪽의 건춘문建春門, 북쪽의 신무문神武門, 그리고 서쪽의 영추문迎秋門을 두었다. 시간과 네 방위의 상징이듯이 북-어둠, 남-밝음, 동-봄, 서-가을의 기호이다. '영추문'은 가을을 맞는 뜻이고, '메밀꽃 필 무렵'은 가을이다.

청와대 사람들이 다니는 경복궁의 서쪽 길에 '메밀꽃 필 무렵'이라는 국수집이 '있었다'. 이 단층집을 2층으로 개조하여 새 집을 만들었다. 건축을 확장하지만 특별히 표현적일 생각은 없다.

동향집은 동쪽 길에 파사드를 취하니 오전에는 햇빛을 받고 오후에는 그늘 속에 있다. 그런데 식당은 점심에야 문을 여니까 우리는 건축의 빛 바른 정면을 볼 기회가 없다. 디자인을 기하학적으로 정제하고, 외벽 마감은 인조석 물갈기를 하여 종석이 드러나게 하는 오래된 기법이다. 이는 공사비가

2층 건물이지만 가로에서 시선은 1층이 먼저 점유한다. 경복궁을 향해 중성화된 무채색 질감과 투명이다.

내부 공간이 개방적이며 경복궁 영추문을 본다.

서울의 나이테

경제적이었으며, 한국의 근대가 친숙해 하고, 무엇보다 그 종석 알갱이가 메밀꽃을 닮았다. 증개축을 위해 내부에 새 기둥이 필요한데 벽 속에 묻지 않고 드러나도록 했다. 그래서 새 구조의 입장이 분명해진다. 평면에서 뒤서쪽에 주방과 코어를 두고, 3칸의 앞동쪽을 전면 개방하여 경복궁을 보고 있다. 그러므로 우리도 그를 따라 경복궁을 볼 것이다. 하얀 미장, 화강석, 미송으로 시각적 촉감을 만들었다.

건축적 오마주

이상의 집 2014 증개축 / 이지은 / 종로구 자하문로7길 18

이상李箱의 본명은 김해경金海卿, 1910~1937으로, 경성고등공업학교에 재학하며 건축가로 성장할 것으로 기대했다. 1929년 졸업 후 조선총독부에 기사로 취직했으나, 식민지의 조선총독부 엔지니어의 일이 성에 차지 않았던 모양이다. 그는 문학으로 전향하는데, 학창 시절부터 미술 활동을 하였기 때문에 그의 글은 구조적이며 시각적이며 회화적 언문이다. 한국 모더니즘 문학의 해체적 존재이기에 이야기도 많다.

이상의 실제 생가는 아니지만, 그를 살려 내는 이 집은 한옥으로 길갓집이다. 서향에 대문을 두고 작은 마당에 들어서면 건넌방, 마루, 안방으로 구성된 전형적인 도시 한옥이었다. 평면은 ㄴ자처럼 생겼는데, 길가로 2칸을 내밀고 안으로 2칸을 형성하며 마당을 이룬다. 근대에 들어 길가 쪽 칸을 점포로 쓰기도 했다. 마지막 쓰임은 책 대여점이었다. 한동안 방치되다가 2002년 김수근문화재단이 구입하였지만, 경영에는 손이 못 미쳤다. 이상이 살았던 집이라는 확신이 없어지자 문화재로는 취소하고, 한옥으로서 가치도 흐려서 운영을 맡았던 아름지기는 새 기념관으로 기획을 추진하였다. 이를 지역 사회가 보존하자고 설득하면서 문화유산국민신탁과 아름지기가 이상의 장소로 개조하는 일을 2014년에 마쳤다. 이상의 존재감을 실제화하는 일, 이

이상의 집은 L자 모양의 한옥을 개조하고, 기념 공간을
새로 만들어 가옥과 통인동을 조감한다.

서울의 나이테

상의 문학성을 기억하게 하는 전시, 강연, 이벤트가 이어진다.

건축의 리노베이션은 너무 손을 많이 타서 애매하게 되었고, 한옥의 요소가 오브제처럼 남아 있다. 그러나 이상과 조우의 장소로서 건축은 항상 우리를 긴장하게 한다. 그래픽 아티스트 안상수가 다듬어 준 로고, 캐릭터, 타이포그래피가 흥미롭다.

모던 한옥의 생존법

온그라운드 갤러리 2013 / 조병수 / 종로구 자하문로10길 23

자하문로10길에는 높이 2~3층의 상가 건물이 연이어 있는데, 그중 한 채를 건축가가 사서 예술 서점과 작은 갤러리로 고쳤다. 온그라운드 또는 지상소地上所라 하며, 건축 문화의 소통 장소로 쓰인다. 처음에는 예술 책을 파는 서점과 갤러리로 경영했는데, 운영이 어려웠는지 점포를 지우고 갤러리를 넓혔다. 온그라운드는 그동안 소규모 전시이지만, 진보적인 주제, 청년 건축 문화, 소수를 위한 디자인에 장소를 공여해 왔다. 건축가 조병수의 사회적 기여인 셈이다.

모던한 건물을 전면에 두고 뒤채처럼 있는 목조 건물이 반어적인 내용이다. 한옥은 모던 건물에 가려 실체가 드러나지 않는데 자신의 존재감을 외관이 아니라 안에서부터 드러낸다. 아마 이랬을 것 같다. 개조 작업을 하면서 낡은 기와를 걷어 내니 성근 지붕 판만 남았다. 빛이 쏟아졌다. 공사를 멈추고 그 상태에서 다시 생각한다. 결국 기와를 전부 걷고 지붕 판재만 남기니 앙상한 갈빗대처럼 되었다. 그 상태에서 지붕 전체를 강화 유리로 덮었다. 지붕이 천창이 된 셈인데 목조를 또 다른 사실로 만드는 방법이다.

크기는 60여 제곱미터 남짓한 공간이지만, 여기에 갇히면 하늘에서 빗발치는 광선에 우리는 피폭被爆된다. 전시실로서는 휘도와 명도 대비가 심해 적절한 빛 환경이 아니지만, 그보다는 시간 건축의 표현이 중요했나 보다.

단층 건물에서 기와지붕을 걷어 내고 유리를 덮어 전면 천창처럼 되었다.

서울의 나이테

정동貞洞이 기억하는 것
서울시립미술관 / 이화100주년기념관 / 돈의문박물관마을

정동에는 서울에서 가장 짙은 시간의 향기가 배어 있다. 특히 구한말부터 근세의 현장이었다. 서울시청 앞에서 시작하는 공간의 여정은 덕수궁 돌담길을 따라 간다. 현재 서울시청 서소문별관은 원래 대검찰청1971, 정인국으로 지었다. 검찰 기능이 서초동에 집결하고 빌딩은 시민 공간이 되었다. 그 최상층의 전망실에 오르면 정동-덕수궁-광화문 일대의 파노라마를 볼 수 있다.

정동길의 첫 로터리에서 만나는 정동제일교회1895, 사적 256호는 한국 감리교회의 기축을 만들며 구한말 서양인들의 커뮤니티이기도 했다. 교회는 정림건축이 증축1998을 하여 넉넉한 기독교 문화 공간이 되었다. 배재학교는 모두 강남으로 이전하며 배재정동빌딩2004, 김무현+부대진으로 재개발되고, 배재학당 역사박물관2008과 일부 유구가 남아 있다. 정동극장1995, 김상식+이상헌은 공연 문화의 거점이 되기를 기대했지만 여의치가 않아 보인다.

중명전重明殿(원래 수옥헌, 1897년경)은 한때 덕수궁의 일부였으며 고종이 기거하던 궁실이었다. 이 궁실은 일반에 불하되어 한동안 버려지는 듯했다가, 2010년 복원되어 구한말의 역사를 전한다. 특히 한일 합병의 빌미가 되는 을사늑약乙巳勒約, 1905의 현장인 것이다.

서대문 쪽이 가까워지면 프란치스코 교육관1988, 김원이 있는데 개방된 공간은 아니다. 그러나 2014년 리노베이션이손건축 되면서 정동길에 낭만적인 카페를 만들어 주었고, 지하 성당 등에서 프란치스코의 검박한 감성을 전해 받는다. 정동은 두 개의 여자 학교를 가지고 있다. 창덕여중에는 옛 프랑스 공사관1896의 흔적이 남아 있으며, 현재의 이화여고는 이화학당의 원점으로 기념적 공간이기도 하다. 이화 100주년 기념관2004, 이종호과 이화학당 박물관

서울체

2011 개관을 볼 수 있다. 중국인 교회인 한성교회1912는 우리와 다르거나 공유하고 있는 기독교 문화를 말한다.

이미 자취도 없이 사라진 사실이지만, 정동은 구한말 외교의 장소로 프랑스공사관, 러시아공사관, 미국공사관, 영국공사관 등이 있었다. 그중 옛 러시아공사관1885~1890 터국가사적 제253호와 탑부가 정동공원에 남아 있다.

정동의 공간 여정은 경향신문사에서 끝나는데, 이 건물은 옛 문화방송문화호텔, 1974, 김수근으로 지었던 것이다. 건물을 볼수록 방송국이 왜 이렇게 모뉴멘탈한 조형으로 되었는지는 의문이다. 아마 5·16 이후 국가주의 프로파간다가 작동한 것 같다. 경향신문사로 주인이 바뀌며 내부에는 여러 가지 문화 프로그램이 운영되고 있다.

**사법의
서슬을
미술이
쓰다듬다**

서울시립미술관 2002 / 박승, 한종률 / 중구 덕수궁길 61

지금의 서울시립미술관이 있는 자리에는 일찍이 조선 평리원平理院이 있었다. '평리'는 이치를 고루 편다는 뜻이지만 따듯한 곳은 아니었다. 정동의 이 터는 구한말까지도 한성재판소로서 법사法司의 장소였다. 그러다 한일 합병이 되고 1928년 경성재판소가 건축되며 식민지 시대 사법의 권위를 온몸으로 말한다. 얼마나 많은 사람들이 사법에 주눅이 들고 공포를 느끼며 이 건축을 면접하였을까. 얼마나 많은 사람들이 그 죄가 어떠하든 여기에서 자신의 존재를 잃었을까. 그 회한의 장소를 미술이 위무한다는 것이 아이러니이다.

건축 조형은 수평의 횡장비가 긴 3층으로 좌우대칭이다. 갈색 타일로 단단한 외곽을 만들고 양식적 조형이 엄정하다. 1995년 정동의 법사 기능이 강남의 서초동으로 이전하면서 건물의 쓰임새를 두고 생각이 많았다. 식민지 잔재의 대표적인 상징이지만, 어떻든 역사를 껴안고 가야 한다는 의식은 보전으로 가닥을 잡았다. 1996년 서울시가 시립미술관으로 용도를 결정하고 현상 공모를 실시하였다. 삼우건축이 당선하며 지하 2층, 지상 3층의 공간으로 만들었다. 지하에는 강당과 서비스 시설을 두고, 지상층은 전시 공간이다.

당초 기존 건물의 보존을 적극적으로 검토하였지만 (진정으로 보존을 생각했는지는 의심스럽지만) 재판소를 미술관으로 만든다는 것은 어려운 일이었다. 층고가 낮고 기존 구조체가 노후하여 대대적인 수술이 불가피했다. 미술관 공간은 오픈되고 전시에 적당한 스케일이 필요하다. 삼우건축은 앞의 외장 부분만을 보존하고, 그 안으로는 현대적인 공간을 구축하였다.

포치는 자동차가 현관 앞에 들어설 수 있도록 지붕이 내밀어진 공간인데, 전면 3칸의 아치를 구성하는 규모이다. 이 중앙 현관은 대법관이나 드나들던 곳이고 일반인은 좌우측의 쪽문으로 들어갔다. 최고의 권위와 신성에 가까운 통로였다. 일제 낭만풍의 디자인인 포치 부분은 등록문화재 337호로 등록되었다. 가끔 서울은 시대정신에서 이중적 태도를 보이는데, 어떤 때는 척결하

건물 정면은 1928년 경성재판소의 모습을 간직한다. 포치 부분은 등록문화재 337호이다.

중앙 홀의 오픈 공간과 광천장. 공간의 깊이를 위해 배후의 증축이 불가피했다.

서울의 나이테

여야 할 일제의 잔재이고 어떤 때는 낭만의 시대물이 된다.

완성된 모습은 너무 심한 내부 개조로 건축 보존의 의미를 무색케 했다. 사실상 본관에서 남은 것은 전면의 한 켜와 포치뿐인데, 그 건축적 인상은 내부에 들어서며 큰 반전을 이룬다.

무거운 전면의 양식적 켜를 지나 안으로 들어서면 천창으로부터 빛이 그득한 공간으로 전환된다. 보존할 켜를 떼어 표장表裝으로 세우고, 그 안으로는 현대의 몫이 되는데, 그 전환이 갑작스럽다. 전 층을 털어 낸 중앙 홀에서 2~3층의 전시 공간이 한눈에 들어와 우리는 각 층의 목적 공간을 쉽게 알아볼 수 있다.

서울시립미술관은 '천경자실'만이 상설 전시이고, 대부분 기획전에 의존하기 때문에 내부 공간들은 수시로 바뀐다. 넉넉한 앞마당은 기획 행사의 공간이 되며, 덕수궁과 정동에 이어지는 한적함으로 우리의 공간 기행을 연장할 것이다.

이화의 품

이화100주년기념관 2004 / 이종호 / 중구 정동길 26

이화학당은 1886년 미국 감리교 선교사 스크랜튼Mary Scranton, 1832~1909 여사에 의해 창립되었다. 1915년 심슨Simpson관을 준공하고, 1923년에는 프라이Frey관을 지었으며, 전쟁 후 1958년 스크랜튼관을 준공한다.

기독교의 선교 중 지원국을 위한 미션 가운데 고등 교육은 중요하다. 그것이 조선의 근대화를 위한 절대적인 수단이라는 믿음이며, 높은 도덕적 규범과 종교 정신으로 양심에 따라 행동하는 하느님의 사업을 성취하는 것이다. 더군다나 유교에 깊이 젖은 동아시아에서 여성 교육은 더욱 각별한 미션이었다.

이화100주년기념관의 파사드는 벽돌조의 반듯함으로 구성적이다.

이화정동빌딩은 정동의 흐름을 필로티로 흡수한다.

    1999년 이화학당의 옛 정문을 복원하는데, 이는 고종이 하사하신 솟을대문이라 한다. 2006년 이화학당 120주년을 기념하며 이화박물관을 만들었다가, 2011년 심슨기념관으로 원형을 복원한 후 이화박물관으로 재개관하였다. 이곳은 한국 초기 근대에 서양 문물의 샘이었던 옛 손탁호텔 자리이기도 하다.

    프라이관은 1975년 화재로 소실되었는데, 그 터에 세운 건물이 100주년기념관이다. 2004년 준공한 이화100주년기념관은 옛 교문이던 솟을대문을 들어서 마주한다. 기념관은 멀티미디어 교육관으로 기능하면서 카페와 레스토랑이 운영을 돕는다. 큰 공연장을 가지고 있고 문화 학습의 다목적 기능을 수행한다.

    건축은 벽돌 건물인데 옛 이화학당의 질료質料로서 연장이다. 땅바닥의 포장도 벽돌인 것은 건축가 이종호가 옛 건축을 헐고 남은 헌 벽돌을 수습하여 썼다고 한다. 벽돌 건물의 형태와 공간은 반듯하지만, 북향이어서 다소 어둡고 무겁다.

    길 건너에는 이화정동빌딩이 있다. 급서한 이종호의 후계자인 우의정메타건축, 2016의 설계로 역시 벽돌의 정서를 잇는다. 가로변을 필로티로 한 켜 만들어 정동길의 흐름을 빨아들이며, 그 안에는 상업-문화-업무 기능을 넣었다. 벽돌의 괴체와 유리의 허체로 대립을 구성하는데, 건축의 실내외에서 다시 한번 건축가가 벽돌을 다루는 솜씨를 볼 것이다. 여하튼 이들은 바르고 곧은 건축가 이종호의 심성이며 따뜻한 인간적 감성이다.

돈의문의 존재

돈의문박물관마을 2017 / 민현식 + 노바건축 / 종로구 송월길 2

    정동의 긴 꼬리가 끝나고 서대문으로 넘어가는 언덕에 돈의문이 있었다. 그동안 서울에서 돈의문은 존재감이 없었다. 통상 서대문이라 했지만 시각적 기호가 없으니 '있지 않은 있다'였다. 그래서 2007년 신문로 서대문 고갯길에 도시갤러리 프로젝트로 안규철 작가가 〈보이지 않는 문〉을 만들었다. 그래도 별다른 관심을 끌지 못하다가 2017년 돈의문 박물관을 지으면서 새로운 인지의 차원이 생겼다. 새로운 차원이란 단순한 표시가 아니라, 박물관이라는 능동적 문화 현상을 기표로 만든 것이다.

무릇 문은 사람이나 물건이 드나들며 좋은 일이나 나쁜 일까지 들고 나면서 시간의 기억을 머금는다. 문의 존재를 소실하면 이 기억도 소멸되는 것이다. 서울의 대문 중 동대문 흥인문興仁門, 남대문 숭례문崇禮門은 그런대로 버티고 있었고 북대문 숙정문肅靖門은 1976년에 복원되었으나, 서대문인 돈의문敦義門은 실천을 망설여 왔다. 혜화문의 (아직 지지부진하지만) 재건 계획은 이미 장소를 잃은 복원으로 미덥지 않던 참이다. 광희문도 시구屍軀의 선입감인지 묻혀 있는 공간이어서 아쉬운 차제이다. 이들 성문들에 비해 돈의문의 부활 프로그램은 각별하다.

돈의문

원래 돈의문은 1396년태조 5년에 사직동 고개에 세워졌다. 그러나 풍수로 보아 수도의 오른쪽으로 드나드는 교통이 부산스럽다는 이유로 1414년태종 14년에 서전문西箭門을 설치한다. 전해지기로는 조선 건국의 공신이며 세력가가 된 이숙번李叔蕃, 1373~1440의 집 앞인데 앞길이 번잡해지자 문을 닫아버려 '새문塞門'이 되었다고도 한다. 색인동이 그렇게 생겼고, 새문新門으로 전이되었다는 말도 있다.

1422년세종 4년 다시 돈의문을 열었고, 1711년숙종 37년에 성루를 고쳐 지으며 새로 지은 문을 신문이라고 했다. 곧 새문이며 지금의 신문로이다. 대문은 단층 문루에 단문으로서 단아한 조형이었는데, 일제 때인 1915년 전찻길을 건설하면서 철거된다. 2009년 서대문 로터리의 고가도로를 철거하며 돈의문을 복원하자고 했으나 지지부진하다가 (다행히) 포기한 것이다.

오픈 에어 분관형 박물관

박물관 마을은 본관 격인 서울도시건축센터, 분관 격인 창작·창업 공간, 돈의문 전시관 그리고 한옥들로 구성된다. 이러한 분동형 박물관은 사례가 여럿 있으나, 기존 건축을 이용한 '동네' 조직은 새삼스러운 것이다. 그러니까 분관은 모두 '송원길 20번지 5호'나 '새문안로 41번지 3호' 등으로 번지수를 가지고 있다.

만약 이러한 분동식 전개가 단순히 전시 공간을 얻기 위한 수단이 아니라면, 건물 자체가 전시 오브제가 되어야 하며 본래 모습을 최대한 보전할 필요가 있다. 일부 분동은 내·외부에 성형수술이 지나치게 많다. 어찌 보면 이들 주택의 조형은 통념적이며, 심지어 우쭐대는 모습의 양옥洋屋도 보지만, 여하튼 그들은 1930~1970년대 서울의 일상으로 기록할 만하다.

이에 비해 박물관의 한옥군은 신축 건물이니 당분간 생경한 느낌을 어쩔 수 없겠다. 한옥의 평면은 동일하지 않지만, 대문 안 마당을 낀 ㄱ자 평면으로 전형적인 도시형 한옥이다. 거기에서 공간은 체험적이고, 건축 구법이 박물이 된다. 양식 요소로 보아 이러한 소형 가옥에서 겹처마는 어색하지만, 1벌대 기단에 간별 비례가 적당하다.

마을은 동남쪽 귀퉁이를 3층의 검은 벽돌 괴체, 서울도시건축센터로 틀어막고 그 배후에 공간을 풀어 놓았다. 모두 68채의 건물을 기반으로 이루어진 박물관 마을은 오픈 에어 뮤지엄이기도 하다. 건물 개체들, 마당과 골목 그리고 박물적 오브제들로 익어 갈 것이다. 한옥은 일종의 박물관에서의 숙박이 되며, 길과 광장도 공간적 박물이 된다.

돈의문 박물관 마을은 한국 뮤지엄에 새로운 유형이다. 우리는 단일 건물에 프로그램을 담는 박물관 시스템에 익숙하였기에 '마을'은 생소하고 거북할지 모른다. 낡은 것舊屋으로 새로운 시스템마을을 이룬다는 것은 아직 확신이 서지 않는다. 완성을 위해서는 할 일이 더 많고, 이 장소가 경희궁과 서울역사박물관으로 이어지는 총화를 기다리고 있기 때문이다.

왼쪽의 돈의문 터는 〈보이지 않는 문〉안규철, 2007으로 정리되어 있다.
그 뒤로 검은 벽돌의 박물관과 콤플렉스가 전개된다.

동네를 이루는 도시 한옥과 도시 양옥은 상대적으로 비교된다.
주택의 대지 점유 방식이 다르며, 물론 층과 구조가 다르다.
담장은 경계 시설이지만, 한옥은 담과 벽을 공유하고
양옥은 담장에서 거리를 두고 건물을 대지 안에 독립시킨다.

서울의 나이테

인사동
쌈지길 / 학고재갤러리

인사동이 즐거운 이유는 전통이 기저를 이루지만 고착되기보다는 끊임없이 어떤 현상을 끓이고 있는 가로이기 때문이다. 우리가 흔히 인사동이라고 부르는 동네는 인사동을 포함하여 관훈동, 경운동, 낙원동에 걸쳐 있다. 조선 한성 시대에는 관인방寬仁坊과 대사동大寺洞이 있었다. 관인방은 관공서가 있어 그리 불렀고, 큰 절 원각사圓覺寺, 현재의 탑골공원가 있어 대사동댓절골이었다. 일제강점기에 이 '인'과 '사'를 모아 인사동仁寺洞이 되었다. 길은 종로 2가에서 안국동까지 삐딱하게 그어진 선인데, 원래 이 선을 따라 흐르던 개천을 복개하여 그리되었단다.

　조선 시대에는 여러 관청 중에서도 도화서圖畵署가 있었고, 북촌의 중인들이 골동품을 팔러 나와 상가가 형성되었다고 한다. 광복 후에도 이 지역의 유전자는 남아 있어 미술 관련 상점, 화랑, 책방 들이 지역색을 만들고, 전통차와 음식이 대중을 이끌었다. 문제는 관광객, 주간인구 증가, 팽창하는 상업 세력이 포화 상태에 이르렀다는 것이다.

　서울이 인사동 공간에 기울인 정성은 대단하며 건축가도 열심히 만들었다. 가각에서 자기의 몸을 벌려 옥상까지 이끄는 '덕원갤러리'현 미술세계 사옥, 2003, 권문성+이경락, 인사동길 24, 3층위層位의 구성으로 무게를 조형하는 '한국공예·디자인문화진흥원'2006, 이종호, 인사동11길 8, 인사동길을 수직적으로 교합하여 스페이스 마케팅에 성공한 '인사동마루'2014, 김종훈, 인사동길 35-4 등 여럿이다.

왼쪽 / 덕원갤러리는 가각에서 몸 가운데를 베어 계단길을 내고 옥상으로 이끈다. 기존 건물을 개조한 것이나 콘크리트, 기와, 목재, 유리의 조합이 인사동의 정서이다.
가운데 / 한국공예·디자인문화진흥원은 지반층(비움)−중간부(무거움)−최상부(가벼움)의 3층위 패턴을 쌓았다.
오른쪽 / 인사동마루는 건축이 만드는 인사동의 입체 길, 복잡한 골목길을 입체화한 것으로 보인다. 업태도 식음, 관광, 문화를 복합한다.

인사동길 연장하기

쌈지길 2004 / 최문규 / 종로구 인사동길 44

2000년 불고깃집이었던 영빈가든이 불이 나서 다 타버렸다. 쌈지가 이 땅을 구입하고 자신의 프로그램을 구현하기로 한다. 당시만 해도 쌈지는 한국에서 가장 진취적이고 개성이 강한 디자인 기업이었다. 건축가 최문규에게 설계가 의뢰되는데, 이게 쉽지가 않다. 우선 건축주는 앞뒤가 없이 창발적이고, 인사동의 도시 맥락이 요구해 오는 조건은 유달리 까다롭고, 건축 심의는 까탈스럽다.

도로선에서 5미터까지 1층 높이에는 가게 12개가 유지되어야 한다. 설계는 이를 인사동길에 면하는 장변으로 받아들였다. 전면 도로에 면한 200㎡를 공공에 증여하라 하는데, 이것도 넉넉한 출입 공간으로 받아들였다. 20%의 마당을 마련하라니, 어차피 건폐율로 덜 것에 더하여 받아들였다.

사실 인사동길은 탑골공원에서 시작하여 안국동 로터리까지 다 하여도 1킬로미터에 지나지 않는다. 도시의 오래된 이야기를 하기에는 너무 짧다. 그러나 서울의 옛 도시는 뒷골목을 가지고 있고, 이 길이는 끝도 한도 없다. 미로 같고 프랙털 같은 구조이다. 느닷없이 막히고, 막힌 것 같지만 다시 이어지는 공간의 게임 같다. 그러니까 인사동의 흥미는 1킬로미터의 직선 길이만이 아니라 골목이 더 중요하다. 쌈지길은 이 골목을 입체적으로 연장하는 일이다. 마당은 온갖 퍼포먼스와 이벤트로 가히 입체-도시-극장이 된다. 경사 길은 1/25의 기울기로 매우 여려 저절로 올라간다. 입체 골목의 끝은 옥상 정원인데, 거기에 풍경의 클라이맥스가 있다. 인사동의 하늘 풍경이다.

가로의 직접 접촉을 포기하는 대신 스스로 만든 경사 골목으로 이루어지는 공간적 전회轉回가 건축이다. 4층 높이의 경사 길이 만드는 공간적 전회는 공간을 쌓은 등고선이다. 이 등고선은 닫힌 형국으로 작은 성채城寨를 만들어 내향 공간을 만든다. 모양도 옹성甕城을 닮았다.

쌈지길은 인사동과 경계 관계로서 공간체이다. 먼저 말했듯이 가로 점포를 유지하는 조건대로 도로를 따라 리테일을 배치하며 가로 질서에 순응하

입구 부분에서 동선은 아트리움과 상층으로의 큰 계단으로 선택된다.
부등형이지만 ㅁ자 마당을 만들며, 이를 사선형으로 입체화한다.

서울의 나이테

는 듯하지만, 마당에 들어와 보면 인사동은 와해된다. 밖에서의 태도와 안의 태도가 딴판이다.

보통 건축의 구조 방법이 조형을 결정한다. 크게 구축적tectonics이란 구조의 짜임새가 형태로 이어지는 것이고, 조소적stereotum은 빚어 만드는 듯해진다. 쌈지길은 다분히 스테레오툼이라고 보는데, 흙가래를 말아 올려 질그릇을 만드는 듯하기 때문이다.

쌈지길에서 형질形質, 벽돌의 축조는 표면을 만드는 수단과 조형의 태도가 통합된 결과이다. 그 벽돌 형질은 인사동에서 익숙한 질료이지만, 들여다보면 디테일이 다르다. 쌈지길의 벽돌 표면은 검지만 속살은 붉다. 벽돌을 토막 내면 거친 마구리가 되고 붉은 속살이 드러난다. 이 벽돌을 가지고 켜의 결을 만드는 일은 가히 수공의 작업이다. 곧 쌈지의 포스트모더니즘과 토착적 디자인과 상업의 가벼움으로 육질을 만들었다.

쌈지길은 개관하면서 (아마 구매 고객보다는) 관광객으로 미어졌다. 쌈지가 건축주였을 때 너무 많은 방문객이 오히려 부담이 되기 시작하여, 3000원씩 입장료를 받기로 아이디어를 내었다. 물론 직접 돈을 받자는 것이 아니라, 3000원의 쿠폰을 구입하고 그 쿠폰으로 쌈지길에서 물건을 살 수 있는 방식이다. 그러나 누리꾼들의 항의로 쌈지는 길에서 돈을 받는 봉이 김선달이 된다. 곧 무료화로 되돌아갔지만, 한국의 도시에서 공공성이라는 것을 되돌아보는 기회가 되었다.

인사동의 시간

학고재갤러리 〉갤러리이즈 2004 / 이타미 준
/ 종로구 인사동길 52-1

재일 동포 건축가 이타미 준伊丹潤, 1937~2011이 한국의 현대건축에 남긴 존재감에 비해 서울이 가지고 있는 그의 건축은 소수이다. 초기 작품인 건축 스튜디오 각인의 탑刻印의 塔, 1988, 서초구 전

원말안7길 15은 개조되어 옛 모습이 아니고, 말년의 작품인 고도빌딩2007, 종로구 효자로 3은 이타미 준의 건축으로서는 격이 떨어진다. 오보에힐즈2001, 종로구 평창13길 21는 주택이라 일반의 접근이 어렵다.

 인사동의 학고재學古齋 갤러리현재 IS이즈, 영어 동사 is가 아니라 남평 문씨 문중이 경영하는 '인수문고'에서 IS이즈이다는 그의 대표작 명망에 오르지 못하지만, 그가 인사동의 정서에 천착하며 만들었을 뜻을 알아보겠다. 원래 학고재는 1988년에 인사동에 화랑을 만들었는데 북촌에 갤러리를 확충하면서 이 건축을 이타미 준에 의뢰한 것이다.

 건물은 각 층이 독립된 전시실로 쌓여 있는 형식이다. 작은 대지 안에서 용적을 얻기 위해 공간을 층으로 쌓을 수밖에 없었던 모양이다. 대신 직립한 형태에 목판을 덮는데, 굵은 수평 줄눈은 이타미 준 특유의 토착 재료로서 표현이다. 1층은 원래 반투명의 U글라스로 가로에 면했었다. 이 반투명의 흐릿한 효과는 인사동길의 장면 — 보행자, 하늘, 빛, 건물 등 — 을 인상주의 그림처럼 포착했지만, 지금은 투명 유리로 교체하여 쇼윈도처럼 되어 버렸다.

외관은 목재의 집성처럼 보인다. 1층 유리는 원래 U글라스였으나, 지금은 투명 유리로 변경되었다.

서울의 나이테

대학로

아르코 미술관, 아르코 예술극장 / 마로니에공원 / 대학로 문화공간 / 쇳대박물관 / 동숭교회

종로구 동숭동은 1970년대까지만 하여도 서울대학교 본부와 문리대, 법대, 미대 등이 있던 공간이었다. 그 시설들이 이전하고 나서 (대학은 없지만) '대학로'라는 지적인 이름을 갖는다. 그만큼 이 가로가 지성적이며 문화적인 장소가 되리라는 기대였다.

　건축가 김수근의 문예회관 프로젝트를 시작으로 하여 수많은 문화 예술의 공간이 가로를 채워 왔다. 그러나 점차 상업 기능이 팽배해 가며 문화도 상업에 휘둘리는 상황이다. 여하튼 대학로는 고급문화와 대중문화, 예술과 상업의 이중성에 있으며, 청년 문화의 대표적인 장소이다.

원경의 낙산이 한양의 성곽으로 공간적 경계를 만들고, 근경의 대학로와 문예회관을 내포한다.

대학로의 기축

아르코 미술관, 아르코 예술극장 1976 / 김수근
/ 종로구 대학로 104

1975년 서울 시내 곳곳에 흩어져 있던 서울대학교가 현재의 관악구로 집합 이전하고, 동숭동 일대는 1976년 대한주택공사에 의해 주거지로 개발되었다. 대부분 일반 분양되었으나, 옛 서울대학교 본부 건물과 문리대의 일부는 공공으로 돌아왔다.

아르코 미술관 및 예술극장은 일제 때 경성제국대학이자 광복 후 서울대학교의 본부와 문리대학이 있던 자리이다. 건축가 김수근은 이 장소가 문화공원이 되기를 바란다. 우선 미술관과 공연장이 자리하여야 앵커를 이룬다고 믿는다. 그것이 문예회관, 현재의 아르코 예술극장과 미술관이다. 두 건물은 ㄱ자를 이루며 이미 남기기로 한 대학본부 건물과 합쳐 ㄷ자로 공원을 둘러친다. 아늑한 광장이 생겼다. 예술극장과 미술관 그리고 예술가의 집이 마로니에 공원을 함유하기에 깊이의 배치가 녹음을 키운다.

광장은 대학로를 향해 서향으로 열리며, 길 건너의 서울대학교 의과대학경성제국대학 의학부을 건너다본다. 이만하면 식민 시대 대학 문화와 모던의 청년 문화가 동거하는 일이라 할 수 있다. 대학로를 향해 열린 광장은 가로 공원이면서 동시에 여러 가지 옥외 퍼포먼스가 수시로 장소를 차지한다.

예술가의 집

이 일대에 있던 법문학부와 문과대학 건물은 헐리고, 남은 경성제국대학 본부현 예술가의 집는 조선총독부 설계1931 준공이다. 당시 박길용1898~1943이 총독부에 재직하고 있어 그의 설계라고도 하지만, 참여 정도의 개연성뿐이다.

이 건축은 얼핏 모던한 것 같지만, 모순이 많은 조형이다. 3층의 외장을 만드는 띠 장식과 창의 구성에 일관성이 없다. 그러니까 합목적에 충실한 모더니즘 건축이라기보다는 서양식 구법의 절충적 건축이라는 이해이다.

1973년 문예 시설과 예술 정책을 수행하기 위해 설립된 문예진흥원The Korea Culture and Arts Foundation, KCAF은 2005년 한국문화예술위원회Arts Coun-

아르코 미술관은 허리를 비워 관류 공간을 만들고 포치를 해결하며,
그 왼쪽으로는 학예실과 서비스 공간을, 오른쪽에는 전시실을 두었다.

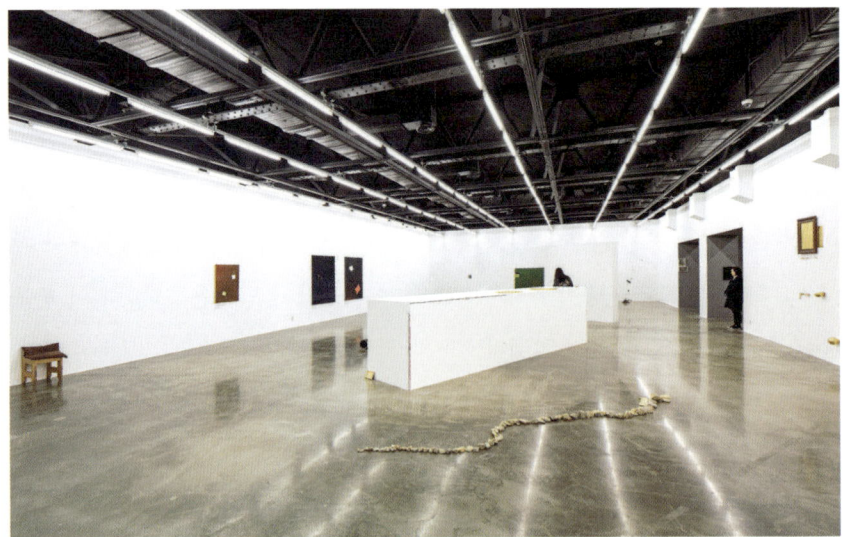

임대를 주로 하는 전시실은 보편적이며 다목적의 공간이다.

cil Korea, ARKO로 개편하였다. 아마 정치적 변동과 흐름을 같이 하겠지만, 아르코로의 개편은 예술 관료주의를 혁파하고 국민 예술에 더 열중한다는 뜻으로 이해된다. 한국문화예술위원회는 2014년 전남 나주시에 새 청사를 짓고 옮겼으며, 옛 서울대 건물은 예술가의 집_{사적 제278호, 2010년}으로 개조되었다.

아르코 미술관

광장의 중앙부동쪽를 차지하는 미술관은 기존의 대학본부와 수평적 맥락으로 높이를 맞추었다. 이는 지상 2층의 전시 공간이 부족하여 지하에 전시를 두는 한이 있어도 지키려는 크기의 맥락이다.

미술관은 중앙 축의 허리 부분을 비워 앞마당과 뒷길이 관통하도록 하였다. 여기를 관류하는 중에 포치 공간을 만들고 학예실로 이어지며, 오른쪽에 전시실을 두었다. 1층 왼쪽은 원래 카페 공간이며 필로티와 개방적 공간이었는데, 지금은 메꾸어 전시 공간으로 쓰고 있다. 잘못된 개축의 사례이다.

미술관의 외벽에 긴 램프가 사선을 만들며 2층에 이르는 것은 외부 램프로 상층의 전시 동선을 독립시키려는 의도였다. 그러나 이는 동선 관리의 어려움으로 인해 활용하지 않고 있다. 전시실은 기획 전시이기 때문에 특별한 공간적 성격이 없다. 기획 전시 공간은 어떤 장르의 미술도 다 받아들일 수 있어야 하므로 유니버설한 성질로 이루어진다. 전시실은 천장을 노출하여 천장고 이상의 높이감을 얻었다. 전시 면을 자유롭게 설치할 수 있는 레일과 전시 조명이 가변 구조로 되어 기획 전시 기능에 충실하다. 외장이 적벽돌을 뒤집어 쓴 것은 기존 건물의 테라코타 타일에서 연장된 뜻일 게다.

아르코 예술극장

예술극장은 608석의 중형 공연장으로서 전형적인 프로시니엄 아치 구조이며, 별도의 소극장을 가지고 있다. 극장의 로비는 오픈되어 공연이 없어도 공공에 서비스한다.

건축의 조형은 아르코 미술관과 함께 적벽돌 마감으로 연속적인 의도이

아르코 예술극장은 미술관과 함께 벽돌의 질료가 건축의 조형을 지배한다.

로비는 래티스 구조의 콘크리트와 벽돌로 거친 인상이다.

며, 두 시설이 마당을 향해 시선을 모은다. 외관의 적벽돌은 내부 공간에도 주재료로 끌고 들어온다. 외관을 꾸미는 요소와 내부의 수식이 같으므로 내-외 전체가 하나로 통합되는 뜻이다.

원초적으로 구조재였던 벽돌이 건축 마감의 재료가 되는 것에 대해서는 다른 생각이 있을 수 있다. 건축은 콘크리트 구조이지만 구체의 모습을 벽돌로 감추고, 벽돌의 쌓기 기법이 형태의 속성이다. 평아치, 들여쌓기, 내어쌓기 등은 모두 벽돌이 할 수 있는 재주이지만, 여기에서 벽돌은 구조재가 아니라 표면재가 된다. 다만 적지 않은 볼륨의 적벽돌 괴체, 솔리드한 성질, 콘크리트의 물성物性이 워낙 강경하여 예술의 섬세한 감각과 충돌을 일으킨다는 감상도 있다.

광장을 장소로

마로니에공원 2013 / 이종호 / 종로구 대학로8길 1

1929년에 심은 마로니에marronnier가 이 장소의 상징이다. 그러나 개발 당시 광장을 만든다는 것은 나무를 뽑아 빈 공간을 만드는 것이었다. 종로구청이 제동을 걸고, 일부 타협하여 살리며 인공 시설을 최소화했다. 소극적인 조경은 그동안 마로니에 공원의 빈곤한 성질이었다. 공원 중앙에 기념 모형이 있지만, 광장의 앵커가 되지는 못한다. 그 후 동상과 기념물들이 기회적으로 세워지는데 일관적인 개념으로 보이지 않는다. 아르코 미술관이 상설 컬렉션이 없는 조직이기도 했지만, 미술관도 광장을 예술 공원으로 만드는 데에는 관심이 없는 듯했다.

광장은 단지 동선을 담거나 어슬렁거리거나 배드민턴을 치는 공간 정도였다. 그러나 그나마의 정온감도 주변의 소극장과 상업 시설 들이 압박해오면서 헝클어지기 시작했다. 장소의 점유자와 행태가 달라진 것이다.

예술극장과 미술관이 둘러쳐 만든 광장은 앞의 두 시설, 안내센터와 카페로 지원받는다.

대학로의 공연 정보 센터인 좋은공연안내센터와 카페, 야외 소극장을 배경에 둔다.

메타 공간

2012년 이종호의 디자인으로 광장을 장소로 만들기 위한 작업에 들어갔다. 그는 광장이 예술극장과 미술관의 야외 로비 같기를 기대한다. 광장은 도시의 거실이다. 장소는 기억만 가지고 존재감을 유지할 수는 없다. 사람들의 행태를 붙잡을 시설이 필요하다. 야외극장휴게 시설, 카페관망 시설, 티켓 박스를 설치하며 광장은 그야말로 '메타' 공간으로 만들어졌다.

시설은 시각적으로 최소화된 유리 박스에 나뭇가지를 닮은 구조체로 주변과 함께 숲森이 된다. 그래서 이 장소는 건물과 나무들을 겹쳐 볼 때 근사하다. 바닥의 패턴은 보로노이Voronoi● 다이어그램 또는 자연이 만드는 패턴이라 한다. 즉 기존 나무를 절점節 nod으로 하여 나무 밑 행위를 연결하면서 부등형 패턴을 만드는 것이다.

이참에 디자인에서 구사하는 수리 기하의 수법을 알아본다. 게오르기 보로노이의 다이어그램은 주어진 종자種子, seed 점들마다 가장 가까운 영역으로 면을 분할하는 것이다. 점을 셀이라 하고 버텍스가 교점이며, 부등 다각형을 폼이라 하고 점이 경계로 점유하는 면적을 보로노이 스페이스라 한다. 예를 들어 땅에 나무가 불규칙하게 심어져 있다고 하자. 각 나무마다 땅을 나누어 주려고 할 때, 나무의 위치에서 가장 가까운 주변 선을 국경으로 하여 각기의 영토를 나누는 합리적인 의사 결정이다. 나무 사이의 거리가 멀면 그의 땅은 커지고, 가까운 거리에 있으면 그 둘의 영토는 작아질 수밖에 없다.

야외극장은 막으로 만든 구조로, 가벼움의 표현이다. 그것은 건축 시설의 박스형과 대립하는 효과이기도 하다. 야외 객석은 비어 있어도 아름다워야 한다.

대학로는 적벽돌로 건축적 맥락을 말하는 데 한동안 주저하지 않았다. 적

● 게오르기 페오도시예비치 보로노이Гео́ргій Феодо́сійович Вороний, 우크라이나, 1868~1908, 수학자

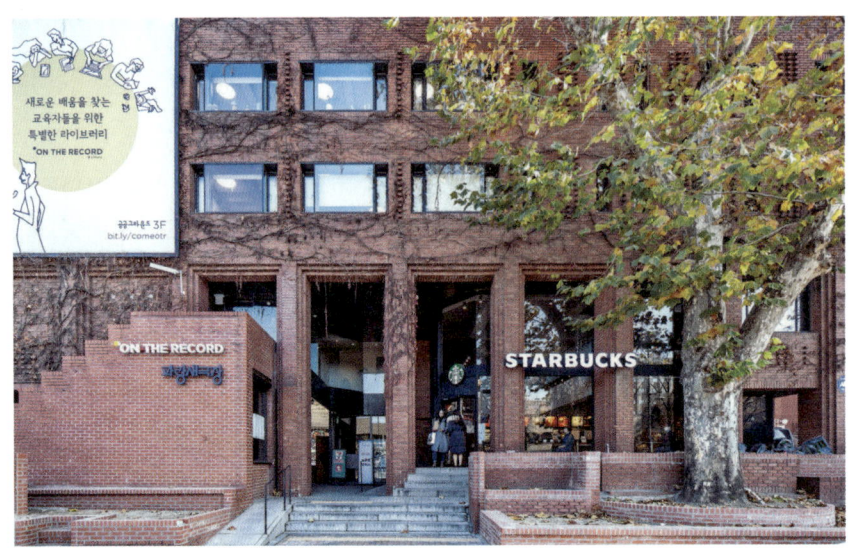

샘터 사옥은 공공그라운드로 주인이 바뀌지만 몸체 부분은 원형을 보전하고 있다.
대학로에 상대하는 도시 건축의 양태이며, 붉은 벽돌의 맥락을 시작한다.

벽돌 건물은 아르코 예술극장, 미술관에서만이 아니라, 길 건너 이화동 쪽에 있는 해외개발공사^{현 서울대병원 부속시설, 1979, 대학로 71}에 이어진다. 일대를 흙의 질료로서 문맥을 만드는 일이다.

샘터 사옥^{대학로 116}은 1970년 수필 잡지『샘터』를 창간한 우암 김재순이 김수근에게 당부하여 만든 건축이다. 그는 건물 자랑이 컸는데, '한여름에도 바람이 숭숭 통해 시원한 집'이라는 것이었다. 사실 그런 것이 앞뒤 창으로 관류가 이루어지고 지반층에서 계단을 타고 오르는 기류도 그렇다. 반듯한 윤곽 안에서 벽돌의 미세한 질감과 짙게 뚫은 눈창이 뚜렷하다. 지반층은 따로 조형되는데 관류의 공간이 한편의 수필 같다는 이해이다.

그러다가 샘터가 집을 팔아야 할 사정이 생겼지만, 한동안 원형을 보전하면서 건축을 존중할 사용자를 찾지 못하였다. 2017년 마침 공공그라운드가 이미 있던 것의 가치를 알면서도 진취적인 프로그램을 담아낼 수 있었다. 최소한의 가감으로 리노베이션하고, 문화적이고 사회적인 건축이 되었다.

대학로의 문화 파수꾼

대학로 문화공간 > TOM 1996 / 승효상 / 종로구 대학로8가길 85

대학로 문화공간은 건축가가 그동안 그렇게 질타하던 대학로의 관능과 소모의 현장에, 그것도 그 한가운데에 들어서 있다. 대학로를 선점하여 온, 이제는 일상성이 된 선정주의와 대중문화를 지배하는 자본, 가까이는 그 대지를 포위하고 있는 부기부기와 정면으로 맞서야 한다. 모두가 들떠 있는 주변에서 그러나 외면할 수 없는 문화의 현장에서 같이 숨 쉬어야 한다.

대학로의 묵시

이 대지도 서울대학교 옛터가 주거지로 개발될 때, 깍두기 썰듯 100평씩 토막 낸 것을 합필하여 200평 규모로 만든 것이다. 그래서 대지의 앞뒤에 도로를 갖게 되었다. 큰 길인 서쪽 길은 공용 주차장으로 산개해 있기 때문에 건축은 시각적 웅변처럼 드러난다._{공용 주차장에는 2009년 대학로예술극장이 들어찼다.} 그리고 그 앞으로는 동숭동의 도시적 관능성이 적나라하게 널려 있다. 주변이 문제가 아니라 인접한 건물이 앞으로는 턱밑을 치받고 뒤로는 발꿈치를 밟고 있다.

방어적 파수

승효상은 방어를 시작한다. 콘크리트의 구법은 형태를 확실히 하며, 질료는 형상보다 완고한 감각체이다. 그는 노출 콘크리트를 '항시 신중하여야 하고 그 결과에 대해 확신으로 통제되어야 하며, 마치 종교의식의 진행과 같은 시공 과정'이라고 말한 바 있다. 어떻든 표현으로써 콘크리트는 무겁고 냉소적이기 쉽다. 경관 방향인 서쪽으로는 무창無窓으로 표정을 단단히 가리며, 해가 있는 남향으로는 긴 벽을 치고 자신의 공간을 가두었다. 동향은 건물의 뒷면처럼 한다. 그러니까 벽면들은 동숭동을 외면하기 위한 병풍이다.

대신 1층에서는 동-서 도로를 관류시켰다. 지하 극장에 드는 동선의 흡입

도시에서 문화의 뜻을 침묵으로 웅변한다. 남쪽 가벽이 주변으로부터 내용을 보호하는 방어체이다.

도 중요하다. 이 긴 벽을 따라 안으로 이야기가 시작된다. 남쪽 벽 뒤의 계단은 각 층의 접속을 위해서뿐만 아니라, 건축이 숨을 쉬는 아가미 같은 기관이다.

여하튼 이 장소에서 건축은 문화의 뜻을 침묵으로 웅변한다. 이러한 기대로 건축의 태세를 보아 왔지만, 아무래도 문화를 마주하기에는 중과부적인 것 같다. 상대가 너무 많고 그들은 시간이 갈수록 집요해진다. 해가 지면 동숭동은 네온이 아우성치고, 이 건축은 어둠으로 잠적한다. '1998 한국건축가협회상' 수상작이다.

서울체

대학로의 중량 키우기

쇳대박물관 2003 / 승효상 / 종로구 이화장길 100

쇳대박물관은 쇠 장식, 특히 자물쇠로 세계적인 컬렉션을 가지고 있다. 원래 이름을 '최가철물점 쇳대박물관'이라 하듯이 철 사나이 최홍규가 소유 관장이다. 그 자신이 철공이며, 1990년부터 철공예품점최가철물점을 경영해서 돈을 좀 벌었고, 자물쇠 컬렉션에 열심이면서 박물관을 만들만큼 되었다.

철갑鐵甲 건축

'최가'는 승효상에게 설계를 의뢰하여 박물관을 만들었는데, 건축사무소 '이로재履露齋'의 인문적 맥락이 이화동에 이어진다. 1층에는 카페가 있는데, 대학로 문화인들의 장소로서 유용하다. 지하에는 대학로 예술극장이 들었다. 2층은 엔터테인먼트 회사가 쓰고, 3층다목적 기획 전시, 4층상설 전시이 박물관이다.

외관은 내후성 강판의 철갑을 둘렀지만, 코르텐 스틸은 이 건축 주제와 절실히 들어맞는다. 철의 막중함은 필로티로 띄워 올린 볼륨으로 만들고, 철판의 차가움은 내후耐候 처리로 붉게 녹슬어 시간 속에 묻힌다. 철로 철을 그리는 것이다. 피질의 무거움을 덜기 위해 표면에 꽃가지가 부조로 추가되었다. 이 그래픽은 타이포그래퍼 안상수가 디자인한 덩굴이다.

철물과 문화인류학

쇳대 전시는 쇼케이스 전시와 연출 전시가 혼합되어 있다. 철물만으로 부족한 문화사적 알레고리를 동자석, 석조石槽 등의 석물들이 보조한다. 컬렉션은 한국 전통의 철물을 주로 하지만 아시아, 아프리카의 공장工匠도 같은 생각을 하고 있음이 재미있다. 전체적으로 철공을 인류사적이며 생활 문화의 차원으로 말하려는 것이다.

중요무형문화재 제64호 두석장 김극현의 작업실을 재현하였고, 희귀한

코르텐 스틸의 외관은 그 무게로 박물관을 은유한다. 계단으로 박물관에 오른다.

한국 전통과 외국의 자물쇠, 민속공예 등으로 갤러리는 특화된다. 최홍규가 30년이 넘게 수집한 것 중에서 전시되고 있는 내용은 아마 5% 정도나 될지 모른다. 열쇠-자물쇠는 가히 우리들의 추리력을 발동시키는 수수께끼처럼 디자인의 기교가 교묘하다. 그러니까 자물쇠는 단순한 오브제가 아니라, 상상력으로 유혹하는 물상이기에 흥미롭다.

내부 전시 공간의 재료는 여전히 노출 콘크리트에 시멘트 블록에 철제이니 무겁고 차갑다. 전시물이 모두 무기질이기에 광선의 자외선 피해가 발생하지 않지만, 전체적으로 조명이 어둡다. 아마 오브제에 집중하려는 뜻으로 보인다. 그렇다 하더라도 내부 공간에서조차 무거운 질량을 유지하려는 비물질성이 무겁다. 건축을 찾을 때마다 느끼는 것은 건축의 디테일을 찾는 쾌감이다. 문, 작은 벽감, 손잡이 등이 그러하다.

대학로에서 교회

동숭교회 2006 / 민현식 / 종로구 이화장길 94

한국의 현대 교회 건축이 착란 상태에 있는 것은 여러 경로에서 이야기된 바 있다. 종교적이지도 아니하고, 겸손할 줄 모르며, 기독의 품위는 내버린 지 오래고, 이 모든 것에 교세의 욕망이 대신한다. 건축가들에게 시대의 소명처럼 된 이 건축 과제는 기회가 있을 때마다 절절하지만, 대부분의 교회는 막무가내이다. 어쩌면 무식한 교회의 귀에 경을 읽는 일 같다.

동숭교회는 건축가 민현식이 내놓은 종교 건축의 명제이다. 이 교회는 장로교회로서 비교적 보수적이다. 동숭교회는 1952년 설립되어, 1955년 동숭동 지역 교회로 정착하였다. 인구가 줄어 가는 서울의 구도심, 동숭동의 상황에서도 교회는 성장하며 증축이 필요해졌다. 증축에 대한 생각은 기존 교회 옆에 지속적으로 땅을 확충하여 온 경영 정책의 마무리이다.

교회 중정, 아트리움의 해석

기존 건축을 보전하면서 아넥스로 건축하되 두 존재를 병치시킨다. 이로써 두 건물 사이에 마당이 생기고, 멀리는 낙산이 보인다. 물론 중간 마당은 기존 건물과 새 교회당의 아트리움으로 기능한다. 새 교회당을 다시 두 채로 나누는 것도 단위 덩이의 크기를 줄이기 위한 생각이리라. 안의 큰 것이 교회당이고 밖의 작은 것이 사회 시설이다.

사회 시설은 어린이 도서관, 새 가족 커뮤니티 그리고 사무국이 쓰고 있

동숭동 길에서 만나는 장면. 왼쪽에 기존 교회당이 있고, 긴 계단 공간 오른쪽으로 신관이 있다.

본당의 회중석. 석재와 유리로 된 외관의 차가움에 상대하여 내부는 목질로 푸근하다.
그러면서 전체적인 요소를 반듯하고 정아하게 다듬었다.

다. 본당은 직방형 회중석인데 2층에 발코니석을 두었다. 현대 교회에서 이러한 공간 분할은 회중석 규모를 위한 고육지책 같다. 수직적 분리가 예배 참여의 동질감을 방해하기 때문이다.

디자인은 장로교회의 보수성에 비해 진보적이다. 이 진보성이 하는 것은 더하는 것이 아니라 덜어 내는 일이다. 미니멀하고 묵시적이고 기하학적인 정연함이며, 흐트러지지 않는 직선들의 합창이다. 본당의 실내는 외관의 석재와 유리의 냉정함에서 반전하여 목조의 온화함으로 감쌌다. 그러면서도 단순한 구성은 빛의 존재를 북돋운다.

현대 교회의 추세처럼 이 교회의 프로그램도 점차 커뮤니티 기능을 확대하는 경향이다. 그러니까 한국에서 교회는 단순히 예배와 선교의 일만이 아니라, 사회적으로 할 일이 많다. 자연히 다중의 동선이 생기기 마련인데, 두 채로 나누고 사이 아트리움을 둔 구성이 교차 기능들을 지원한다.

02

기념적 장소, 서울이 기념할 것

한강의 절경 또는 피의 장소, 그 모순

서울의 한국 사람들

세상 어느 지역이나 기념할 대상이 있겠지만, 서울은 시간이 오래고 그 곤혹의 역사 때문에 기념할 것이 많다. 서울이 머금고 있는 정치, 사회, 종교적 기의記意는 장소, 건물, 조형물 등 여러 기표記標로 나타난다. 기념을 상징하기 위한 문예적 알레고리도 있고 사건의 기호도 만들며, 종교는 처음부터 상징으로 시작한다.

한국전쟁은 수많은 기념적 기표들을 만들었다. 전쟁기념관1994, 이성관은 단순한 박물관으로서 존재보다도 옛 육군본부의 땅이며, 일제 군영이었으며, 오랫동안 외국군들의 거점이었다는 기억을 가진다. 무릇 국가적 이념의 기념에는 프로파간다propaganda가 작동하기 쉽다. 전쟁기념관이 국수적이거나 심지어는 파시즘을 닮았다는 인상이 그러하다.

한국에서 기념 건축은 국민주의, 국가주의, 애국주의에 포섭되어 왔다. 그리고 그 표현에는 고전주의가 전형성으로 작동한다. 매헌기념관1988, 서초구 매헌로 99은 윤봉길 의사를 기리는데, 포스트모더니스트 김기웅의 전형성인 한옥 언어로 구현되었다. 원래 김기웅의 제안은 포스트모더니즘의 상징 언어적 체계였는데, 실시설계 과정에서 콘크리트 한옥으로 양보하고 말았다. 그러니까 서울만이 아니라 한국의 기념적 표현은 전통을 벗어나는 것이 큰일이다. 그 후 우리가 구사하는 기념적 조형 언어는 얼마나 풍부해졌나.

전쟁기념관의 국가주의는 자칫 파시즘을 부른다.
매헌기념관은 맞배지붕에 대칭을 고수하여 매헌을 역사 속에 묻는다.

한강의 절경 또는 피의 장소, 그 모순

양화진 외국인선교사묘원 / 절두산 순교기념관 / 절두산 순교자기념탑 / 서소문성지역사박물관

양화나루는 조선시대 양천陽川과 강화江華로 나가는 조운漕運 항구였다. 여기에 높이 20미터의 돌 봉우리가 있는데, 누에 머리처럼 생겼다고 하여 잠두봉蠶頭峰이라 하였다. 양화楊花와 잠두봉은 18세기 정선鄭敾의 그림에도 자주 등장한다. 그의 양화진楊花津 그림은 강변에 버드나무와 정자가 함께 있는 고즈넉한 분위기였다. 이곳이 조선 시대에 천주교 순교자의 처형장이 되면서 절두산切頭山이라 했다.

1866년 병인박해丙寅迫害에 희생된 성인 24위●와 절두산 순교자를 모시는 기념 성당, 순교자 박물관, 순교자 기념탑 등이 기표를 이룬다. 인접하여 개신교를 중심으로 하는 양화진 외국인 선교사 묘원이 있다. 그러고 보면 양화진 한쪽에서는 가톨릭이 기억을 새기고, 다른 한쪽에서는 개신교가 자리를 넓히는 것이다.

양화진은 한강의 남향 변에 바짝 닿아 선 위치에 있어 항시 강바람과 햇살을 듬뿍 머금는다. 버드나무 꽃이 흐드러졌던 이곳은 당산철교가 가로지르고 강변북로가 시각적 불편을 만들어 버렸지만, 여전히 서울이 간직한 기념적 풍경이다.

● 순교는 인근의 새남터, 서소문밖, 갈매못(충청남도 보령시), 숲정이(전라북도 전주시 덕진구), 공주, 대구, 평양 등으로 광범위하다.

한국을 사랑한 외래인들

양화진 외국인선교사묘원 마포구 양화진길 46

이 장소를 묘지가 아니라 묘원墓園이라 말하고 싶은 이유가 있다. 그곳은 파란만장한 구한말 문화 교차의 기억이며, 기독교의 조선 사랑이 그득하다. 외국인들이 조선에 도래한 이유는 여러 가지겠지만, 이제 여럿이 함께 모여 있으니 원園이다. 서로 조선에서의 사연을 이야기하느라고 매일이 즐거울 것이다.

1876년 조선이 개항을 하고 서양인의 도래가 부쩍 늘었다. 대부분 기독교의 미션을 가지고 왔지만, 그들은 사회적이거나 교육적이거나 정치적이기도 했다. 구한말 폭풍 속 촛불 같은 시대 상황에서 외래인들의 조선에 대한 심정은 연민, 애정, 휴머니즘 등으로 복잡했다. 많은 외래인들이 척박한 조선을, 대한제국을, 한국을 돕다가 떠났다. 가족 단위로 도래한 경우 가족묘를 남기고, 어린 자손만 여기에 묻고 떠난 이들도 많다. 자신의 조국에 돌아가 죽었으나 한국에 묻히기를 유언하여 여기에 온 사람도 있다. 그러기를 한 100년 하니 큰 묘원이 형성되고, 그 동안에 자란 나무는 무덤을 위무하듯 덮는다.

양화진 외국인 선교사 묘원은 130년 동안 죽음을 묻어 오고, 그만큼 나무가 자라 그들을 위무한다.

얕은 구릉 위에 옹기종기 모여 사는 묘지는 편해 보이기까지 한다.

죽은 자는 평온한 듯했으나, 개신교의 종파적 갈등으로 한동안 경영에서 다툼이 심했다. 초기에는 경성구미인묘지회가 운영하다가, 그 명분을 두고 기독교 교파 사이에 알력이 생긴다. 그곳도 '서울의 부동산'이기 때문이다. 사실상 조선조부터 도시 안에는 묘지를 쓰지 못했으나, 고종은 특별히 외국인들을 위해 이 묘원을 윤허했다. 점차 수장이 확장되면서, 경성구미인묘지회, 유니온교회● 등이 권리를 주장해 왔다. 현재는 양화진 선교회 연합체인 한국기독교100주년기념교회가 경영한다.

구한말 인물 열전

여기에는 정치 사회적으로 중요한 사람도 있고, 선교와 교육과 의료 사업으로 한국의 근대화를 지원하던 사람들도 있다. 대부분 여기에 살다가 묻혔지만, 고국으로 갔다가 다시 돌아와 음택을 지은 사람도 있다.

존 헤론John W. Heron, 1858~1890 박사는 양화진 묘원에 묻힌 첫 번째 인물이다. 그는 알렌, 언더우드와 함께 제중원에 근무하다가 전염병인 이질에 걸려 33세가 되던 1890년에 떠났다. 도성 근처에 무덤을 만들지 않는 것이 조선의 원칙이지만, 인천에 있는 외국인 묘지까지는 너무 멀었다. 그를 위해 고종은 이 외국인 묘지를 내놓았다.

기독교 교육 미션의 언더우드Underwood, 元杜尤, 1859~1916는 4대에 걸친 가족 7명이 함께 가족묘를 이루었다. 아펜젤러Henry Gerhard Appenzeller, 亞篇薛羅, 1858~1902 역시 가족묘를 이루었는데, 그의 근대 한국에 대한 사랑, 지원을 우리는 기억한다. 선교사이며 문학자인 게일James Scarth Gale, 奇一, 1863~1937도 3명의 가족이 가족묘를 이루었다. 언론인 베델Ernest T Bethell, 裵說, 1872~1909은 풍운의 구한말에서 조선을 국제적으로 돕는다. 에케르트Franz Eckert, 1852~1916는 우리나라에 최초로 서양 음악을 전한 독일인이다. 당시 국악대를 대체

● 1980년 미국 LA에서 창설한 미주성결교회

에케르트는 조선에 서양 음악을 처음 전한 음악가이다.
베델은 한국 전통의 묘비를 만들었다.
소다가이치의 비석은 간소하지만, 무궁화나무가 지킨다.
어린이 묘원의 메트컬프 유진(Metcalf Eugene)은 1962년 2월 23일에 태어나서 날을 넘기지 못하고 죽었다.

하여 서양 악대를 조직하고, 손수 악기를 구입하고 음악을 교육하며 음악회를 열어 궁실과 대중에게 알렸다. 지금의 애국가 이전에 '대한제국 애국가'를 작곡하기도 했다. 그는 한국에 오기 전에 이미 일본에서 서양 음악 보급을 위해 애썼지만, 이 땅에 정착하고 죽음도 여기에서 정리한 것이다.

헐버트Homer Bezaleel Hulbert, 訖法, 1863~1949는 미국의 감리교회 선교사이다. 스크랜턴Mary F.B. Scranton, 1832~1909 / William B. Scranton, 1856~1922 모자는 한국에 와서 여성 교육과 의약 선교를 폈다. 위더슨Mary Widdowson, 魏道善, 1898~1956은 구세군 선교사로서 조선 고아의 어머니로 불린다. 캠벨Josephine E.P. Cambel, 姜慕仁, 1853~1920은 한국 여성 복음 교육의 요람으로 배화학당을 설립했다. 벙커Dalzell A. Bunker, 房巨, 1853~1932는 배재학당에서 교육 선교를 통해 조선의 청년을 지도했다.

일본인이 고마운 경우도 여럿 있지만, 소다가이치曾田嘉伊智, 1867~1962의 헌신적인 고아 살핌은 가히 종교적이다. 그의 묘비에는 '고아孤兒의 자부慈父 曾田嘉伊知'라고 새겨졌다. 유난히 이신론理神論●에 기반한 엘리트 클럽인 프리메이슨Freemason도 많이 묻혀 있다. 그들은 '컴퍼스와 곡자'의 기호를 묘비에 기표하니 알아볼 수 있다.

짧은 기독교 선교의 지식으로는 이들을 다 헤아릴 수가 없다. 다만 묘원은 아직도 이름을 정리하지 못하고 있다. 사실상 전체 500위 중에 선교사는 145위가 있을 뿐이니 '선교사' 묘원이라 함이 어려워, '외국인' 묘원이라는 주장도 타당하다. 그만큼 이 장소에서 쉬는 고인의 면면은 다채롭다. 비석은 십자가로 하기도 하고, 서양식도 있고, 한국 전통식도 있고, 간소한 석괴가 되기도 한다. 한쪽으로는 유아 묘원도 꽤 넓게 차지하고 있으니 당시의 유아 사망률을 알겠다. 구한말의 보건 환경에서 한 살도 못 넘긴 천사들이 많다.

우리의 아픈 과거는 때로 긴 그림자가 되어 현대를 어둡게 한다. 만약 우리가 구한말 시대를 연민과 무력감으로 지속한다면 그 시간의 가치는 낡은 것이 되어 버린다. 반면에 기회주의, 교만으로 버무린다면 그 가치는 도망가 버린다. 아픈 기억에 속박되지 않지만, 역사 그림자의 눅눅함을 눌러 담아 두고, 돋아나는 새살을 느껴야 한다.

● 기독교의 이성적 진리로서 해석, 구원과 기적을 부정하고, 오직 하느님의 경전에만 가치를 둔다.

양화나루 잠두봉 유적

절두산 순교기념관 1967 / 이희태 / 마포구 토정로 6

절두산 순교기념관은 수평선을 계속 긋는 한강에서 돌기처럼 솟은 양화진 바위산 위에 얹혀 있다. 이곳, 조선의 순교자가 피를 뿜던 장소를 위무하기 위해 지은 기념 성당이다. 그래서 절두산 순교기념관은 그냥 성당이 아니라 한국 천주교의 순교사를 말하는 순례 성당이다. 건축가 이희태는 건축을 한강변 암벽 위에 순교 장소에 보내는 묵념처럼 만들었다.

건축은 한옥의 요소를 번안하여 조형을 이루기에 전통의 요소주의라고

암벽 위에 심어진 건축은 풍경적 상징이다.

초가의 지붕 선과 목조의 얼개가 콘크리트로 번안되었다.
성단의 둥근 천장은 외관에서 둥근 지붕으로 보인다.

기념적 장소, 서울이 기념할 것

할 수 있다. 무엇보다 불끈 솟은 암벽 위에 얹히며 한국 전통의 풍경주의라고 본다.

건축과 장소

한강 양화진의 거친 장소를 초가의 은유가 진정시키고 있다. 기와지붕은 치켜 오르는 앙각仰角을 갖지만 초가지붕은 부드러운 곡선이 위에서 아래로 흐른다. 그래서 전통 건축은 자연과 군집의 풍경으로 보기가 더 좋다. 기념관은 박물관, 성당 그리고 종탑의 세 덩이로 구성되는데, 평면상의 접합은 어색하다. 아마 배치상의 억지스러움보다는 입체상의 구성이 더 중요하였던 것 같다. 어차피 성당의 전형성인 아트리움-회랑-나르텍스-네이브의 공간적 질서를 만들기 어렵기에 건축은 조형에 집중한다.

지붕은 두께가 없는 듯이 날카로운 처마 곡선으로 흘러내린다. 그 밑으로 몸체 밖에 열주를 두어 기둥 선이 깊은 음영을 만든다. 아울러 목조 구법을 번안한 상세가 가볍고도 유려하다. 즉 원형 단면의 쌍 기둥은 쌍 지붕보를 받아 내며 콘크리트 구법을 가볍게 한다. 이에 비해 하단의 두껍게 강조된 받침 기둥은 바위산을 움켜잡고 있다.

너무 많은 상징

성지가 갖는 천주교사의 기억은 복합적이어서 병인박해 100주년 기념성당, 한국 천주교 순교자 박물관, 성인 유해실의 내부 공간에서 외부 공간으로 이어진다. 그런데 뭔가 자꾸 만들어 놓고 기념성을 강조하는 듯이 좀 지나쳐 보이기 시작한다. 이 장소가 단순한 성당이 아니라 박물관이기에 시간이 갈수록 기념 오브제들의 밀도가 높아져 가는 것이다.

경내에는 김대건 안드레아 동상1972, 전뢰진, 김대건 안드레아 신부상, 교황 요한 바오로 2세 흉상, 절두산 순교자 가족상1973, 최종태, 승리의 팔마를 순교자들에게 주시는 예수2001, 최봉자 수녀, 성모상, 십자가의 길, 세상의 빛으로 오심안경문, 제2회 가톨릭미술공모전 우수상, 노기남 대주교 금경축金慶祝 기념비, 아기 예수를 안고 있는 성 요셉상 등이 마당을 장식한다. 성모동굴, 병인박해 100주년 기념성당 옛 십자가, 다섯 순교 성인들이 잠시 쉬어 갔던 오성바위와 문지방돌의 유적도 가지고 있다. 또한 척화비가 있는가 하면, 수많은 청덕비, 현양비, 묘비들이 야외 박물관을 만든다. 너무 많은 것이 한국 가톨릭의 초조한 심사를 말하는 것 같다.

이희태의 미려한 형태 솜씨와 풍경성을 간직하고 있음에 『공간』이 1994년 제2회 '건축25년상'으로 고마움을 표시했다.

조선인 순교자

절두산 순교자기념탑 2001 / 이춘만 (조각) / 마포구 토정로 6

한강을 내려다보는 언덕에 (지금은 주차에 지배되어 버렸지만) 마당이 있다. 마당 한편 배갑진 신부가 설립한 절두산 순교자 기념탑에는 상투를 틀거나 쪽을 찐 사람들이 새겨져 있다. 석조 기념탑

화강석의 투박한 조각은 한국인의 질료이다.

기념적 장소, 서울이 기념할 것

은 보는 것보다 읽어야 한다. 중앙의 석조는 조선시대 죄수의 목에 걸던 형틀인 '칼'은 알겠는데, 오른쪽 예수는 왜 머리가 잘려 같이 누웠는지.

조선 말부터 피의 선교가 시작되면서, 이 처형의 땅 밑에 피가 고였다. 조선 사람은 배교를 거부하는 성심과 죽음을 맞바꾸고, 외국 선교사들은 미션과 바꿔 목이 잘리었다. 조선의 민民은 서양의 신神에게 영원한 해방을 믿지만, 왕王은 서양의 신이 두렵다. 왕의 두려움은 인仁을 버린다. 그래서 조선인의 순교는 종교 이상의 뜻으로 기억할 만하다. 그것은 봉건으로부터 해방이며, 그 선택은 목숨보다 더 가치 있는 계몽이었다.

장소의 혼

천주교사에서나 기억하고 있던 이 장소를 기념 공간으로 꾸미며 그들의 혼을 깨웠다. 그러니까 장소에는 혼이 있다는 믿음은 전적으로 맞다. 기념물은 이춘만의 조각으로 거친 다듬기의 화강석을 기재로 하며, 반추상의 군상이다. 화강석 중에서도 상주尙州석은 돌의 세포에 붉은 기운이 심하며 패턴이 뚜렷하다 지금은 생산이 중단되어 찾아보기가 힘들다. 그 쑥돌艾石이 우리 전통의 질료이고, 거친 손질은 순교의 사실이다.

조각은 관을 세워 놓은 듯한, 또는 카타콤catacomb의 벽감壁龕처럼 얕은 공간을 파고 묻었다. 머리맡에 새긴 이름에는 이쁜이도 있고, 성과 세례명만 있는 노인도 있고, 한 가족도 있다. 그들의 시선은 한 군데를 향하고 있어 서로 생각이 다르지 않음을 말한다. 주는 '믿음으로 구하고 의심하지 말라'야고보 1:5 했기에, 마지막 순교의 순간까지 조선인들은 의심하지 않았다. 그리고 목이 떨어진다. 이 기념물에서 예수의 잘린 머리가 은유를 극대화한다.

서소문 밖, 조선의 죽음의 방향

서소문성지역사박물관 2019 / 윤승현 + 이규상 + 우준승 / 중구 칠패로 5

1940년 유대인 발터 벤야민Walter Benjamin이 피레네 산맥을 넘어 나치에 쫓기다가 기어이 자살을 선택한 곳, 이를 기억하기 위해 노베르 슐츠C. Norberg Schulz 는 장소의 혼Genius Loci이 있다고 했다. 고대 사람들은 이를 더 잘 알았다. 그리스 사람들이 그랬고, 마야 사람들도 장소를 혼으로 믿었다. 우리나라도 장소마다 혼을 섬겼다. 그러니 구한말 처형의 장소에는 처절한 영혼이 잠겨 있으리라.

지금의 칠패로는 서소문을 지나 성 밖이었지만, 칠패시장이 있어 유동 인구가 꽤 많았던 모양이다. 여기에 처형장이 있는 지리는 형조와 의금부현재 세종대로가 가깝고, 시장 인구에게 경종을 울리는 계몽으로 적합했으리라. 건너 편에서는 약현성당사적 252호이 내려다보고 있다. 조선이 사람을 버리는 장소에서 가톨릭 순교자 25명이 피를 뿌렸고, 이 기억 때문에 서울의 성지처럼

서소문공원은 대부분의 기념 공간을 지하에 묻었다.
그래서 지표와 지하의 이원적 구조가 만들어지는데, 그 자체가 상징성이다.

지하의 중심 공간은 하늘광장을 품고 있다.
공간을 비워 하늘을 담는데, 조각 〈서 있는 사람들〉정현이 막연함을 던다.

위무의 공간, 콘솔레이션 홀은 죽은 자를 위한 서사이다.
죽음은 너무 어둡고 침울하고 심각하다. 공간, 빛, 오브제 모두가 진혼을 위한 물질이 된다.

되었다. 2014년에는 프란치스코 교황이 방문하여 위로하였다.

조선이 국민을 버린 장소를 1973년 근린공원으로 지정했지만, 곁을 지나는 철도와 서소문 고가도로로 섬처럼 고립된 공간이었다. 지하를 공용 주차장과 쓰레기 처리장으로 쓰던 졸렬한 공원을 재편할 이유이다. '기념적인 도시 공원'을 보다 구체적인 기억의 수사로 만들기 위해 2014년 설계 공모로 당선작을 얻었지만, 이리저리 미뤄지다가 2019년에야 완성하였다. 서울 시민에게는 조선의 처형장이라는 뜻이 크지만, 천주교 순교에 너무 프로그램이 치우친다는 반발 때문에 구현이 더뎌진 것 같다.

불교는 이 장소에 대해 별로 할 말이 없지만 천도교가 지분을 주장하며 끼어들었다. 갑신정변 혁신과 동학 농민 혁명 지도자의 처형장이기도 한 것이다. 무엇보다 이 장소가 천주교에 전유된다는 것은 보편적인 시민문화가 수긍할 수 없었다. 천주교의 성지인가, 조선 후기의 역사인가. 이 두 가지는 상호 보족적일 수 있지만, 갈등을 어찌지 못한다. 당초 순교 성당-순교 기념 공원이 주제였던 바에 비해, 시민 단체들과 추기경이 공공 공간으로 성격에 타협하며 역사의 공간이 되었다. 다만 지상의 기념 공원과 탑은 남아 있으며, 새 공간에서도 지울 수 없는 종교적 메시지들이 농후하다.

땅 위는 공원으로 도시에 내주고, 땅 밑은 추념의 공간으로 음양이 관계한다. 땅 위의 참수가 지하에 피를 스미게 하여 땅 밑에 고여 있다. 여하튼 기억은 땅에 기반하는데, 깊이 파서 심층에 이르려 하고 하늘을 새삼스럽게 본다. 장소를 건축화하기 위해 램프와 순로가 주도적인 역할을 한다. 30미터에 이르는 진입 램프에 이어 위무의 공간을 거쳐 하늘광장에 이르는 경로이다. 죽은 자를 위한 기념적 공간은 25×25×10미터의 적벽돌 입방체를 땅 밑 14미터 깊이에 묻었다. 땅 위의 번잡함이 사라지고 죽음의 장소, 어둠과 폐쇄가 수사적 의도일 것이다. 위무의 공간은 33×33×18미터의 크기로 빛과 함께 우리를 쓰다듬는다. 이러한 건축적 수사와 함께 오브제들의 상징성이 더하여지며 서울의 혼을 은유한다. 자칫 현장에서는 미로처럼 길을 잃을 만큼 간단하지 않은 느낌은 전하려는 수사가 너무 많아서일 것이다.

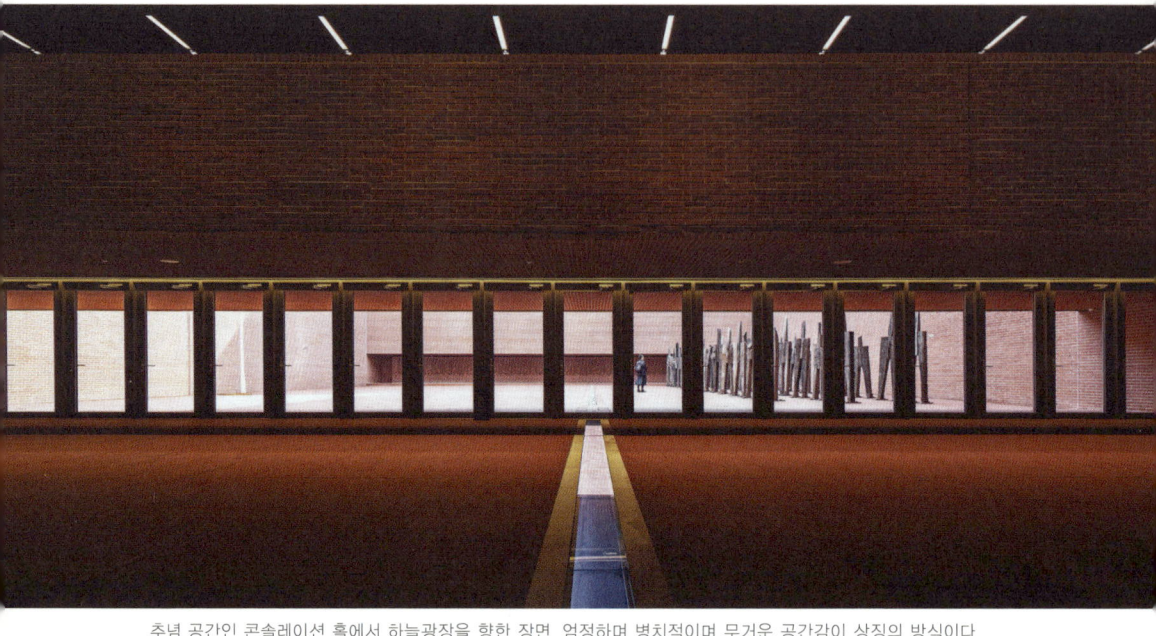
추념 공간인 콘솔레이션 홀에서 하늘광장을 향한 장면. 엄정하며 병치적이며 무거운 공간감이 상징의 방식이다.

당초 당선안에서 33미터를 치솟던 순례 타워는 제외되었으나 건축가는 구현될 꿈을 버리지 않고 있다. 당선안에서 기존 '서소문 밖 순교자 현양탑'1999, 가톨릭조형예술연구소, 조광호과 공간은 추상화하여 정리하려 했지만 실시에서는 원형을 유지했다.

설계사무소 이름들이 기묘한 인연인데, 인터커드interkerd—보이드void—레스less는 최소한으로 남기고 비워서 관계 짓는 것이 프로젝트를 설명하는 것 같다.

서울의 한국 사람들
환기미술관 / 탄허기념박물관 / 안중근의사기념관 / 윤동주문학관

지금은 서울 사람이 따로 있는 게 아니지만, 지난 세기만 해도 '서울내기'가 따로 있었다. 여기에서 기억할 서울 사람이란 서울 태생을 말하는 것은 아니라, 청년 시대를 서울의 문화에서 성장했으며, 비교적 넓은 문화 교차로 행적을 이룬 그들이다.

경성 시대부터 서울 사람들은 근대화에서 한 걸음 앞에 있었다. 비록 식민지 시대였지만 조선의 백성이 아니며, 소위 '모던' 시민으로서 시대 문화에 눈을 뜬 사람이다. 그중에 일부는 일본인들과 '내선일체內鮮一體'를 하였거나, 일제 모더니즘으로 근대를 경험했다. 해방 후에는 좌파 문화와 제3 인터내셔널을 알았다. 전쟁통에서 PX 물건으로라도 해외 문물을 먼저 맛보았고, 유학의 기회가 넓었으며, 독재를 그럴만한 사실로 알았다.

여하튼 서울 사람은 한국적 모더니즘을 체화하면서 수선首善의 DNA를 진화시켜 왔다. 여기에서 서울 사람을 기념하거나 장소를 말하려는데, 그 사람의 기념적 표현은 쉽거나 구체적이거나 해석적이기에 따라 달라진다. 상징으로서 기억은 좀 더 쉽고, 알레고리를 거치면서 좀 더 들여야보아야 하거나, 현상학적 체험에 이르면 어려워질 단계도 있을 것이다. 결국 건축가가 체화한 기념성을 육질건축로 만들겠지만, 그 안에서 숨쉬는 내용프로그램이 존재감을 결정할 것이다.

서울의 모더니스트

환기미술관 1992 / 우규승 / 종로구 자하문로40길 63

종로구 부암동 북악산 자락의 끄트머리, 미술관은 주택가의 한참 긴 골목으로 은폐되어 있는 위치이다. 오래전부터 유지하고 있던 땅에 김환기金煥基, 1913~1974의 집이 유족들에 의해 만들어졌다.

김환기는 전남 신안군 안좌면 출생인데, 목포 밖 서해 섬 중의 하나이다. 읍동리에는 김 화백의 고택김환기길 38-1이 남아 있다. 고택은 꽤 규모 있는 기와집으로 살림이 넉넉했던 것 같다. 그는 일찍이 일본에 가서 도쿄 아오야마靑山 중학교를 거쳐 1936년 니혼日本 대학 미술학부를 마치고, 도쿄에서 개인전을 열었다. 그 역시 집안의 '미술 반대'가 심해 법학을 공부하라고 유학을 보냈는데, 학교는 미술대를 간 것이다.

1945년 광복과 함께 귀국하여 서울대학교 미술대학 교수1946~1949를 지냈고, '신사실파전新寫實派展'에 참여했다. 여러 차례 국전 심사위원을 지냈으며 1952년 홍익대 미술학부 교수, 1954년 예술원 회원이 되었다. 1956년에는 프랑스로 건너가 작품과 전시 활동을 펼쳤다. 1964년 이후 부인인 수필가 김향안金鄕岸과 함께 미국에서 활동하던 중 떠났다. 말하자면 (남도)의 지방성이 (도쿄)에서 근대주의로 성장하고, (서울)에서 익어 가다가, (파리)와 (뉴욕)에서 농숙해지는 것이다. 이러한 국제성에서 그가 얼마나 '서울적'인가를 들여다본다. 무릇 개인 미술관은 그 작가 생애를 관통하는 미학과 작품의 개별적 가치를 통합시켜 기념물이 될 것이다.

환기성煥基性

환기미술관은 북악산 자락에 묻혀 있다. 그래서 대지의 윤곽선이 불규칙하고, 더군다나 상당한 경사에 걸쳐 있다. 건축가는 경사로 초입에 있는 입구에서부터 전시 공간에 이르는 과정을 건축한다. 건축을 둘러친 공간의 겹은 중앙의 방형 포디움을 감쌀 때까지 계속된다. 마치 자꾸 껍질을 벗겨야 열

대문에 들어서면 오른쪽에서 별관(리셉션+카페+뮤지엄숍)을 먼저 만난다. 전시 공간은 왼쪽 위에 보인다.
지붕을 산세와 동네 건물 사이에 내민다.

기념적 장소, 서울이 기념할 것

매內實에 이르는 것과 같다. 이와 같은 겉과 속의 연속성은 재료와 요소에서도 마찬가지이다. 외부에 입힌 화강석의 담백성은 지속되지만 가공 방법이 잔다듬에서 물갈기로 바뀐다. 공간은 안으로 갈수록 스케일을 저미고 기하학적 구조를 긴밀히 한다.

환기의 화풍은 추상-반추상이지만 대중에게 친근하다. 초기에는 기하학적인 추상에서 출발하여 동양적인 생략과 반추상화 작업을 거쳐, 뉴욕에서 다시 추상으로 회귀하였다. 프랑스에서 마네시에Alfred Manessier의 영향은 '……한국적 전통과 자연을 기반으로 한 자신의 반추상적 화풍과 프랑스적 회화의 전통을 중시하고 역시 자연을 추상화하는 바젠느 그룹……'과 유사성을 갖는다. ●

환기의 추상은 마치 염기적 질서처럼 구조적이며 담백하지만, 한국적 서정성 안에 있다. 건축가 우규승의 미학은 담을 돌고 싸는 공간, 빈 마당, 화강석의 정서, 화계의 화사함, 자연을 보족하는 건축적 요소와 다르지 않다. 김환기의 미술과 우규승의 건축이 동조되는 것을 여러 곳에서 본다.

공간적 회유回遊

제멋대로 생긴 것 같은 경사진 대지에서 건물의 배치도 오밀조밀 변화를 받아 가지만, 조형은 반듯한 큐브의 생리를 잃지 않는다. 그러니까 흐트러짐과 반듯함의 동서同棲 방식이다.

입구에 들어서 만나는 중앙 전시실은 전체 공간에서 핵hub이다. 그것은 마치 축소된 도시의 광장 같이 시선과 동선을 집산시킨다. 공간은 지하 1층-1층-2층에 걸쳐 오픈되고, 개방된 주 계단이 이들을 엮어 낸다. 계단은 수직 동선의 수용체이며 전시 공간의 움직임을 지각 체계로 만드는 것이다. 그러고 보면 동선이 건축의 주체인데, 산책을 통해 공간을 몸으로 체화하는 일이

● 전유신, 「1950년대 프랑스 진출 한국 미술가들과 에콜 드 파리」, 「국립현대미술관 연구논문 제9집」, p.43

다. 미술관에서 걷는 일은 이동하는 리듬, 시각적 전개, 미술과의 동적인 접촉 등 곧 현상적 체험이다.

전시실은 화이트 박스로 환기의 색채를 잘 받아들인다. 환기의 색色은 줄곧 청색을 주조로 하는데 점묘가 될 때는 점과 점 사이에 울림이 생기는 것 같다. 색 점은 테라핀유나 화선지에 번지는 반향의 소리이다. 공간은 대칭으로 반듯한데 이 역시 환기의 미적 태도와 연관되어 보인다. 중앙 홀은 땅처럼 방형이고 하늘처럼 뚫린 원형은 전통적 이해이며 환기의 도형적 미술과 통한다.

2층에 올라 전시실을 일람하면서 느끼는 인상은 우리가 공간을 회유하고 있다는 것이다. 방형과 직각으로 질서하는 구조에서 임의의 선택적 동선 같지만, 관람은 환류還流하는 건축 전략에 걸려 있는 것이다. 전시의 종국은 2층 밖 옥상 공간으로 나온다. 옥상 정원 역시 반듯한 ㅁ자 구성으로 둥근 빛 우물을 중심에 품고 있다. 그것이 중앙 홀에서 보았던 둥근 천창의 실체이다. 옥상 정원 주변의 유리블록이 정화된 빛으로 전시 공간을 해맑게 한다.

우리는 옥상의 외부 공간에서 내려오면서 들어왔던 대문으로 향하는데, 그 역시 큰 회유의 프로미나드이다. 그 과정에서 무엇을 보았나요, 그의 미

옥상의 마당은 방형과 기하학적 질서로 엄정하다. 가운데 우물은 빛을 내리는 통이다.
상설 전시는 공간의 입체적인 환류를 통해 거닐게 한다.

술을 담으셨나요, 미술관이 자꾸 되묻는 것 같다. 우리가 어떤 것을 기억하고자 할 때 매질媒質, media을 필요로 하는데, 미술관에서는 작가의 기억이며 미술의 미학이며 그리고 그것을 모두 껴안는 건축이다.

비움을 삼키다

탄허기념박물관 2010 / 이성관 / 강남구 밤고개로14길 13-51

탄허吞虛, 1913~1983는 현대 한국 불교에서 실천적 지도자로, 소싯적부터 밟아온 공부의 역정이 대단히 넓고 다중적이었다. 유학자였지만 천도교로 개종한 집안에서 태어나, 증산교의 차천자교車天子敎●에서 한학을 배우고, 기호학파畿湖學派 최익현의 문하 이극종李克宗으로부터 노장老莊사상을 익혔다. 오대산 상원사上院寺로 출가하여 묵언참선의 경지로 불교를 시작하였다.

그의 학습 범주가 다양했듯이, 월정사月精寺, 강원도 평창군 오대산에서 불교학을 지도하고, 동국대학교에서 불교, 동양철학, 주역, 비교 종교학으로 교수의 범주가 넓다. 그의 강론은 현실적이며 직설적이고, 막연한 구원이 아니라 예언으로서 개념을 인류학으로 이끈다.

문예의 불교

'삼키다吞 비움을虛'. 아마 이렇게 의역할 수 있을 것 같다. 박물관은 서울 강남에 있지만, 아직 개발의 손길이 닿지 않은 일원동 녹지 자락에 있다. 탄천炭川 옆으로 쟁골을 지나 자곡紫谷으로 들어 자리한다. 사이트는 북으로 기울어진 경사지여서 좋은 풍수의 대지는 아니다. 접근 방향은 북쪽이고 입구는 북

● 차경석(車京石, 1880~1936)은 보천교(普天敎)를 창시하고 호를 월곡(月谷 또는 차천자)이라 했다. 전북 고창 출신으로서 동학 접주였던 아버지를 따라 동학운동에 가담하고 천도교 전남북 순회관을 지내기도 했다. 1907년 강증산(姜甑山)의 수제자로서 교통을 이어받았다.

건축이 입고 있는 금강반야
바라밀경金剛般若波羅密經이 상징
적 수사이다.
방산굴方山窟은 불전의 현대적
버전이지만 제의의 요소는
변하지 않는다.

기념적 장소, 서울이 기념할 것

서이다. 여기에서 건축은 스스로 좋은 환경을 만들어 가야 한다. 거기에다가 탄허라는 인물과 불교의 건축 언어가 필요하다. 탄허의 개인성은 건축가 이성관의 묵직한 품성과 겹쳐 보이기도 한다. 풍채風采도 비슷하다.

건축가는 종교의 코드를 찾아 수사적 번안을 하는데 탄허의 장려한 행적만큼 아이디어가 여럿이다. 입구의 108개라는 코르텐 스틸 기둥은 (직설적이어서 겸연쩍지만) 일단은 인간 번뇌의 씻음으로 읽는다. 외관의 서쪽 벽을 싸고 있는 금강반야바라밀경金剛般若波羅密經의 텍스트도 직설적이다. 이러한 문자 수사는 여초서예미술관2012, 이성관, 강원도 인제군 북면 만해로 154에서도 보았다.

실내에 들어와 만나는 중정은 출입하며 거닐만한 크기는 아닌, 실내가 빛을 잃지 않기 위한 광정光井이다. 자칫 무거울 수 있는 법전法殿이나 실제로 무거운 전시실의 양태를 중정이 풀어 준다. 불전 공간도 다분히 상징체이다. 자연광을 내부에서 작동시키는 것은 불교의 은유가 될 수 있다. 바닥에 드리워진 창살의 음영도 전통에서 익숙하지만 현대적인 종교적 수사이다.

박물관의 전시는 더욱 무거워지고 종교철학과 같은 전개이다. 전시실에서 처음 만나는 곡면의 아크 공간은 씻김이라 하지만, 물음표 같이 우리에게 뭔가 묻는 것 같다. 그것이 요즈음 종교의 존재법이다. 이성관의 건축 중에서 가장 정치한 건축술로, 받은 건축상이 즐비한데 '제1회 김종성건축상', '2010 한국건축가협회상', '2010 서울시건축상 최우수상' 등이다.

남산의 한

안중근의사기념관 2010 / 임영환, 김선현 / 중구 소월로 91

남산에는 서울의 한限이 켜켜이 쌓여 있다. 일제는 남산 중턱에 메이지明治 신궁神宮(조선 신궁)을 짓고 일본 제국주의의 상징을 심었다. 장충단 쪽현재 신라호텔 자리에는 이토 히로부미伊藤博文를 신격화하는 하쿠분지博文寺가 있었다. 원 이름은 춘무산박문사春畝山博文寺로, '춘무春

畝'는 이토의 호이다.

메이지 신궁은 1920년 조선 신사로 지어졌다가 1925년 신궁으로 격상된 것이다. 일본에서 신사는 몇 가지 격으로 등급이 구분되는데, 관폐대사官弊大社는 지역급의 신사神社이며, 그 위의 국가급은 신궁神宮이다. 신궁은 천황을 신맥으로 하고 대사는 국가가 경영을 지원한다. 주신主神은 일본 건국신화에 나오는 아마테라스 오미카미天照大神와 1919년에 죽은 메이지 덴노明治天皇를 모셨다. 조선 신궁은 국가급에 해당한다. 일제는 1930년대 전시戰時 체제가 되면서 국가 신도의 성격을 강화했다. 조선 사람은 신사참배를 강요당했다. 물론 이들 신사는 광복과 함께 훼철되었다.

해방 후 이 공간에 국회의사당을 지을 계획도 있었지만, 5·16정변으로 무산되고 한동안 방치되었다. 1970년 박정희 대통령은 국민 성금으로 안중근 의사 기념관을 세웠는데, 콘크리트 한옥의 조형은 추했고 내용도 졸렬하였다. 콘크리트 한옥은 민족적 의식의 작동이겠지만, 그 의미가 안중근의 세계주의에 못 미치고 '민족'에 포장되고 만다. 전시 내용도 쑥스러웠다.

이후 안중근 의사의 서거 100주년을 기념하면서 새 기념관을 짓기로 하였다. 노무현 대통령 시절 성금 37억과 국고 146억 원을 마련하여, 2007년 현상설계에서 임영환, 김선현의 안을 당선작으로 뽑아 2010년에 구현하였다.

12 상징체

안중근安重根, 1879 해주 출생, 1910 뤼순 감옥에서 순국 의사는 소년 시절 유교와 서예를 학습하지만, 19살에 영세토마스를 받아 선교 활동을 하였다. 그래서 그의 지적 세계는 민족주의에서 세계주의에 이르는 역장에 걸친다. 한일 합병 직전인 1909년 10월 26일 이토 히로부미伊藤博文를 처단하는 하얼빈 의거를 결행했다. 그러니까 남산은 이토 히로부미를 기리기 위해 1932년 박문사를 만드는데, 이제는 그를 처단한 안중근을 위무한다. 남산은 서울의 배꼽이지만, 우리 근세사에서 참 기구한 장소이다.

옛 기념관의 뒤편에 새 기념관을 세우고 기존 건물 자리는 앞마당이 되었

12개의 입방 유리체가 만드는 상징 조형

기념관으로 들어가기 위한 램프. 왼쪽 벽의 어룩이 안중근 의사의 텍스트이다.
지하층 중앙 홀은 전체 12개의 유리 큐브 중 가운데 2개를 쓰는 위치이다.

서울체

다. 남산 중턱이지만 주어진 대지가 반듯해서 그런지, 건축의 윤곽은 장방형으로 반듯하다. 대지의 가로 35미터, 세로 49미터 안의 흙을 건물의 체적만큼 들어내고, 12개로 분절된 덩이를 심었다. 이 덩이는 빛의 상자이다. 숫자 12는 안중근 의사의 단지동맹● 12인을 의미한다는데, 말이 그렇다는 것이다. 남산에 지펴진 봉화 12개라 해도 좋고, 땅 밑에 묻어둔 역사를 잊지 않기 위한 12개의 기표記標라고 해도 좋다. 12지의 시간인데 졸고 있는 남산을 항상 깨우는 자명종이기도 하다.

무엇보다 남산의 푸른 소나무 줄기 사이로 도립한 청회색 유리 박스들이 명료하다. 어쩌면 주변의 숲과 계절의 색에 조응하기 위해 건축은 중성의 유리로 했을 것이다. 밤에는 빛의 반전 현상이 벌어져, 폐관 이후 저녁에는 남산 산책의 볼거리이다. U형 유리두께 28밀리미터로 만든 반투명 박스 4개를 3열로 병렬시킨 모습은 빛의 상징체이지만, 속내까지 그러하지는 못하다. 반투명 유리는 빛을 머금다가 호흡하는 성질이 있어 실내를 밝히면서 안정시킨다. 다만 8개의 유리 박스는 그 밑이 무창의 전시실이니 외관을 위한 일일 뿐이다.

외관의 기념성이 다분히 추상적인데 비해 내부와 전시는 직설적이다. 아직 우리나라 기념관에서 건축과 전시 계획이 연동되지 못하는 것이다. 더군다나 국가적 위인의 기념성은 계몽주의 의식 때문에 설명해 주려고 애쓴다. 전시와 건축이 자주 충돌하는 것도 보인다. 아마 건축 초기부터 수많은 독립과 관련된 사회적 인사, 각 단체의 간섭을 통과하여야 했으리라.

조각이 있는 앞마당에서 건축 전모가 상징성을 전한 다음, 전시 공간은 지하에 묻혀 있어 긴 경사로를 타고 내려간다. 이 길이 우리가 안중근을 만나러 가는 길이다. 경사로를 상징 공간으로 하면서 한쪽 벽면에 부조로 새긴 어록이 역사를 설명하는데, 수막水膜이 이를 쓰다듬는다. 수벽 위의 안중근 어록

● 안중근의 의지에 따라 1909년 자신의 무명지(넷째 손가락)를 끊고 대한독립을 맹세했던 그들을 단지(斷指)동맹이라 한다.

은 이미 우리에게 익숙한 그의 당부이다.

지하 공간은 지상과 달리 극적인 감성을 이끈다. 보통 땅 밑에 '묻는다'는 뜻은 옛 무덤에서 익혀 왔듯이 오래 간직함이며, 죽은 자에 대한 경의이다. 경쾌한 기억은 땅에 묻지 않는다. 이미 땅 아래라는 공간이 현묘玄妙한 수사이다.

지하 입구가 뒤쪽에 있어 동선의 반전이 이루어지고, 큰 홀은 외관에서 보았던 가운데 두 개의 빛 상자의 역할이다. 4개 층으로 오픈된 수직적 공간에서 안중근의 인상을 결정지어야 한다. 전시와 추모 기능은 10개의 블록 공간을 이어 연쇄적으로 이루어지는데, 중앙의 아트리움을 끼고 돈다. 자연광을 떠났던 마지막 퇴로에서 그동안 아껴 두었던 투명과 함께 외부 경관을 다시 만난다. 건축은 '2010 서울시건축상 최우수상', '2011 한국건축가협회상'을 받았다.

우리의 버짐 핀 근대

윤동주문학관 2012 / 이소진 / 종로구 창의문로 119

윤동주尹東柱, 1917~1945의 시는 서정과 시대정신을 함께하지만, 이는 그 시대의 서정주의나 민족 문학과는 구분된다.

윤동주는 만주 북간도에서 태어나 숭실중을 거쳐 1938년 연희전문학교에서 수학했다. 우리는 윤동주의 이해를 위해 일제 식민지 시대, 동토凍土의 만주, 뿌리 잃은 지식인, 일본의 재판과 감옥을 알아야 할 것이다. 일본에서 유학하기 위해 히라누마 도슈平沼東柱로 창씨개명한 것이 친일이라는 걸림이 되기도 했지만, 그는 일본의 감옥에서 죽었다.

1942년 일본 도시샤同志社 대학 문학부에 입학하여 영문과에서 공부했으나 불령선인不逞鮮人의 이유로 체포되고, 1945년 후쿠오카 형무소에서 이해되지 않는 병으로 사망했다. 그의 시신은 고향인 간도 룽징龍井에 묻혔다. 그를

북악산 줄기, 한성 성곽의 주변 경사지에 얹혀 건축은 수평을 만든다.

물탱크였던 벽은 지금 하늘 밑에 노출되었지만, 그 시간의 때를 벗지 않는다.

기념적 장소, 서울이 기념할 것

소극적 저항 시인이라 하기도 하지만, 그의 거친 인생 역정에 얹힌 문학성은 대중에게 각인되어 있다.

장소적 상징에 이르는 과정

서울 종로구는 윤동주를 위한 기념관을 짓기로 하고, 종로구 창의문로에 대지를 정했다. 젊은 건축가 이소진이 만든 윤동주 문학관은 종로구청이 자랑스러워하며 관료들이 성취감을 느낀 프로젝트였다. 종로구청장 김영종은 "가쁜 숨으로 일상을 살아가는 시민들을 위해 폐쇄된 수도 가압장에 윤동주의 시 세계를 담아 영혼의 가압장 〈윤동주 문학관〉을 만들었습니다. _ 2012"라고 팻말을 남겼다. 관료가 구사하는 건축적 수사로서는 놀랍지만 그럴 만하다. 구청장은 건축공학 학사이며, 환경설계학 및 지방자치학 석사이고, 행정학 박사였다.

건축 결과에서 그대로 드러나지만, 작업의 프로세스가 인상적이다. 설계가 끝나고 사업 진행 중에 — 대지 위쪽에서 저수조가 발견되고 — 건축가는 그냥 지나칠 수 없는 영감을 받고 — 새로운 착상이 떠오르자 — 공사를 중단하고 — 설계를 고치고 — 이 일련의 일을 발주처 종로구청이 이해하고 — 범위의 확장을 뒷받침하며 — 주위의 협조를 이끌어 내어 완성한 일이다.

문학적 상징

건축 조형은 단아한 직방형의 구성에 백색이 지배한다. 사실 형태보다 하얀 색은 그것만으로 수많은 수사를 이룬다. 순수하며 백의민족이 되고, 아무 것도 아닌 색이지만 어떤 색도 받아들이고, 모든 것의 배척이지만 빛에 가장 민감한 만큼 그늘과 음예陰翳로 말한다. 그래서 하얀 색은 긴장하는 성질이며 온통 슬프다.

전시는 크게 두 개 영역으로 나누어지는데, 상설 전시에서 유물로 윤동주의 사실을 설명하고, 이어 별도 공간인 영상실의 이미지로 이어진다. 나란히 있던 두 개의 콘크리트 수조 중에서 하나는 위쪽 슬래브를 걷어 내어 하늘을 담고 전정前庭을 만들었다. 다른 하나는 빛이 없는 암실로 영상실을 만들었다. 기념관에는 유물이 빈약해 보이는데 이를 건축의 상징성이 극복한 것이다. 그렇게 해서 있는지도 몰랐던 하부 시설이 윤동주의 문학성을 전하는 미디어 공간이 되었다. 우리가 탱크의 바닥에 서 있다는 사실 자체는 공포스러운 일이다. 우리 키의 두 배가 넘는 수심 밑에 갇혀 있는 것이다. 꽤 오래된 시간 속으로, 콘크리트 상자의 폐색감으로 깊이 잠기는 일이다.

물탱크는 물 자국으로 시간의 켜를 기억했다가 전한다. 늙은 콘크리트의 물성은 광야에 선 식민지 인텔리겐치아를 상징하며, 밀폐된 공간은 벗어날 수 없는 막연함의 은유이다. 영상을 시작하느라고 닫히는 철문의 '쿵' 하는 소리부터 윤동주의 건축적 알레고리가 작동한다. 건축가는 이 작업으로 '2012 젊은건축가상', '2013 서울시건축상', '2013 대한민국공공건축상'을 받았다. 그러니까 젊은 패기와 보수적 가치의 인정과 공공성의 노력을 고루 평가받은 것이다.

2탱크. 영상실은 콘크리트의 긴 잔향 때문에 울림이 크다.

기념적 장소, 서울이 기념할 것

03

도시·문화·장소

| 조선의 멱, 수도의 문화 중심축 |
| 백세청풍, 청계천 |
| 시대의 긴 운명, 세운상가 |
| 북악의 맥박, 평창동 문화 예술 마을 |
| 용산의 기억, 군화의 땅 |
| 백제의 땅, 올림픽공원 |
| 외곽 문화, 주변과 중심 |

비록 면밀한 기하는 아니지만, 서울은 그리드로 그려지는 공간 구조이다. 북-배산, 남-좌향을 위해 중심축을 두고 동-서와 좌-우로 전개했다. 1970년대까지만 하여도 동대문-종로-새문안, 을지로-시청, 광희문-퇴계로-남대문으로 3개의 동-서 평행선을 그었다.

경복궁은 (덕수궁보다) 스펙터클하고, (창덕궁보다) 인간적이지는 않지만 공간 구조적이고, (창경궁보다) 권위적이다. 지금의 세종대로는 조선총독부 청사의 기억을 지웠지만, 육조六曹 거리를 정부종합청사가 대신하는 정치 가로이다. 그 수선首善에 경제가 더해지고 문화가 문질러지며 숭례문을 향해 흘러내리는 것이다.

서울의 공간은 한성 시대-경성 시대-근대를 거치며 자꾸 껍질을 벗는 변태로 몸집을 부풀린다. 이 탈피체는 1980년대 이후 강남 개발로 굉음을 내며 두 배 넘게 팽창했다. 서울의 남쪽 변방을 흐르던 한강이 중심으로 들어오고, 강남과 강북을 꿰매기 위해 수많은 다리가 재봉질 되었다. 그러는 사이에 강남-북은 시간 차이, 경제 차이, 문화 차이를 만들며 이질화되었다. 서울은 넓고, 편재가 심하며, 인구가 많다. 그래서 서울은 총체적인 도시 디자인에 손을 놓고 광장, 가로 등 거점적 장소를 만드는 일에 열심이다.

조선의 멱, 수도의 문화 중심축
광화문광장 / 서울광장 / 서울시청사 / 서울도시건축전시관 / 서울로7017 / 윤슬

북악 아래 조선총독 또는 경무대 또는 청와대라는 정치적 정점을 두고 전위축이 형성된다. 이 권력의 꼭짓점을 향해 정의라 하거나 민주라 하거나 승리의 퍼레이드가 끊임없이 준동하여 왔다. 장소란 기억할 행위가 쌓이면서 이루어진다.

서울은 광화문 앞으로 광화문광장을 만들었는데, 문제는 아직도 확신이 없다는 것이다. 이 광장의 생태가 복잡하기 때문이다. 조선 정궁의 앞거리는 육조의 공간이어서 서민이 올 일이 없는 '왕도王道'였다. 지금의 율곡로가 만들어지기 전까지 광화문 앞의 동-서 길도 없었다.

일제 잔재의 기억
광화문을 기점으로 하여 일본 제국도 이 길을 식민 통치의 상징 가로로 하며 그 정면에 조선총독부를 세웠다. 그것은 청사 신축이 아니라 경복궁을 지우는 일과 마찬가지였다. 길 이름이 코우카몬도리光化門通이었다가 광복 후에 세종로가 된다. 조선총독부 청사는 한동안 중앙청이다가 1986년 김수근의 제안으로 국립중앙박물관으로 개조되었다. 그러나 이마저 김영삼 정부 시절 일제 잔재의 제거라는 명분으로 사라졌다.

한국동란으로 서울이 파괴될 때도 주요한 관아 건물은 살아남았다. 유엔군의 폭격으로 도심이 허허벌판이 된 평양의 상황과 비교된다. 남한의 서울과 북한의 평양은 그 정치적 상징성 때문에 재건을 서둘러야 했고, 서로 비교하며 경쟁했다. 평양은 소련의 후원으로 스탈린가와 김일성광장이 상징 가로를 만들었다. 서울의 세종로도 미국 원조의 힘이 컸다. 정부종합청

사, USOM현 미국대사관, 경제개발현 대한민국역사박물관이 옛 관아가의 기능을 잇고, 우남회관현 세종문화화관 자리이 근대주의를 대표했다. 현재의 세종문화회관이 생겼고 박물관 문화가 집합되며, 가히 서울의 문화 척추가 생긴 것이다.

태평로

광화문 앞에서 시작한 세종로가 청계천 앞에 오면 태평로가 된다현재는 세종로와 태평로가 합쳐져 세종대로가 되었다. '태평로太平路'의 뜻은 매력적으로 들리지만, 원래는 조선이 청淸나라를 숭모하던 '태평관太平館'에서 연유한다니 썩 멋있는 이름은 아니다. 1395년태초 4년 서울에 태평관지금의 서소문동 58-17을 만들어 가례嘉禮의 장소로 사용했는데, 중국 사신이 오면 숙소가 되고 조선의 왕과 종친이 문안하며 연회를 베풀었다고 한다. 자연히 이 서소문 동네에 중국 물건이 집산하며 시장을 형성한 것도 여기에 연유한다.

남대문에서 조선총독부를 향한 태평로의 기축을 만들며 일제 때에는 관변 연예 공간이었던 경성부민회관京城府民會館이 지금은 서울시의회 본관으로 있다. 경성부청지금의 서울시청 등도 근대적 관아를 드러내는 것이다. 현재 태평로는 우경 언론으로 지저분해졌지만, 동아일보, 조선일보, 서울신문 등이 한때는 시민의 혀와 귀였다.

광화문–세종로

고종이 50세가 되는 일은 조선으로서는 큰 경사였다. 마침 고종은 40년 동안 왕위를 유지하고 있었다. 아들순종이 '고종황제 즉위 40년 칭경기념비각'

을 세웠는데, 지금 교보빌딩 앞에서 서울의 기표基標로 기능한다.

시저 펠리가 광화문 교보빌딩1980을 설계했는데, 건축주가 그가 설계한 도쿄의 주일미국대사관1972을 보고 똑같은 디자인을 의뢰한 것이다. 막상 만들어 놓고 보니 종로 쪽이 마구리면이 되어 도시 문맥의 몰상식이라는 비판을 두들겨 맞았다. 교보빌딩은 서쪽 세종로를 정면으로 삼을 만한 세력, 광화문광장이 생겨 고맙다.

1972년 시민회관雩南회관, 1961, 이천승이 불이 나고, 그 자리를 좀 더 확충하여 세종문화회관1978, 엄이건축을 지었다. 세종문화회관은 세종로에 동향하는 파사드인데, 대지가 너무 협착하여 배치에 여유가 없다. 당초 5·16 이후 '통일주체국민회의장'을 겸하느라고 무리하게 5천 석 규모를 만들다 보니, 가로에 너무 가까이 접촉되어 로비를 나온 관객과 통행인들이 충돌한다. (아마 이런 행태가 벌어질 것이다.) 세종문화회관에서 클래식 연주를 듣고 아직 그 여운이 가시지 않은 채로 로비를 나와 가로로 나온다. 나오자마자 도시의 소음이 귀를 때리고 퇴근하는 사람들 사이로 휩쓸린다. 마침 앞이 버스 정류장이니 더 복잡하다. 조금 전 음악의 감성으로 머금었던 미소가 일그러진다. 그러던 세종문화회관 앞에 가로 공원이 여유를 만들었으니 얼마나 고마운지 모른다.

세종로라는 이름은 어느덧 시민의 인식에서 희미해지고 광화문광장으로 대체되었다. 이 장소에서의 촛불 혁명과 문재인 정부의 창출로 그리된 것 같다. 그리고 여전히 계속되는 시위와 정치적 구호로 이순신 장군과 세종대왕은 한시도 편할 날이 없다.

서울의 오래된 시각축

광화문광장 2009 / 대림산업 컨소시엄 / 종로구 세종대로 172

"광화문광장은 2009년 8월에 개장하여 주말엔 평균 7만 명, 평일엔 4만 명으로 2010년 1월 말까지 961만 명이 찾은 것으로 집계되었다." _ 중앙일보 2010.02.01

누가 일일이 세고 있었는지 모르지만, 일단 사람 수를 세고 있다는 것은 광장이 아니기를 선언한 것과 마찬가지이다. 광장은 그냥 어슬렁어슬렁 들어오거나 스멀스멀 지나가거나, 그냥 놔두는 곳이기 때문이다.

광장은 당장 보행자의 접근성을 증진시키고 안식의 공간으로 만들기 위한 수리가 필요하다. 지금의 광장은 자동차 교통 속에 커다란 차선 분리용 녹지 같다. 거기에서 광장은 너무 많은 것을 하려고 한다. 국민 교육의 미디어이자 애국심의 상징이며, 관제 이벤트를 담느라고 쉴 틈이 없다. '세종 이야기'와 '충무공 이야기'라는 고정 스피커가 있고, 시도 때도 없이 홍보 행사가 이동 스피커를 올린다. 공공도 광장을 관료주의 문화의 텃밭 같이 쓴다. 광장은 말 그대로 비워 두어야 하는데, 관리 주체가 그렇게 하면 '일을 안 한다'

서울에서 광장은 정치적이거나 사회적이거나 관료적이다.

도시·문화·장소

고 추궁 받는 모양이다.

서울은 원천적으로 북-궁宮에 대응하여 남-시市로 구조를 잡았다. 북-궁은 관아를 거느리고, 남-시는 동-서의 공간 구조였다. 이러한 구도에서 광화문광장은 모처럼 경복궁에서부터 남-북 종축을 떠올렸다.

오세훈 서울시장 시절, 광장을 만들기로 결정하고 2007년 아이디어 공모를 통해 해안건축, 서안조경, 원양건축, 동부엔지니어링, 두인디앤씨의 5개 안을 당선작으로 뽑았다. 당선이 다섯인 것도 이상하지만 아이디어가 너무 많다는 것이 문제였다. 세계 어느 건축도 사람이 많아 성공한 예는 없다.

그해 최종 설계자를 선정하였는데, 대림산업 컨소시엄으로 건축_삼우건축 + 조경_서안조경 + 토목_한국종합기술 그리고 대림산업이 시공을 맡았다. 아이디어 경쟁에서 뽑혔던 서안조경의 개념을 중심으로 했다.

서울과 평양은 물론, 대부분 전제적 도시는 주 광로의 스케일로 이데올로기를 표현하려 한다. 폭 34미터도로 폭 39미터, 길이 640미터의 광화문광장은 평양의 김일성광장-스탈린 가로의 폭 24미터보다는 월등하지만 그 길이 2.4킬로미터보다는 부족하다.

광화문 앞은 청와대가 가까이 있어 자주 정치 공간이 된다. 국가주의를 다시 주워 담으며 이념의 충돌이 전투하는 운동장 같다. 시민은 여기에서 산보할 수 없고 느긋할 수 없다. 광화문광장은 그야말로 서울의 첫 숨이 나가는 공간이다. 여기에서부터 우리를 너무 헉헉거리게 한다.

다시 광화문광장

광화문광장을 만든 지 10년쯤 되는데, 벌써 광장의 재구성이 문제로 떠오른다. 섬처럼 되어 있는 접근성의 문제, 안식적인 공간보다는 관제 행사, 시위, 저항의 공간으로 고착화되는 일이 마음에 걸린다.

원래 문화재청의 대안은 현재처럼 긴 섬이 아니라, 세종문화회관 쪽에 붙여 만들고 동쪽 면에 교통 부담을 지우는 것이었다. 그랬다면 광화문광장이 접근성과 정서적 안정감을 얻었을 것 같다. 지하 대중교통을 지원하고, 일부

민간 건축이 뒷길을 접근으로 삼으면 광장을 앞마당처럼 쓰게 된다. 특히 세종문화회관이 턱밑을 치받는 교통, 소음, 매연과 조금이라도 거리를 두고, 대신 광장의 공간을 향유하면 좋겠다.

2019년 서울시는 2021년까지 완성할 목표로 '광화문광장 재구조화'의 국제 현상설계를 하여, 새 안(CA조경기술사 + 유신 + 선인터라인 건축 + 김영민서울시립대학교)도 받아 놓았다. 그러나 서울시가 너무 서두른다는 비평과 중앙 정부와 이해가 충돌하면서 현재 보류된 모양이다.

집합성   서울광장 중구 세종대로 110

서울에는 (서양적 의미에서) 광장이 없다. 서울광장도 지금의 서울시청인 경성부청京城府廳이 1926년 생기면서 로터리로 만들어졌으니, 그것은 자동차 차지였다. 시청 앞 삼각형 모양의 로터리는 일제가 부청府廳 건물의 위용을 과시하기 위해 주변 공간을 비우는 목적도 있었을 것이다.

광복 후에도 서울시청 광장은 교통섬처럼 되어 그야말로 어찌해 볼 도리가 없는 맹목 공간이었다. 서울에서 가장 교통량이 많은 5개의 도로가 광장에 집산하고, 2개 노선의 지하철이 사람들을 쏟아 낸다. 도심의 교통이 팽창하면서 시청 앞 도로망은 불가촉 체계처럼 여겨졌다. 서울의 광장을 그리는 여러 기회가 있었으나, 모든 대안이 교통난이라는 공포에 밀려났다.

시민적 광장

우리나라만이 아니라 동양에는 광장의 개념이 없다고 했지만, 그 정의가 따로 있는 것이 아니다. 광장은 길처럼 있을 수 있고, 시장일 수도 있으며, 동네 어귀 느티나무 밑도 광장이 된다. 중남미의 도시에는 대부분 '군대광장Plaza de Armas'이 있다. 스페인 식민지 시대 때 식민군이 세력을 과시하거나 저항

서울광장은 2012년 신청사가 완성되면서 어느 정도 안정을 찾았지만, 이번에는 시도 때도 없이 행사가 점유하니 시민성의 역작용이다. 광장이란 안식을 담는 '넓게 빈 장소'로 기대하지만, 아직 사용자인 시민의 입장에서도 광장 문화는 멀어 보인다.

의 진압을 위해 군대가 집합하던 광장이다. 독립 후에도 그 이름으로 시민의 공간이 되거나, 최근에는 관광객들의 차지가 되었다. 그러니까 광장은 단정되기보다는 점유자에 의한 더 많은 양태의 적응력을 가지고 있다.

2004년 서울시는 광장을 녹지로 하고, 새 청사 건축을 굳히면서 현재와 같은 다목적 공공 공간을 얻었다. 2002년 월드컵 응원, 광우병 파동 촛불 시위 등 국가적 거사나 시민 데모로 시달리던 경험을 가지고 있으나, 광화문광장이 만들어지면서 정치적 스피커는 대부분 자리를 옮겼다.

13,000제곱미터의 면적에 잔디 광장이 조성된 이후 켄터키블루 잔디가 사람들 발밑에서 애를 많이 쓰고 있다. 여전히 서울광장의 문제는 접근성이다. 주변 도로로부터 섬이었던 광장은 시청 앞 도로를 흡수하며 반도처럼 되었지만, 주변에서의 접근은 편치 않다. 지하보도와 상가가 서울광장의 지하를 가로지르고 있으나, 땅 밑의 폐쇄감을 어쩌지 못한다. 애초에 지하 공간의 개발에서 좀 더 적극적일 걸 그랬다는 후회와 함께 그 개천開天의 날을 기다린다.

복잡성

서울시청사 2012 / 유걸 + 삼우건축 / 중구 세종대로 110

새 청사 건축 위치에 대한 생각이 엇갈려 오다가, 2006년 기존의 서울시청경성부청, 1926 자리에 짓기로 정하고, 대안을 내야 하는데 시간이 없다. 시간을 단축하기 위해 턴키 시스템으로 하여, 총 16개 응모작 중 7개의 우수작을 뽑았다. 그중 삼우+삼성 컨소시엄의 안을 당선작으로 선정했다. 도자기 모양이 전통인데, 사람들은 그 생각 없는 메타포에 질겁을 한다. 가운데가 수직으로 터진 디자인이어서 이를 깨진 항아리라고 비아냥거렸다. 너무 높은 층수도 덕수궁이나 기존 건물에 상대하여 부적절했다.

2006년 10월 20일, 삼우는 2차 대안을 제출했으나 서울시는 마음에 안 든다. 1차 안보다는 순화되었지만, 서울시로서는 그 역시 느닷없는 조형으로 보인다. 2006년 11월 17일, 삼우가 3차 안을 제출했지만 서울시는 또 마음에 안 든다. 2007년 3월 16일, 삼우는 4차 안을 제출했다. 여전히 마음에 안 든다. 당선안을 뽑아 놓고 해가 바뀌었다. 삼우는 아이디어가 마른 것 같아 건축가 우규승을 붙였다. 2007년 9월 1일, 우규승과 삼우가 5차 안을 내었으나, 이 역시 마음에 안 든다.

2007년 10월 5일, 6차 안을 제출했다. 마음이 썩 내키지는 않지만, 문화재심의위원회의 심의를 통과했다. 그러나 서울시는 상징성, 조형성이 미흡하다고 반려한다. 삼우의 디자인 능력으로는 해결이 안 된다고 생각했는지 기존의 안들을 백지화하고, 콘셉트 디자인을 공모하기로 한다.

2008년 2월 18일, 콘셉트 디자인 경기를 위해 제일 잘나가는 조형주의 건축가 4명, 조민석, 류춘수, 박승홍, 유걸을 초청했다. 조민석은 보수적 형

삼우건축이 왼쪽의 2006년 처음 당선안에서부터 2007년 다른 대안들을 내었으나 모두 거부된다.

도시·문화·장소

태에 소쿠리 같은 볼륨으로 중정을 내포한다. 류춘수는 덕수궁으로부터 문화재 보호선을 따라 기어오르는 삼각 구도인데, 개념이 한강수와 삼각산이다. 그러나 이것은 리츠칼튼 호텔현 르메르디앙 서울, 1991, 강남구 봉은사로 120과 비슷한 모양이다. 박승홍은 투명한 박스이다. 사무소의 합목적성과 친환경을 도모했다.

　심사 결과가 기이하다. 점수는 2등 안이 가장 높으나 조형의 적극성을 사서 유걸아이아크의 안을 취한다. 오세훈 시장이 받아들인다. 삼우+유걸의 체제가 만들어지는데, 설계 시스템이 묘해진다. 원천적으로 삼우가 설계자이고, 유걸은 아이디어만 제공한 역할이니 설계 수행에서 배제되어 있었다. 이에 유걸이 반발하며, 결국 총괄 디자이너의 자격으로 참여한다.

　건축 형태가 임의 곡면으로 생겨 기술적으로 어렵다는 반론이 줄을 잇는다. 특히 계란처럼 생긴 다목적 홀 3개를 상층에 매다는 일이 그렇다. 삼우는 박스형으로 타협하고 싶지만 유걸이 양보할 리가 없다. 유리 곡면에 포장된 각 층이 오픈 공간을 두고 자유롭게 쌓인 모습이어야 한다. 서쪽 측면에서 알처럼 생긴 볼륨이 조금 노출되다가 내부로 연속되는 모양을 원한다. 그래서 지붕과 벽의 구분이 애매하다. 곡면으로 돌출한 이마는 저층부와 입구를 가리는 처마 역할을 한다.

　조형은 여러 사람들이 쓰나미를 닮았다 하듯이 (하필 준공 즈음 2011년 3월에 일본 도호쿠東北에서 지진과 쓰나미의 비극이 있었다.) 엄청나게 큰 푸른 유리의 물결이다. 전면 외관의 유리에는 앞 시청 건물의 낭만성이 비친다. 그것도 수많은 파편으로 옛 건물과 새 건축의 관계를 말한다.

　시공 과정 내내 건축가 유걸과 본 설계자 삼우건축과 시공자 삼성물산과 건축주 서울시청의 4자 간 충돌이 계속되면서 어렵게 건물은 완성되었다. 만들어 놓고 보니 문제는 1층 로비 공간이 너무 좁아 답답하다는 것이다. 수직 조경과 조형물이 차지하고 나니 더욱 옹색해졌다. 그래도 건축은 적극적으로 지열 냉난방, 태양열 에너지 시스템을 갖춘 생태적 적응을 도모한다.

유리의 파동이 광장을 엄습한다. 이러한 도전적 조형이 서울성인지는 모른다.

외피 면에서 내부 공간 사이의 여유가 너무 촉박하다.

도시·문화·장소

2012년 10월, 개청식. 그런데 건축가의 자리가 없다. 자리를 관리하는 직원이 자리를 못 찾는 건축가에게 저쪽 아래에 앉으란다. 자리를 깐 땅바닥이다. '내가 설계자인데요.' '아, 네. 그러니까요.' 건축가이니까 바닥에 앉으라는 것인지, 그냥 뭘 모르겠다는 것인지, 아니면 으레 우리 사회가 그래왔듯이 건축가를 개청식에 초대하는 일을 모르는 것인지 알 수 없다.

유걸이 전하기로는 개청식 중간에 자리를 떠나 주위 손님과 건축 내부를 돌아보았다고 한다. 그런데 시장이 VIP를 모시고 건축 내부를 안내하더란다. 그래서 그것이 그동안의 복잡하고 아슬아슬했던 공사 과정의 보복이 아닌지 의심하게 됐다.

한편 시청사 로비 현관 옆에 청동 명패가 붙어 있는데, 설계자는 삼우종합건축사사무소 대표이사 김관중, 희림종합건축사사무소 대표이사 정영균을 이름하지만, 아이아크나 유걸의 이름은 없다. 표지판의 면적이 모자라서 그런 것은 아닌 게, 시공자 3명에 현재 배치 기술자 2명은 기록했기 때문이다. 치졸한 보복이다. 건설 과정은 정재은 감독이 집요하게 따라 붙어 영화 '말하는 건축 시티:홀' 2013을 만들었다.

**서울의
메모리
마크**　**서울도시건축전시관** 2018 / 조경찬 + 안종환 / 중구 세종대로 119

　　　　　　한국의 근대사에서 태평로는 한 번도 이름처럼 태평해 본 적이 없다. 일제 식민 시대의 상징 가로, 군국 정권의 퍼레이드 공간, 독재 정권에 저항하던 민중의 데모로 편안할 때가 언제였는지 모르겠다. 이 땅은 조선의 양식덕수궁과 서양의 로마네스크대한성공회 서울주교좌성당, 1926/1996, 초기 근대주의서울시의회 본관, 1935, 근대의 낭만세실극장, 1926, 김중업 등이 다시점多時點으로 집체를 이루고 있다.

일제는 1937년 시청 앞에 조세의 본거지였던 조선체신사부회관을 짓는다.

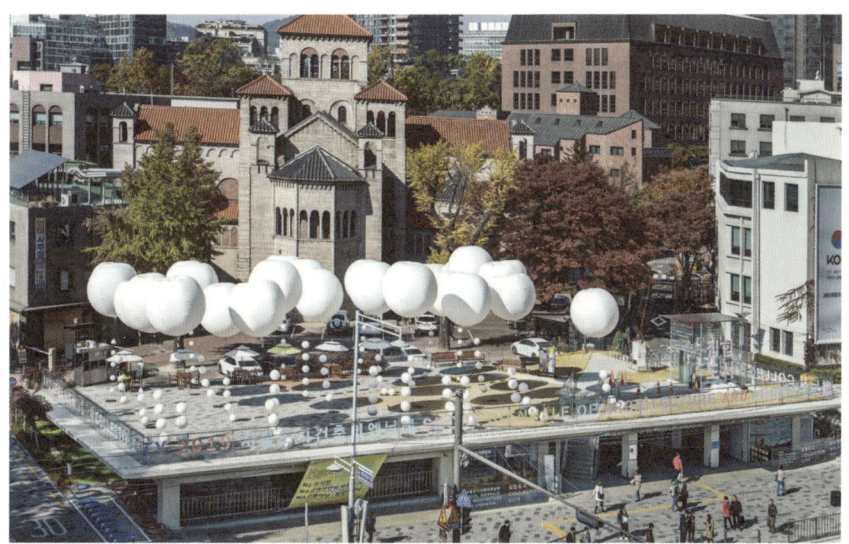

지하에 문화 공간을 두고, 지붕 위는 오픈 스페이스로 여러 가지 이벤트를 담을 수 있다.

지하 공간은 원천적으로 인공조명의 환경이지만, 단순한 화이트 박스를 벗어나 동적인 공간을 매입하였다. 따라서 전시 연출이 중요해진다.

도시·문화·장소

해방이 되고 나서도 이 건물은 국세청 남대문별관으로 증축되었다. 조세 또는 수탈의 본거지라고 하지만, 단지 세무서였을지 모른다. 2015년 건물은 일제의 잔재라고 하여 대중 저널의 시선 속에서 헐렸다. 그 옆의 식민 시대 위락관이던 서울시의회 본관은 아직 끄떡없다.

빈 땅이 되자 그 뒤에 있던 성공회 성당의 후진後陣, apse, 뒤태가 드러난다. 덕수궁을 보는 태평로가 좀 더 평안해졌다. '세종대로 일대 역사문화특화공간 조성 공사'라는 좀 장황한 일로 만든, 이 땅을 그냥 비워 두는 것이 아깝다. 서울시는 최소한의 볼륨으로 건축 전시장을 만들고 서울의 건축 행정, 성과와 비전을 홍보한다. 앞서 세무서 빌딩에 가려 있던 '제거의 통쾌'를 유지하려니 전시 공간은 모두 지하화되었다. 그래서 연면적이 2,988제곱미터이지만 용적율은 8퍼센트이다.

"전시관은 서울의 도시와 건축을 전하는 서울역사박물관, 서울도시건축센터 등 비슷한 시설들과 입체적이고도 연계적인 기획이 가능할 것이다. 무엇보다 서울이 그동안(아직도) '랜드마크'에 열중하였던 바에 비해, 이제 물상을 지워서라도 '메모리 마크'를 만드는 일이다." _ 이창현, 국민대학교, 서울연구원

서울역 고가

서울로7017 2017 / 비니 마스 / 중구 청파로 432

1970년, 서울역 앞에서 회현동–동자동의 동서를 가로지르는 교통 고가가 신설되었다. 1975년에는 만리재에서 퇴계로 구간이 설치되었다. 이 토목 구조물은 나이 40에 안전진단 D등급을 받고 안전성에 문제가 제기되었다.

2013년 새 고가도로를 건설할 계획도 세웠지만, 2014년 박원순 서울시장은 녹지 보행 공간으로 재축하자는 의견을 받아들인다. 서울시는 2014~2015년 차로를 폐쇄하고 이벤트를 가지며 개축의 생각을 굳힌다. 자동차 길을 하

나 잃는 일이니 주변 상권이 반대를 들고 일어났지만, 설득이 된 모양이다. 두 번째 반대는 고가 자체가 도시경관에서 부적격하니 철거하자는 것인데, 이는 그냥 묻혀 버렸다.

새 조경 계획은 현상설계에 붙여지며, 비니 마스Winy Maas, MVRDV, 네덜란드 / 후안 헤레로스Juan Herreros, estudio Herreros, 스페인 / 마틴레인-카노Martin Rein-Cano, topotek1, 독일 / 창융허Chang Yung Ho, Atelier FCJZ, 중국 / 진양교CA 조경기술사사무소 / 조성룡조성룡 도시건축 / 조민석매스스터디스이 결선을 벌었다. 팽팽한 승부에서 네덜란드의 비니 마스가 제안한 '서울 수목원The Seoul Arboretum'을 당선작으로 선정하였다. 현상설계 후에는 꼭 자기가 왜 떨어졌는지 이해되지 않는다는 낙선자가 생긴다. 당선작은 곧 실시설계에 들어가 2017년 완공하였다. 프로젝트 이름은 '서울로 7017'로 1970년에 만든 옛것을 2017년에 다시 한다는 뜻이란다. 당선자의 설명은 (아마 누가 대필해 주었을 것이지만) 구문이 되어 있지 않은, 읽다가 보면 무엇을 말하려는지 잊어버리고 마는 텍스트를 전한다.

> 다양한 사람들의 행위가 엮어질 수 있다는 점에서 흥미로우며, 단순히 기념물로서가 아니라 동네에서 다른 동네로 돌아서 가는 과정으로서 공간을 강조하고자 하였고, 단순히 광장이나 공원이 아닌 그 사이에 광장이면서 공원인 공간을 조성하고 공간에는 서울에 존재하는 다양한 식재들이 화분 형식으로 교량 위에 심어지고 그 사이에서 사람들이 활동할 수 있는 공간이 되고 그래서 서울역 고가가 단순히 사람들만을 초대하는 게 아니라, 행위, 자연, 다양한 것들을 초대하는…… _ 비니 마스 / 프로젝트 사이트

왜 이 인용으로 지면을 소모하느냐 하면, 건축도 말하는 것처럼 생각하고 텍스트처럼 만든다는 것이다. 이 길을 걸어가야 하는가는 아직도 납득이 되지 않는다. 한여름에는 갈 생각이 없고, 한겨울에는 엄두가 나지 않는다. 굳

공중의 녹도를 얻었지만, 그것은 완전한 인공의 자연이다.

서울체

이 가야 하는 게 일상이지 않으니 가는 노동의 반대급부를 계산하게 한다.

만리를 비추다

윤슬: 서울을 비추는 만리동 2017 / 강예린, 이재원, 이치훈
/ 중구 만리동1가 만리동광장

서울역 뒤 만리동, 이 자리는 대단히 산만한 장소이다. 철로가 가로 지르고, 도로 교통이 사통이고, 도시적으로 정리되지 않은 환경에 서울로 7017이 서쪽 다리를 내려놓은 곳이다. 윤슬은 이 고가 보행로를 개발하면서 같은 고리로 만들어졌다. 그러니까 장소적으로 주변을 진정시킬 필요가 있었을 것이다.

도시, 빛의 물결

윤슬은 '빛에 반사되는 잔물결'을 뜻하는 우리말이다. 바다나 강의 수평 위에서 햇빛이나 달빛이 그리하는 것을 보았고, 미시적으로는 모래사장에서 석영石英의 반사가 그러했다. 건축은 그렇게 빛의 이랑을 만들었다.

도시는 큰 구덩이를 파고, 빛의 물결을 만들기 위해 수평면을 얹어 놓았다. 스테인리스 스틸로 만든 슈퍼 미러의 루버를 얹어 놓으니 광학 시설 같지만, 그 아래는 노천극장 같은 공간이다. 직경 25미터의 큰 그릇 모양의 공간은 지상에서 4미터 가량 깊다. 그래서 하늘의 모양天形이 둥그렇게 만들어진다. 원래 하늘은 둥글고 땅은 모가 났다.

공간이 오목함은 음陰이지만 거기에 채워지는 빛은 양陽이다. 관객들은 계단을 통해 작품 안으로 들면서 공간에 묻힌다. 이 그릇 안에서 강연도 하고 음악도 하고 퍼포먼스도 가능하지만, 주변의 소음과 산만함을 이겨 내야 한다. 천개天蓋로써 금속 루버는 공간의 안정을 돕지만 스테인리스 미러는 반사재이니 끊임없이 자기를 표현하려고 한다. 윤슬은 하늘을 받고, 주변 빌딩과 구름과 사람을 그리는데, 매양 같은 것만은 아니다. 비추고 비추임으로 물상

'잔 빛의 파동'이라는 뜻처럼 선큰된 공간의 상부를 투과 질료로 하여 낮에는 빛을 받아들이고 밤에는 빛을 뿜어낸다.

을 썰어 내는 현상이다.

큰 구도에서는 주변을 반사하고, 좁은 구도에서는 우리 자신을 비춘다. 그 파편들이 무수히 많은 영상으로 공중에 날아다니는 나비 같다. 반사 질료가 시각적으로는 불편할 수 있는데, 이 프로젝트가 도시의 공중 시설이며 동시에 미적 오브제로 있기를 바라는 모양이다. 조금 먼 시선에서 보면, 만리동의 척박한 환경에 극단적 대비로써 윤슬이 동네를 자극하기를 바라는 것 같다.

작가 강예린은 2015년 국립현대미술관 젊은건축가프로그램의 당선 작가이기도 하며, 환경을 미학하는 감각을 가졌다. 서울디자인재단의 작업으로, 서울시는 이를 서울의 공공 미술 프로젝트로 추진했다.

백세청풍百世淸風, 청계천

청계천박물관 / 서울문화재단

청계천은 이름도 깨끗한 백운동천白雲洞川과 청운동천靑雲洞川 계곡에서 발원한다. 경복궁의 서쪽 북악산과 동쪽 삼청동에서 내려와 경회루 연못에 모인다. 연못을 채우고 난 물은 궁 밖으로 나와 동쪽으로 흘러 광통교廣通橋에 이른다.

물은 한참 동으로 흐르다가 중랑천과 만나 한강에 더해진다. 서울의 땅을 쓰다듬는 생리이면서, 한양의 공간 축을 동-서로 정리하는 지리이다. 우암 송시열이 청풍淸風의 뜻을 주어 '청풍계천淸風溪川'이라 했는데 일제강점기에 청계천이 되었다. 도시의 환경은 물리적 생태뿐만 아니라, 정서적 생리를 포함한다.

한성에서 청계천은 생활의 절대적 수맥이며, 종로-을지로-퇴계로가 동서의 기축으로 삼는 원천이다. 3줄로 나란한 가로 체계 사이에서 개천은 건너는 것만 해도 보통 일이 아니었던 모양이다. 한성 사람들은 모전교毛廛橋, 광통교廣通橋, 장통교長通橋, 광제교廣濟橋, 수표교水標橋, 효경교孝經橋, 오간수교五間水橋 등의 돌다리를 놓고 대견해했다. 청계천은 홍수 때마다 쌓이는 토사가 골칫거리이며 하수가 도시의 위생을 위협했다. 이를 준설하는 공사를 위해 개거도감開渠都監을 설치하고 국가적 차원에서 했다고 한다.

청계천은 개천 이상이다

'서울 시대'에서 청계천은 개천 이상의 가치로 시민의 삶을 받아 내었다. 온갖 토악질을 받아 내고 씻어 주고 날라 주었다. 서쪽 종로구 청운동에서 시작하여 중랑천까지 10.92킬로미터이며, 마장동, 뚝섬을 쓰다듬었다. 그러니까 청계천은 서에서 동으로 흘러 S자를 그리려고 다시 동에서 서쪽으로 흐르는 생태 지리의 교묘한 구조를 가지고 있는 것이다.

　1960년대 서울의 도로율이 부족해지면서, 도로의 신설보다는 복개 도로가 경제적일 것이라는 이해에서 청계천에 지상 도로와 고가를 설치하여 이중의 효과를 누렸다. 그러는 사이에 복개 도로 밑은 썩어 가고, 고가 밑은 슬럼을 피하지 못한다.

　이명박 서울시장 시절 서울시는 청계천의 복개 도로와 고가도로를 철거하여 친수 환경으로 만드는 프로젝트를 추진했다. 이는 정치적 승부를 거는 도전이었다. 주변 상인들의 엄청난 저항과 염려의 시선을 뒤로 하고, 청계천은 복원 공사를 시작하였다. 2003년 청계천 고가도로를 철거하고 청계천변 상가아파트를 정비하였다. 2005년 대과업은 완성되어 시민들이 물에 발을 담

청계천 도로 밑 복개 토목 구조와 건천 부분의 도랑을 본다. 지하 공간은 극적이기까지 하다. (2003년 사진)

갔다. 서울은 이 일을 믿음 반 의심 반으로 맞았다. 공사 비용도 부담스러웠지만 유지 관리는 더욱 지속적인 부담이다.

원래 다리 아래로 흘러가는 물은 맴돌아 오는 것이니, 500년이나 1000년이나 흘러야 돌아올까. 그런데 이제 청계의 물은 그때 그 물이 아니다. 도시의 지하수이다. 관리 비용의 문제는 청정·환경을 돌려받은 시민의 정서가 대신 부담해 준다. 청계천은 주변의 여름철 열섬 효과를 내렸다는 긍정적 평가가 있는 반면에, 하천 바닥이 불투수율 70%로 자정 능력이 없는 인공 수로라는 부정적 견해도 있다.

주요 결절부

청계천의 부활과 함께 몇 개의 건축적 결절부가 생겼는데, 세종로 쪽 기점에 클래스 올덴버그Claes Oldenburg의 조각 '스프링'Spring, 2006, 21.3×5.5m이 세워지며 광교로 이어진다. 청계천 전체가 건축가 없는 서울시청의 작업이었던 바에 비해, 청계광장종로구 서린동 148은 따로 2001년 현상설계신현돈(서안알앤디디자인)를 통해 기점 공간을 만들었다. 2005년 준공한 청계광장은 전국 8도의 화강석을 채석하여 만든 한국의 팔도八道 모습이라 하지만 좀 먼 거리에서 보아야 한다. 보전교의 고증이 잘못됐다는 비판이 있으나 청계천의 대표 공간이다.

모전교는 원래 우전隅廛다리 또는 모교毛橋라 했는데, 1412년태종 12년 석교로 개축한 이후 신화방동구교神和坊洞口橋, 신화방동입구교神和坊洞入口橋라 하다가 영조 때부터 모전교라 하였다. 그만큼 지역의 상업 중심이었으며, 정신적 장소였던 모양이다. 광통교 터廣通橋址, 종로구 남대문로 1가, 수표교 터水標橋址, 종로구 관수동, 오간수문 터五間水門址, 종로구 종로6가는 사적 제461호2005년 3월 25일로 지정되었다. 그러니까 청계천은 한성–경성–서울 시대를 적셔온 문화 풍경이라는 것이다.

청계천 개발은 작위적인 '자연 회복'이라는 비아냥거림이 있으나, 서울 최대의 슬럼을 가슴에 묻고 살았던 기억에 비하면 (정치를 걸고라도) 할 만한 일이었다. 청계천은 식생, 물고기, 물 그늘, 바람, 기운을 위해 엄청난 수질

청계천 개발에 저항은 거셌다.
이명박 시장은 청계천 프로젝트를 통해 서울의 일그러진 근대사를 지웠다. (2004년 사진)

서울체

관리비를 쏟아 붓고 전기를 물 쓰듯이 하지만, 그럴만한 부가 가치가 있어야 하겠다. 청계천의 장소적 가치는 부동산 개발을 촉진하는 일 말고도 더 풍부한 문화 거점을 만들어 가기 위한 기획을 필요로 한다.

정릉貞陵의 흔적

태조가 사랑하던 신덕왕후 강씨神德王后 康氏는 이성계가 북방에 있을 때 경처京妻, 근무지에서 얻는 제2 부인였다. 큰 부인 한 씨의 소생과 강 씨의 소생들이 알력을 일으킨 것이 '왕자의 난'이다. 강 씨는 이성계가 조선을 건국할 때까지 북방 생활을 함께했고, 신덕왕후가 되어서도 사랑이 지극했지만 먼저 죽는다. 태조가 그 연민의 정 때문에 '도성 안 묘소 불가'의 원칙을 깨면서까지 능을 만든 것이 정릉貞陵이다. 지금의 종로구 정동貞洞인데, 경복궁에서 보면 눈앞에 있었다.

조선 초기 왕자의 난 끝에 이방원이 3대 국왕 태종이 되는데, 왕은 이 계모를 경원하며 정동의 정릉을 파괴하고 성북구 정릉으로 옮긴다. 원래 자리에 있던 묘석들은 광교의 초석과 토목공사에 쓰인다. 무덤을 지켜 주리라 믿었던 신장석神將石은 거꾸로 처박히고, 묘석은 백성이 밟고 다녔다. 신덕왕후는 불교 신자였는데 무덤에 조각한 종교의 기호도 힘을 쓰지 못했다. 아직도 그 왕의 사무친 보복의 흔적을 광교 밑에서 볼 수 있다.

청계천 기억하기

청계천박물관 2005 / 박승홍 / 성동구 청계천로 530

사람이나 정치나 큰일을 치르고 나면 기념을 하고 싶다. 서울시는 청계천 문화관을 지어 그 기억을 담아 두고자 한다. 용두동 청계천 가에 자리를 잡았는데 가로로 길다. 자연히 천변 건축처럼 되었다. 처음에는 청계천 문화관이라고 했는데 지금은 서울역사박물관의 연계 박물관으로서 청계천 박물관이 되어 프로그램을 공유한다.

천변川邊 건축

청계천 박물관은 개천 옆에서 개천처럼 서 있다. 대지는 가로를 따라 120미터 정도의 긴 모양이며, 전체가 청계천을 마주한다. 개천이라는 것은 길게 흐르며 우리의 지각도 끌고 간다. 거기에 감정이입을 하면서 시간을 타며, 장소가 가지고 있는 기억을 박물이 매개하는 것이다.

건축은 북향이어서 남향 빛을 받는 청계천을 바라본다. 건축가는 대지 형상대로 우리의 시각을 길게 지연하게 한다. 건물은 90미터 길이에 4개 층으로 볼륨을 만드는데 이를 수평으로 썰어 내었다. 전체의 볼륨은 지반을 접근 층으로 비우고, 2~3층을 반투막 유리로 싸고, 4층을 지붕 밑 공간으로 하였다. 자연히 청계천을 따라 흐르는 층위가 마치 둑과 모래톱과 물의 줄기로 띠 모양을 만드는 것과 같다.

지반층으로 들어온 동선은 에스컬레이터에 의해 4층으로 이끌어 올려진다. 물론 이 동선은 청계천과 평행하며 시각과 몸을 상승 이동시킨다. 전시 동선은 맨 상층까지 올라 아래로 흘러내리며 관람하는데, 시각적 변화만이 아니라 우리 몸도 흘러내리는 것이다.

건축은 건축가 박승홍의 유려한 드로잉처럼 기하학적이지 않으면서, 그렇다고 흐트러진 조형은 아닌 채 낭만적이다. 전시 내용은 청계천의 역사, 이명박 시장 시절의 거사, 시민 공간으로서 친수 환경을 상설 전시한다. 서울역사박물관과 통합 경영하면서 기획 전시도 풍부해졌다.

천변의 건축으로 개천을 따라 몸이 길다.

박물관의 내부 공간은 선형이며, 상하층의 입체적 동선 구조로 이어진다.
램프가 동선을 길게 이끌며 각 층의 전시 공간을 전개한다.

도시·문화·장소

헌 청계천 닮기

서울문화재단 2005 / 최정화 + 오우근, 함은주 / 동대문구 청계천로 517

가끔 건물이 예술적이도록 하기 위해 거칠고 겉늙은 모습을 하는 일이 있다. 특히 기존 건물을 리노베이션하는 경우 몸체를 파괴하다가 팽개친 모습을 만들고는 그럴 듯해 한다. 파괴적 재생이라는 모순이다. 한국의 건축이 21세기에 들어 열중하는 '헌것으로의 낭만', 회고retrospective의 장면일 것이다.

이 건축도 그렇게 예술인 척하며, '서울문화'가 왜 헌것처럼 보이는가는 모르지만, 키치가 존재감을 부추긴다. 건축 프로그램이 애매한데, 공공이면서 꼭 그렇지만은 않은 건물은 전폭적으로 열린 듯하지만 그렇지 아니하다.

2003년에 설립한 서울문화재단은 서울시가 가지고 있는 예술 문화 시설을 관리하고 프로그램을 경영한다. 창작 예술 지원 사업이 주요 업무이며, 예술 생태를 유지하기 위해 일한다.

서울문화재단도 청계천의 오래된 씻김처럼 천변의 장면을 그 건너의 청계천 박물관과 함께 만든다.

파괴적 재생과 열린 공간의 건축이 청계천을 닮았다.
그렇다 하더라도 멀쩡한 부분까지 헐어 만드는 것은 억지 빈티지이다.

시대의 긴 운명, 세운世運상가

다시·세운 프로젝트

오래 사는 것이 복이었던 시대도 있지만, 노구를 주체하지 못해 병폐가 되는 상황도 많다. 세운상가의 존재는 너무 장대하고, 너무 강력하고, 너무 도시적인 문제를 업고 아직도 서성거린다. 실제 나이가 문제가 아니라, 사회적 나이가 삶의 질을 결정한다. 서울은 이 나이든 건물에 대해 걱정이 시작되고, 전문적 또는 시민적 말이 끊이지 않는다. 길이 1킬로미터에 달하는 거구를 종로3가에서 퇴계로3가에 걸쳐 누워 50년을 버텼다. 건물로 치자면 진양상가-인현상가-삼풍상가-대림상가-청계상가-세운상가가 열차列車 같다.

한동안 혁명 정부에 의해 새 국가 건설의 상징이며, 서울 개발의 표징이며, 시민들에게는 도시 유토피아로 그려졌다. 상가는 '전자'라는 고부가가치의 3차 산업이고, 아파트는 도심형 주거의 현대적 이상이었다. 그러나 전자상가는 주차와 고객 서비스에 취약하고, 아파트는 아동 성장에 부적합한 환경으로 쇠락하였다. 용산전자상가가 만들어지면서 상권이 급격하게 퇴락하고, 공중에 만든 주거는 도시 공해에 휘말린다.

큰 얼개였던 도시 건축의 남북축 입체 체계는 가로지르는 도로로 자주 끊어지고 옥상 광장도 섭생이 어려웠다. 주변의 영세 기공상들과 공생 관계가 흐려지며 도시적으로는 괴사 상태에 들어간다. 여러 차례에 걸쳐 재개발을 거론하지만, 똑 부러진 대안에 이르지 못한 채 논의만 거듭하였다. 건물의 재생인가, 주변을 포함한 포괄적 재개발인가, 상가는 놔두고 주변부터 개발할 것인가, 아이디어는 많지만 실천이 문제였다.

세운상가는 아직도 재활 계획을 강구 중이다. 그러나 세운상가의 노구는 덩치가 너무 커서 재활이 어렵다. 결국 서울시는 전체적인 재개발이 곤란하다는 판단을 하고, 할 수 있는 부분부터 차근차근 개선하여 간다는 전략을 세웠다. 그 첫 기회로써 2017년 서울도시건축비엔날레를 위해 몸을 고쳤다.

여하튼 이 어마어마하게 긴 스케일이자, 고질적 구조이자, 얽히고설킨 난맥은 서울의 도시 설계에서 지속적인 관심의 대상이다. 건축-도시 전시에서도 국립현대미술관 〈아키토피아의 실험〉전2015, 베니스비엔날레2016 한국관, 서울도시건축비엔날레2017 등으로 주제가 되어 왔다.

서울체

거인의 프렌들리

다시·세운 프로젝트 2017 / 장용순 + 이_스케이프건축 / 종로구 청계천로 159

2017년 서울도시건축비엔날레에 즈음하여 서울시는 단계적으로 재생 작업에 들어가는 것이 낫다는 정책을 세웠다. 그 생태가 지속 가능하며 현실적이어야 한다. 또한 도시 소상공과의 협동으로 자생적이되 세련되어야 하는 지난한 과제이다. 그리고 여기에 개발 시대와는 달라진 새로운 시대 문화를 엮어야 한다.

우선 끊어진 2층 데크 길을 연장시키는 일을 했다. 현재는 청계천을 가로지르는데 그쳤지만, 보행의 지속성을 위해 을지로를 건너는 일이 남았다. 실내 공중 복도를 병치하면서 일부러 걷는 사람이 생겼다. 공중 산책은 단순한 몸 운동이 아니다. 기존 세운상가의 소상공의 성능과 산업디자인을 연계하는 뜻도 있지만, 이를 4차 산업으로 잇기 위해서는 더 큰 프로그램이 필요하다.

보행 데크를 따라 줄줄이 마련한 박스는 전시도 하고, 스튜디오도 되고, 영업장이 되기도 한다. 무엇보다 비록 부분적이지만, 세운상가의 리노베이

서울도시건축비엔날레를 동기로 하여 부분적인 개조가 이루어졌다.
세운상가 건설 이전의 땅은 조선을 기억하고 있었다. 이곳에 작은 현장 박물관을 만들었다.
북쪽 끝은 북촌과 종묘를 조망한다. 언뜻 종묘를 내려다보는 것이 무례한 느낌이 든다.

션으로 얻은 효과는 그동안 경외敬畏롭기만 하던 이 거구를 순화시킨 일이다. 세운의 재개발이라는 거대 담론을 잠시 놔두고 일단 접붙이기나 기생寄生의 방법으로 한 일이다. 상가아파트의 거대 구조에서 할 일 없이 흐르는 동선에 작은 리듬을 얹어 지체를 시킨다.

개발 드라이브 시대 동안 '도시는 선線'이라는 천명이 있었듯이, 연쇄, 연속, 지속, 지연시키는 일이 중요했다. 세운상가는 단순히 상업—거주—경공업의 기능이 아니라, 이제는 도시 문화를 향유하기 위한 체질이 중요하다.

종로3가 쪽 종묘를 조망하는 공중 테라스는 조선—개발 시대—현재 서울까지 파노라마를 그린다. 종로3가 전면 쪽을 재개발하기 위한 토목공사 중에 조선 한성의 흔적이 발굴되었다. 작은 현장 박물관처럼 정리를 해 두었지만, 개발 드라이브 시대의 행태를 알게 한다. 그러니까 우리는 (김현옥 시장은) 1967년대 세운상가를 개발하면서 이 한성의 기억을 묻어 버린 것이다. 그리고 보면 세운상가 1킬로미터는 또 무엇을 깔고 누워 있는지 모를 일이다.

세운상가의 개조 사업은 2017년 1차 작업에 이어 얼마나 더 지속될지 모르지만, 시민과 시장과 소유주들의 문화에 달려 있다. 누구는 그것을 향수로 받아들이고, 누구는 정치적 프로파간다로 알고, 누구는 서울의 부동산 더미로 안다. 세운상가는 서울의 시간과 공간과 생태 구조를 증거할 것이다.

북악의 맥박, 평창동 문화 예술 마을

토탈미술관 / 가나아트센터 / 김종영미술관

연시聯詩라는 문학적 유희가 있다. 한 사람이 각각 한 구씩을 지어 이를 합하여 시를 완성하여 간다. 둘러앉은 사람들이 한사람씩 연구聯句를 읊는데 순서가 된 사람이 앞의 사람의 시를 대구對句하지 못하고 엉뚱한 내용을 읊어 맥락을 흐트러트리면 뒤 순서 사람이 당황하게 된다. 이걸 받아야 하나 말아야 하나, 아마 참여자 전체에게 동요가 일 것이다.

그렇게 이어지며 유지되는 관계는 도시에서도 마찬가지여서 특별히 '맥락주의'라고 한다. 신생 도시가 아니라면 새 건축 앞에 먼저 어떤 건축들이 있게 마련이고 이들과 어떻게 관계하는가의 문제이다. 맥락성은 시간역사이거나 크기스카이라인이거나 형태도시 건축이거나, 그 관계의 접점이 여러 가지이다. 거기에는 물상으로서 조화만이 아니라 공동성이라는 윤리와도 연계된다.

그러나 맥락이라고 하여 매양 같아지거나 닮으려는 노력은 아니다. 그렇게 하여서는 진척은커녕 한자리를 맴돌고 있을 것이다.

> "자고로 군자가 남들과 조화하는 것은 최고의 덕목이지만, 같아지려 하여서는 안 된다. 세계와 조화하지만 같아지려 하지 않는다면, 다른 닮음이 격물格物을 이루는 일이다." _ 양명학陽明學에서

한성에서도 북쪽 오지이지만, 조선 시대에는 선혜청의 평창平倉이 있어 곡식을 저장했다. 북한산성 공사를 위한 경리청 평창도 있었다고 한다. 북악터널을 향해 평창동을 지나는 길을 '평창문화로'라고 한다. 특별히 문화의 이름을 갖는 길은 흔치 않으므로, 문화 예술 시설의 집촌인 모양이다.

원경에서 평창동을 보면 북악北岳의 바위가 내려다보고 있다. 부촌富村인데 그 틈 사이에서 예술-문화가 자란다. 부촌에서 미술이 크는 것은 예술의 자본주의를 보는 듯하고 뭔가 상부적 조건인 모양이다. 그렇다 하더라도 평창은 정선鄭敾, 1676~1759의 그림처럼 억센 자연의 기세 밑에 고전적 풍요가 스며 있는 것 같다.

평창동은 강북의 다른 주거지에 비해 그 수령이 젊다. 1971년 북악터널이 개통되기 전까지 서울 북쪽의 변방이었으며, 그 아래 세검정으로부터 세력도 미약하였기 때문이다. 대체로 1970년대 이후, 북한산 자락에 걸친 자연 풍광과 함께 고급 주택가로서 모양이 갖추어지기 시작했다. 그래서 주택 건축의 경향이 새롭기도 하며 고급 주택으로서 디자인의 질이 깊다.

이 조용한 동네에 미술관이 자리를 틀기 시작하며 평창동은 서울의 중요한 미술관 거점으로 자랐다. 1992년 토탈미술관이 초기 미술관 군집의 동기였다면, 1997년 가나아트센터는 보다 적극적인 미술 문화의 유인 동기가 된다. 평창동 전체의 대중교통이 빈약하고 경사지에 위치하여 보행 접근이 편안하지 않으나, 일정 영역에 모여 있어 미술관 유람은 군집의 효과를 타고 즐겁다. 미술관 마을 평창동은 구기동으로 이어지며 확장된다.

평창동의 예술 우물

토탈미술관 1992 / 문신규 / 종로구 평창32길 8

건축-실내디자인 사무소 토탈디자인이 평창동에 둥지를 틀면서 미술관을 개관하였다. 그래서 미술관의 콘텐츠는 순수 미술만이 아니라 건축, 디자인, 공예 등에 이르기까지 다양하며, 미학적 내용도 진보적이다. 자체 기획과 초대전이 주로 이루어지는 전시의 내용은 미술가이기도 한 노준의 관장의 감각이 지배한다.

토탈디자인의 문신규가 설계한 미술관 건축은 매우 소탈하고 비싸게 짓지 않는다. 파벽돌, 아연도 강판, 스틸, 콘크리트, 슬레이트, 유리, 목제 마룻널 등 모두가 경제적인 재료이지만 감성이 풍부한 재료들이다. 토탈디자인의 디자인 성향이 그러하기도 하지만, 미술관의 조형은 무겁지 않으며 깊은 감성을 가지고 있다. 인테리어 디자이너로서 강점이라고 할 만하다.

미술관 공간은 암반岩盤인 경사 대지를 파고들기에 내부 공간조차 자연과 결합된다. 가끔 자연의 낭만적 야성과 인공의 차가움이 병행되며 공간을 꾸려 간다. 경사지의 낙차가 심하지만, 공간은 이 차이를 따라 내부로 흘렀다

평창동의 산세를 타고 앉은 지형에서 공간이 흘러내리며 형태도 분해된다.

가 밖으로 흐른다. 풍부한 경관에서 뜰이 넉넉하여 옥외 전시와 야외 활동이 풍부할 수 있다. 이 넉넉한 공간에서 음악과 퍼포먼스 아트 등의 이벤트가 활발하다.

미술관은 여러 해 동안 증축을 거듭한 결과이기에 일관성은 없으나, 그 다채성이 문신규의 낭만적 모더니즘이다. 건축은 '1993 한국건축가협회상' 수상작이다.

한국적 프랑스 감각

가나아트센터 1998 / 장 미셸 빌모트 / 종로구 평창30길 28

종로구의 제일 북쪽 구석이 평창동이다. 북한산 기슭, 가나아트센터가 평창동에 스미기 시작한 미술관 문화의 앵커로서 세력을 확장하고 있다. 현재 가나아트의 가족은 서울옥션, 인사아트센터와 장흥아트파크 그리고 2018년 가나아트 한남 등으로 족벌을 이룬다.

건축 프로그램은 미술관과 레스토랑을 결합한다. 미술관은 컬렉션이나 상설 전시가 없이 기획-대여 전시 중심이다. 그래서 전시 공간 자체는 두루두루 쓸 수 있는 '통상적'이다. 반면에 레스토랑은 (미술과 함께하는 식사가 어떻게 다른지) 그 역할이 적극적인 것 같다.

건축은 평창동의 전형적인 경사지에 있어 대지가 기우뚱하다. 일단 대지의 수평면을 정리하고, 그 위에 정연한 수평과 수직의 방형方形 볼륨을 쌓아 놓는다. 장 미셸 빌모트의 감수성은 토탈디자인이택열의 실시설계로 구현되었다.

공간으로서 한국적 이해

장 미셸 빌모트는 이러저러한 형태소를 모아 구성하여도 얼마나 많은 선택

다분히 구성적이지만 더 풍부한 공간과 요소가 걸려 있다.
중정은 비교적 풍부한 감성으로 이면의 공간을 품는다.

서울체

이 가능한지를 말해 준다. 다만 모던 언어로 더 깊은 서정을 말하기 위해서는 재료의 언어가 보다 풍부하여야 하며, 그 결합의 구문構文이 보다 유창하여야 한다. 그러함에도 그의 언어는 항상 반듯하다.

가나아트센터는 라임스톤을 주조로 하여 후동석, 적삼목, 철판 등의 재료를 차근히 접합하였다. 이러한 단단한 각질 안에 감춰둔 내부에는 화사함이 있다. 공간은 질서를 흐트러트리지 않으면서 내외간에 여러 장면을 만든다. 이러한 고전적 태도는 고상하고 귀족적인 언어로 쓰이지만 모더니즘의 다국적 언어 또는 무언어無言語와는 다른 것이다.

내부 공간의 얼개만이 아니라 외부 공간을 접합시키는 방법에서도 한국적 정서를 의식한다. 관조적인 공간을 자주 개입시키며 특히 공간과 마당을 중첩시키는 게 전통적이다.

가나아트센터에 이웃하여 있는 서울옥션은 미술관 개관과 함께 1998년에 창립하였으며, 2002년 지금의 센터를 개관하였다. 한국의 대표적인 미술 시장인데, 시장이 열리는 날은 여러 장르와 위격의 미술이 모이는 잔치 같다. 대중이 미술을 접하는 방법은 보통 미술관이지만, 옥션에서 만나는 미술은 예술 이면裏面의 현장과 같다. 임대가 가능한 전시 공간과 정보실이 있고, 옥상 카페는 평창동을 조망하는 픽처레스크한 공간이다.

왼쪽 끝의 가나아트센터와 그 오른쪽 아래 서울옥션이 나란히 있다.

도시·문화·장소

**형태를
단순으로
환원시킨
추상의 원리**

김종영미술관 불각재 _ 2002, 류재은 / 사미루 _ 2010, 최유종 / 종로구 평창32길 30

작은 규모이지만 전문 미술관 또는 개인 미술관이 중요한 것은 그들이 미술 문화의 지형을 다채롭게 하기 때문이다. 미술이라는 은하수에서 하나의 별자리를 만드는 것이며, 시대 사회에서 위치와 빛을 발한다. 만약 이 행성들이 빈약하다면 미술 세계는 태양과 달만의 하늘이 될 것이다. 성좌星座는 대형 미술관이나 공립 미술관만으로는 이루지 못하는 것이다.

우성 김종영, '초월과 창조를 향하여'

김종영又誠 金鍾瑛, 1915~1982은 휘문고보를 졸업하고 일본 도쿄 미술학교1936~1941에서 조각을 수련했다. 대학을 졸업하고 귀국하여 해방을 맞았으며, 한국이 가장 빈궁하였던 시절인 1949년부터 서울대학교 조소과 교수에 임하여 정년까지 봉직한다.

    그의 경향은 추상 조각이지만 그의 미학은 모더니즘과 동양적 사유로 볼 수 있다. 그는 일찍이 서예로부터 미학을 단련하는데 그의 예술이 문인화를 닮은 이유다. 그는 조각가이지만 끊임없이 드로잉으로 자기 상황을 만들었다. 그러고 보면 우성又城에게 있어서 텍스트성과 평면과 입체는 분리되지 않는다. 유명한 명제 '깎되 깎지 않는 불각不刻의 미'가 그의 예술 세계이다. 그가 브랑쿠시Constantin Brancusi, 부르델Antoine Bourdelle, 마이욜Aristide Maillol 등을 즐기던 것과 통한다. 자연의 구조미, 추사체의 미학, 입체파, 재질의 체화로 그의 미술을 보지만, 조각은 아주 단순하며 시간을 두고 대화하여야 한다.

    창원 출신인 김종영의 사후, 제자와 유족이 1989년 '우성 김종영 기념회'를 만들었고, 2002년 서울 평창동에 기념 미술관을 지었다. 그와 별리한 20주년 되는 해였다. 2010년에는 신관을 더해 지어 공간을 크게 늘리었다. 본관인 불각재不刻齋는 주로 우성의 작품을 상설하고 신관인 사미루四美樓는 기획-초대-젊은 작가의 초대전으로 활용하지만, 큰 이벤트에서는 전

전면 도로에서 정면은 단층이지만, 그 아래 지형으로 공간이 흘러 내려가며 중층을 이룬다.

상설 전시의 부분. 전-후 관계가 상-하 관계로 흘러내려 왔다.

뜰은 조각, 작은 이벤트, 조경이 함께한다.

서울체

관을 통합한다.

미술관 건축의 김종영성

미술관은 수사가 조금 길어서 얽히지만, 김종영의 미학을 다음과 같이 설명한다. '형태를 단순으로 환원시킨 추상 원리'. 건축도 그러하다.

건축은 구성적인 조형에 공간의 얼개가 구조적이면서도 요소의 독자성을 존중한다. 무엇보다 미니멀한 건축이 김종영의 미학과 통한다. 전체적으로 내부 공간은 화이트 박스로 통합하지만, 형태의 엇갈림, 사선의 개입을 주저하지 않는다. 그만큼 경사 대지의 지시가 복잡하기도 하다. 평창동 언덕바지에서 건축은 기울어진 땅을 타고 앉아 마당을 응시하는 로비와 채 같은 전시실들이 엮여 있다. 4개의 전시실이 계단형으로 대지에 앉혀지며 높은 천장고와 함께 마당으로 흘러내린다.

계곡에 개울이 흐르듯이 캐스케이드cascade, 段狀를 만들고 끊임없이 빛이 스며들며 미술이 보행을 붙잡는다. 이를 담기 위한 흰색과 미백색의 천장과 무채색의 바닥 등으로 축조된 공간이 김종영성이다. 신관이 경사지 아래에 이어지면서 이 '흘러내리는 공간'은 더 길어졌다. 그래서 공간은 마치 아랫길에서 들어가 오르는 경로와 윗길에서 들어가 내리는 공간이 중간에서 적당히 조우하는 것 같다(실재 전시 동선은 윗길에서부터 하강하는 방향으로 관리된다). 물론 그 과정에서 조각 뜰을 들락날락할 수 있다. 카페는 전시 관람의 종점이기도 하고, 별도의 입구로 외래객에 서비스하기도 한다.

건축은 '2003 한국건축가협회 아천상', '2003 서울시건축상 대상' 수상작이다.

용산龍山의 기억, 군화軍靴의 땅

전쟁기념관 / 국립중앙박물관 / 국립한글박물관

용산은 역사 시대 동안 줄곧 서울을 넘보는 외침의 전진기지였다. 한강을 배수로 하고 남대문을 눈앞에 둔 군사 지리적 이유이다. 문재인 대통령은 2018년 용산 국립중앙박물관 마당에서 열린 광복절 기념식에서 용산이 국민들의 손에 돌아온 지 114년 되었다고 했다. 아마 1904년 일본의 제국 군대가 용산을 점유한 시기부터 따진 모양인데, 그 시표時表는 다를 수 있다.

이미 13세기에 고려를 침입한 몽골은 용산을 병참기지로 사용했다. 이후 임진왜란 때 평양 전투에서 패한 일본군은 원효로 청파동 일대에 주둔했다. 용산은 한강의 수로를 이용하여 진주와 퇴각이 편한 전략적 요충이었다. 1882년 임오군란 때 청淸은 조선에 주재하며 기병을 길렀다. 1904년 러일전쟁 때는 일본군 수만 명이 주둔했고, 한일 합병 후 일제의 2개 사령부가 거류지로 삼다가 1916년 대륙 침략의 교두보로 삼았다. 광복 후에는 미 7사단이 일본군 병영을 접수하며 미군의 공간이 되었다. 1950년 한국동란의 수뇌부가 되고, 1953년 휴전 이후에는 군사 지역으로 굳어지면서 육군본부가 자리를 잡았다. 1970년 국방부, 1978년 한미연합사령부가 자리한다.

그러니까 땅에는 청병의 가래침이 배어 있고, 일본군의 오줌이 묻혀 있고, 미군의 기름때가 앉아 있다. 그래서 삼각지-이태원-후암동-이촌동은 도시 내內의 외外 도시로 굳어져 왔다.

이태원도 지금과 같은 장소의 운명을 만드는 데 한 100년 걸렸다. 이태원梨泰院은 조선시대 장거리 여정의 서비스 거점인 역원驛院에서 유래한다. 배나무가 그득했다는 낭만적 수사도 가졌다. 그보다는 남산의 남쪽 기슭, 서울 사람들에게는 해방촌解放村이 더 가까운 기억이다. 일제 때는 일본군 사격장이었는데 광복이 되어 빈 땅이 된 것을 월남한 난민이 만든 주거지이다. 광복 후 미군청이 접수하였지만 이미 자리를 틀고 앉은 실향민들이 남산의 동남 기슭을 해방촌으로 굳혔다.

한국전쟁 전후 미군이 이 자리를 채우고, 용산구 삼각지는 국방부와 육군본부가 있어 이태원로는 가 볼 일이 없는 길이었다. 국방색國防色이 지역색이 되면서 이태원은 1970년대 재건 시대에도 남산 뒤에 처져 있었다. 영내 생활이 지루한 미군들의 외출 공간이기에 영어 간판 집이 리테일을 만들고, 외국산 문물을 찾는 대중 소비와 관광객을 위한 짝퉁의 장소였다.

1989년 미군 기지의 일부가 이전하고 육군본부가 충남 계룡대로 옮겨 가며 꽤 큰 땅이 생겼다. 한동안 이를 개발하여 토지 이익을 환수하자는 생각도 있었지만, 시민 문화 공간으로 쓸 기획이 굳어졌다. 전쟁기념관1994년, 국립중앙박물관2005년, 한글박물관2014년 등의 시설과 용산가족공원1992년이 그 동안의 실천이다. 향후 미군 시설이 더 자리를 내준다면 군사 장소는 박물관 문예 단지로 기대된다. 이 뜻은 전쟁-평화-문예의 환유換喩로 토지이용이 달라진다는 이상을 갖는 것이다.

전쟁을 기념하는가

전쟁기념관 1994 / 이성관 + 양재현, 곽홍길 / 용산구 이태원로 29

육군본부가 계룡대로 이전하고 난 공간을 전쟁사의 기억 장소로 만든다는 데는 큰 무리가 없어 보인다. 어느 나라에나 군사 박물관은 국사國史의 한 주제로 만들어져 왔다. 파리 앵발리드Les Invalides는 고대에서부터 나폴레옹 시대까지 세계적인 전쟁물 컬렉션을 자랑한다. 가까이는 일본 도쿄의 야스쿠니靖國와 유슈칸遊就館이 군국주의를 노골적으로 지키는 박물관이다.

전쟁사가 흐릿한 나라는 행복한 나라이겠지만, 혹독한 전흔을 몸에 가진 나라는 어떠하든 이를 잊지 않고 전하려 한다. 한반도는 수많은 크고 작은 군사 유적을 가지고 있지만, 전쟁기념관은 처음 만든 종합 군사 박물관으로 전쟁기념사업회가 운영하는 공공 박물관이다. 박물관의 이름에서 '전쟁을 왜 기념하는가'의 반문이 거셌지만, 전쟁의 상처가 골이 깊은 한국적 정서에서 그냥 굳었다.

이 박물관에 대한 보다 큰 부정적 비판은 조형이 파시즘 또는 군국주의를 연상시킨다는 것이다. 기념관은 배치와 공간으로 대칭을 굳히고, 뻣뻣한 축의 진입을 가슴으로 받는다. 전면에서 두 팔을 뻗은 양측 회랑이 파시즘을 닮았다. 그래도 그 안에 새겨진 전사자의 하나하나를 잊을 수 없다.

전시 공간은 전체 주제를 말하는 중앙홀과 '동시성'이라는 원형 천장화를 가진 로툰다에 이어 호국추모실이 기념성의 서론이다. 서론치고는 긴 편인데, 이 건축이 박물관이 아니라 기념관이기 때문이다. 중심축이 거느리는 좌우에 상설 전시가 각론을 전개한다. 아트리움 공간은 3개 층의 높이에서 실물대 거북선의 대형 전시물 또는 항공 무기 등의 공중 전시물을 갖는다.

상설 전시는 전쟁역사–6·25전쟁–해외파병–국군발전 등의 각론을 전개한다. 다시 말해 군사를 통한 계몽주의 또는 국민주의 또는 국가주의이다. 역사 기록으로는 고대 전쟁사에서부터 한국전쟁을 거쳐 한국 군사력의 미래를 그린다. 물론 우리가 북한과 대치하고 있는 상황을 전제하지만, 반공은 내

양쪽 날개와 중앙의 구성이 강력한 대칭을 만든다. 이러한 구도는 국가주의 건축에서 자주 보는 장면이다.

회랑은 한국전쟁과 월남전 등에서 전사한 장병과 경찰의 명비가 추모 공간과 함께한다.
상설 전시실을 주변에 거느리는 아트리움은 3개 층의 높이에서 대형 전시물 또는 공중 전시물을 수용한다.

도시·문화·장소

용의 기저이다. 야외에는 공군 관련 유물이 방대하다. 그밖에도 그동안 너무 많아진 기념물이 국민을 계몽한다. '평화의 시계탑', '형제의 상', '6·25전쟁 조형물', '광개토대왕릉비' 등 자꾸 늘어간다.

건축은 '1995 서울시건축상 금상' 수상작이다.

60년만의 정주

국립중앙박물관 2005 / 박승홍 / 용산구 서빙고로 137

1993년 날짜도 뚜렷한 8월 15일, 정부는 조선총독부 건물 철거와 함께 새 국립중앙박물관 건립을 국책 사업으로 추진하기로 한다. 이듬해 다시 8월 15일, 조선총독부또는 중앙청 건물의 철거를 시작한다. 일제 청산을 이해하면서도 정부가 총독부 청사의 철거를 매우 서두른다는 인상이다. 김영삼 정부의 임기 말년이다.

조선총독부박물관1915~이후 90여년, 국립중앙박물관1945~ 이후 60여년, 파란만장한 박물관의 족적이다. 국립중앙박물관은 이사만 몇 번을 다녔는지 모른다. 1945년 광복 후 조선총독부박물관 인수, 1950년 부산 피란 박물관, 1953년 경복궁, 1954년 서울 남산, 1955년 덕수궁, 1972년 경복궁현 국립민속박물관, 1986년 옛 조선총독부 건축 개조 후 입주 그리고 2005년 현재의 용산 시대이다. 경복궁 안의 조선총독부 건물을 훼철하고 용산에 오기 전까지는 임시로 지금의 국립고궁박물관인 공무원 복지시설을 개조하여 썼다.

1993년 11월 대지를 서울 용산구에 확정하고, 1995년 박물관 건축-전시 프로그램과 현상설계 프로그램을 만들었다. 현상설계는 UIA국제건축가연맹 공인 국제 현상설계로 하였다. 모두 341점국내 78점, 외국 263점의 응모작이 세계 각국에서 보내어졌다. 1995년 10월 본심사는 당선작을 발표하는데, 심사가 보수적이었는지 지금 우리가 보는 낭만적 모더니즘이 승리하였다. 친숙한 구법을 가지고 주변과 전통을 포섭한 박승홍정림건축의 생각이 덜 친숙한 구법에 내성적인 크리스티앙 드 포잠박Christian de Portzamparc+김병연+신재순을 이겼다.

한국적 모더니즘, 그 보수적 관성慣性

당선작은 일단의 곽槨 같은 공간 안에 내용을 담는다. 이에 비해 차석이었던 C.포잠박의 대안은 외곽 안에 큰 뜰atrium을 넣고 그 주위에 전시 공간을 둘러친다. 다시 말해 당선작은 덩이의 완결성을 도모하고, 차석의 안은 공간에서 시작한다. 그만큼 실시안은 기능에 합리적이며 무리가 없는 조형이었지만, 건축의 공간적 풀이는 답답하였다.

새 국립중앙박물관은 1997년 10월 기공하여 2005년 10월 개관하였다. 그 사이에 문화부 장관 4명이 바뀌었다. 국민이 국립중앙박물관을 기다리는 것은, 그것이 조선총독부 청사 철거의 대가이며 60년 동안의 셋집 살림을 전전해 온 곤궁의 기억 때문만은 아니다. 문화가 프로파간다에 휘둘리던 아린 기억도 기다림의 이유이다. 국립중앙박물관은 한국 문화의 자존심이며, 한국의 역사와 미술의 총화가 여기에 담긴다. 건축도 모든 몸짓을 다하여 한국

동서로 긴 평면은 허리를 비우고 좌우로 영역을 구분한다.
왼쪽이 사회·교육 기능이고 오른쪽이 역사·미술의 상설 전시 공간이다.

문화를 말할 것이다.

건축, 도시, 대지와의 합창

건축은 남산을 등 뒤에 감춘 구도에서 동−서 축을 최대한 길게 끈다. 여기서 길게 끈다는 것 자체가 기념성이다. 팔을 활짝 편 모습 역시 자신을 크게 보이려는 제스처이다. 여유 있는 대지에서 건축은 뒤로 물러나 있어 앞마당이 엄청 넓다. 그것은 '거울 못'이라는 큰 타원형 연못을 전면에 두기 위한 여유이다. 연못은 박물관의 모습을 비출 것이고, 물가를 회유하는 우리의 걸음을 길게 한다. (덕분에) 대문에서 박물관 현관까지 도보가 힘들게 되었다. 물론 그 과정에는 야외 전시도 있고, 휴게 쉼터도 있고, 연못가 레스토랑도 있지만, 나이가 들수록 힘들어지는 것 같다.

   연못을 휘도는 긴 접근 다음에 장대한 본관의 볼륨을 만나는데 허리가 비어 있다. 가운데를 비운 것은 차경과 영역을 좌−우로 분배하는 역할이다. 그곳은 접근 중에 남산을 시선의 정면에 꽂게 하는 구도로 설정되어, 여기에서 우리는 남산을 새삼스럽게 보게 된다. 이것을 변증법적 조망이라고 할 수 있다. 허리를 비운 또 다른 이유는 나중에 (미군 기지가 완전 철수한 후) 관통하는 대중교통에서 후면 접근을 받아들이기 위한 것이다.

우뇌 전시 − 좌뇌 교육

허리 공간으로부터 왼쪽에 교육과 관리 부분을 두며, 오른쪽 덩이가 전시 공간이다. 이러한 공간적 구도는 박물관학에서 교과서적인 대안이며, 기능적으로 안심할 수 있는 설정이다. 이 비워진 허리를 중심으로 방문객의 동선이 특별 활동이냐 전시 관람이냐를 선택하며, 최초의 공간적 인상을 만든다.

   이러한 두 날개의 조닝은 기능상 서로를 방해하지 않으며, 우측 전시동의 폐관 시간 이후에도 좌측의 사회·문화 공간이 따로 활동할 수 있게 한다. 우측 전시동은 큰 원형의 로툰다를 거쳐 '지나치다 싶을 만큼' 긴 240미터 길이로 드리워진다. 물론 건축에서 스케일은 그 자체가 심미적 경험이 되기

중앙부를 비워 남산을 차경하고, 좌뇌 지식, 우뇌 감성이 갈라진다.

로툰다 형식의 으뜸홀과 '역사의 길'로 명명된 중앙 통로. 중심축은 도시 스케일에 가깝다.

도시·문화·장소

도 한다. 장대한 길이는 장쾌한 미적 쾌감을 주며 기념비적 의사와 통한다.

로툰다 형식인 으뜸홀은 전시 동선의 시점이자 종점이다. 전시동의 동선 길이가 길어지는 것은 방대한 전시 규모 때문에 불가피하지만, 한쪽만으로 이끌기에 길이를 더 길게 느끼게 한다. 어차피 한 나라의 국립중앙박물관의 규모란 하루에 전체를 보기 어려운 크기가 보통이다.

내부 공간의 길이는 중심 공간인 '역사의 길'을 강한 투시도적 시각에 있게 한다. 공간의 담력膽力을 키워 주는 압도적 길이는 시선과 동선의 축성을 강하게 하고, 기념적 공간의 느낌을 보장한다. 그것이 원근법의 마력이다. 이 공간은 3층 높이로 오픈되어 있어서 각 층의 어느 레벨에서도 중심 공간임을 알게 한다. 역사의 길 끄트머리에 경천사 10층 석탑고려 1348, 국보86호이 종국점을 지시한다. 높이 13.5미터의 탑은 건축기획 단계부터 뮤제오그라피로 설정한 것으로, 공사 중에 이미 들어와 있었다.

역사의 길은 전체 길이에 걸쳐 천창을 가지고 있어 항상 온화한 빛을 머금는다. 이 순화된 빛을 만들기 위해 몇 가지 조명 기술을 모아야 했다. 천창 밑의 보조 인공광은 시간에 따라 변하는 자연광에 대응하며, 어둡기 마련인 전시실과 홀의 조도를 순치시킨다. 대신 공간은 그림자를 잃는다.

전시 공간의 구성은 동선-공간-전시 체계를 통합하는 '선택적 선형 구조'이다. 그래서 오픈된 역사의 길을 따라 양쪽에 형성된 전시실을 드나드는 체계이다. 즉 선형을 유지하여 전체적인 전시의 맥락을 분명히 하되, 동선에 강제성을 띠우지는 않는다. 관람자는 전시의 연속성을 유지하며, 자신이 감상할 대상을 선택할 수 있다. 이러한 동선 체계는 대형 전시 시설에서 문제가 되는 관람 피로를 해결하는 수단이기도 하다.

관람객은 홀과 방의 경계를 넘나들며 거시적 공간과 내밀적 전시 사이의 교감을 반복한다. 다시 말해 '장대한 홀의 공간감, 그러나 단조로움'과 '축소된 크기의 방, 그러나 미술의 은밀함' 사이를 드나드는 것이다. 전시실에서는 고도로 집중하고, 홀로 나오면 심리적 이완이 된다.

박물관 오른쪽 영역이 주로 감상이라는 우뇌右腦의 공간이라면 왼쪽 영역은 지식을 위한 좌뇌左腦의 공간이다. 국립중앙박물관이 현대적 박물관의 위상에 있기 위해서는 폭넓은 사회 문화 활동을 수용하여야 한다. 극장, 도서관과 함께 실기와 이론 학습장을 가지고 있으며, 가변성이 뛰어난 기획 전시실과 어린이 박물관이 포함되어 있어 본 전시 영역과 구분된 영역에서 활동이 자유롭다.

질료質料의 미학과 조형
건축은 서빙고로와 평행으로 달리고, 지하철 4호선 및 경의중앙선과 나란히 달린다. 대지를 동-서로 가로지르며 길이의 조형을 이룬다. 크기에 비해 형태적 의도는 단순하다. 같은 면적이라도 길이가 길면 더 커 보인다. 그리고 거대한 스케일 앞에서 사람은 작아진다. 그것이 기념적인 크기일 때 사람들은 상대적 축소를 지시받는다. 그러한 기제에서 건축이 과시하는 장면은 세 군데이다. 먼저 거울 못과 건물의 비추임, 그다음 길이의 퍼스펙티브 효과, 그리고 허리 공간을 트고 남산을 차경借景함이다.

    화강석이 지배하는 외관은 무거운 괴체감을 가진다. 그 무거움은 허리 부분을 허면虛面으로 만들려는 의지의 상대성이다. 화강석 자체는 한국적 소질이지만, 무거움 그러나 푸근함을 함께 말한다. 그 돌벽이 너무 크기에 부조나 장식 패턴으로 빛의 잔물결을 만든다.

또 하나의 공간, 조경
당초 영지影池는 지금보다 더 큰 타원으로 조성하여 원주圓周를 따라 시각을 연장하려는 의도였다. 실시설계 과정에서 연못을 우회하는 동선의 부담을 이유로 축소되었다.

    박물관의 조경은 의당 전통을 의식한다. 그러나 그 기법은 전통적이라기보다는 '고어古語를 흉내 내는 어투'이다. 원래 한국의 전통 정원은 그렇게 요소와 수사로 그득한 것이 아니다. 조경은 상당히 수다스러워졌지만, 경직된 건물 형태를 무마하기도 한다.

터진 허리 부분은 좌-우 동선의 기점이며, 향후 후면에서의 접근을 받아들일 수 있다.

화강석 주조의 조형. 무거움 위에 부조된 패턴이 빛의 잔물결을 만든다.

이 장대한 건축의 수평선을 쓰다듬는 땅의 능선, 나뭇잎들의 미세한 터치가 기하학적인 건물의 정면과 겹쳐 장면을 만든다. 건축 형태의 뚜렷함과 자연의 모호함, 건물의 강경한 질료와 연성인 자연의 현상이 합쳐 만드는 풍경이다. 박물관의 조경에서 방대한 야외 전시물은 주로 석물이기에 본관의 질료와 혼화된다.

무엇보다 용산은 서울의 문화 거점으로서 큰 그림을 그린다. 미군 시설의 점진적인 이전으로 용산은 군사의 장소에서 새로운 도시 문화를 심고 있다. 이미 가족공원이 확보되었고, 국립한글박물관이 같은 경내에 있다. 아마 용산은 도시 공원과 박물관 단지를 지역적 성격으로 하는 문화 예술로 경영 위치를 찾을 것이다.

용산을 문화로

국립한글박물관 2014 / 한대진 / 용산구 서빙고로 139

'한글의 박물관'이라면 의당 한글의 자모 구조를 건축적 발상으로 할 것이다. 처음 현상설계의 응모안에서는 몸에 한글의 자음과 모음을 새겨 넣었다. 이러한 패턴 디자인은 이미 상하이 엑스포의 한국관2010, 조민석에서 구사되었다. 건축가 한대진은 외벽과 지붕지붕은 하늘을 나는 새가 볼지 모르지만, 새는 문맹이다에 자모를 음각하였다. 음각 패턴은 빛을 투과시켜 밤에는 투사의 효과를 도모한다밤에는 박물관이 문을 닫아 볼 사람이 없다. 아마 예산의 문제이기도 할 것으로 이 제안은 실시설계 단계에서 지워졌다.

한글과 건축

네모 귀퉁이의 입구가 입을 벌리어 우리를 맞는다. '땅의 흐름을 입체적인 구조로 만든다'는 건축가의 생각은 '왜 그러는지' 납득되지 않지만, 다리가 불

작가는 입구의 치켜든 볼륨을 한옥의 처마 같다고 한다. 2층의 입구가 벌린 구강口腔 같다. 그러고 보면 우리는 건물의 벌어진 입으로 들어가는 것이다.

서울체

편하면 옆에 설치한 에스컬레이터를 타고 오를 수 있다.

우리는 이 벌린 입의 조형을 한 층 올라가야 하는 수고에도 불구하고 '잡아먹히듯' 받아들인다. 건축이 몸을 닮았다면, 한글이 구강의 구조를 닮았다면, 건축은 한글을 닮을 수 있다. 우리에게는 익숙한 지식이지만, 한글은 입과 혀와 목청의 구조로 모양을 만든 소리글이다. 우리가 '아' 하고 발음하면 이 건물의 입구入口 모양이 된다. 건물의 평면은 ㅁ자 형국인데 이는 조금 더 상상력을 발휘하면 ㅡ, ㄱ, ㄴ, ㄷ 등의 조합이다. 물론 건축을 문양처럼 할 수는 없지만, 공간은 한글의 발성 구조-입체상의 구성으로 비유할 수 있다.

둘째 단level을 한글로 쓰려고 노력한다에 설치된 현관으로 들어서면 빛 우물光井을 한글로 쓴다의 중앙 큰방hall을 한글로 쓴다에서 전시가 2개 층에 걸쳐 전개된다. 아래층은 도서관과 학예실로 연결되며, 2층에 상설 전시와 박물관 상점을 두고, 3층에 기획 전시실과 박물관의 사회적 공간이 있다. 상설 전시는 1부 한글 창제, 2부 문예로서 한글, 3부 생활 문화 속 한글로 전개되는데, 박물의 성격상 교육적 전시이다. 다만 기획 전시가 한글의 서예, 그래픽, 문학, 노래, 소리 등 폭넓은 응용 세계를 알린다.

국립한글박물관은 서북쪽의 국립중앙박물관과 공간적으로 연계되며, 열주랑을 통해 동선 축을 만들었다. 동쪽으로는 용산가족공원과 연속되는데, 아직 공간적으로는 덜 익은 접목이다. 향후 용산 지역의 문화 벨트의 부분으로 구조화되기를 기대한다.

ㅁ자 평면을 만드는 빛 우물

백제의 땅, 올림픽공원
세계평화의문 / 소마미술관

1988년 서울 올림픽을 위해 송파에 큰 땅이 소용되고 스포츠-문화의 콤플렉스를 만들었다. 올림픽 시설과 공원은 대부분 김수근 말년의 작업1988으로서 대형 경기장의 기술 조형을 실험한다. 거대 경간의 실내 수영장, 자전거 경기장의 스펙터클, 체조 경기장의 막구조, 그리고 김종성의 역도 경기장 등이 있다. 그러나 이들이 잠실의 스포츠 시설1986에 비해 크게 진보된 것 같지는 않다. 국제 현상설계로 얻은 올림픽 선수촌1988, 우규승은 집합 주거의 기념적 표현을 얻었다.

이 일련의 시설은 올림픽공원으로 엮어지는데 녹지공원, 역사공원, 예술공원으로 자리한다. 그러나 이 장소는 한동안 백제 한성 시대의 토대였기에 상당한 삼국시대 유적이 묻혀 있을 것이다. 그 기대로 몽촌토성과 백제 유적지 일부를 발굴하고 박물관을 세웠다. 한성백제박물관2012, 김용미은 한눈에 보아도 토성의 맥락에서 형태가 추출된 것이다. 매스인 토성과 비워진 내부 공간은 상충적이지만, 그냥 얼버무려진 관계이다. 그 안에서는 꽤 활달한 공간적 전개가 벌어진다.

서울 올림픽은 단순한 스포츠 행사가 아니라 예술 문화 이벤트가 함께 기획된다. 그중 하나가 올림픽공원 안의 야외 조각장이다. 1987년 '세계현대미술제 국제 야외조각 심포지엄'으로 시작하여, 1988년 9월 서울 올림픽과 함께 '국제야외조각초대전'을 개최하면서 올림픽공원이 개원하였다. 그렇게 하여 유수한 국내외 조각가들의 작품들이 대대적으로 모였다. 야외 조각제는 기획이 급하여 태작도 있고 세계적인 명품도 있지만, 서울의 큰 문화 자산이 된다.

올림픽공원은 '세계 평화의 문' 뒤로 인공 호수, 야외 조각장, 미술관, 박물관 등이 통합된 프로그램이다. 그만큼 다양한 계절과 장소적 인상을 만들 수 있다.

올림픽 경기장 중 김수근의 실내 수영장은 기술적으로 궁극적인 결과 같지는 않지만, 힘을 조형의 주제로 한다. 한성백제박물관김용미, 금성건축은 백제토성의 자리에서 그 메타포가 공간을 만든다.

도시·문화·장소

정치적 염원

세계평화의문 1988 / 김중업 / 송파구 올림픽로 424

33,600제곱미터의 평화의 광장은 올림픽로와 위례성대로가 교차하는 지점에서 기축을 이룬다. 서울은 올림픽을 위한 스포츠 시설과 선수촌·기자촌이 일곽을 이룬 후, 그곳이 좀 더 문화로 확장된 장소가 되기를 바란다. 몽촌호를 가운데 두고 대규모 공원이 형성되는데 그 내용을 위해 국제 야외조각 전시회를 기획하였다. 현재 그 전모가 남아 있지는 않지만, 상당한 작품을 소마미술관이 관리한다.

대규모 도시공원은 그 장소적 상징을 위해 기념물이 필요했다. 공모전을 통해 김중업의 '세계 평화의 문'을 선정했고, 미술가들의 협력으로 완성했다. 세계 평화의 문은 김중업 말년의 양식이라 할 만큼 그의 서정과 전통이 얼버무려진 기념물이다. 대문으로서 형상은 오래 전부터 김중업의 전통적 소재이었지만, 3번의 설계 변경을 감수하여야 했다. 우선 스케일에서 논란이 있어 크기가 커졌다 작아졌다 타협하다가, 현재의 높이 24.1미터, 지붕 길이 62.1미터, 폭 37미터의 모습이 되었다.

문은 올림픽공원을 향한 대각선 축의 기점에서 활짝 열렸다.

대문의 형식에 미술이 더해지는데, 백금남의 그래픽 사신도청룡·주작·백호·현무와 이승택의 전통 탈을 주제로 한 열주가 국가주의를 짙게 한다. 처음의 그래픽은 1993년 아크릴 도료로 다시 칠을 하며 선명해졌다.

올림픽을 미술로

소마미술관 2004 / 조성룡 / 송파구 올림픽로 424

소마SOMA는 자체 프로그램만이 아니라, 기존의 올림픽공원 야외 조각의 경영을 포함한다. 1988년 국제 야외조각전 이후 십수 년이 지나면서 일부 조각들이 훼손되기 시작했고, 항상적인 조각의 관리와 큐레이터십이 필요해진 것이다. 올림픽이 끝나고도 15년 뒤의 일이다.

2000년 미술관 건축을 위한 현상설계에서 조성룡조성룡도시건축이 당선한다. 건축주는 국민체육진흥공단이다. 2004년에 서울올림픽미술관으로 개관하였다가 2006년 소마미술관SOMA, Seoul Olympic Museum of Art으로 이름을 고쳤다.

조성룡의 건축은 자연스럽게 땅이 개념을 틀어잡는다. 꽤 방만한 대지에서 미술관 공간을 '구축'하며, 조경은 서안조경이 협력했다. 전체 배치에는 긴 직선 장벽이 자꾸 나오는데 무엇을 방어하자는 것이 아니라 공간을 만들려는 것이다. 여기에서 담장은 긴 직선直線이 되고 건물은 여러 가지 비례의 직방체直方體이며, 연못과 잔디가 면面을 이룬다. 조각 미술은 마지막 수사를 이룰 것이며, 벤치 등도 오브제가 된다. 그리고 보면 전체는 대지라는 화면에 직선-면-입방-수식이라는 전형적인 구성주의임을 알아본다.

공립 미술관의 숙명

미술관은 개설 주체에 따라 몇 가지 유형이 있다. 국립은 권위로 지탱된다.

사립은 개인이 칭찬받는 기분으로 유지된다. 공립은 주체가 애매하고 운영의 지속성이 어렵다. 공립 미술관의 의사 결정에는 관료주의가 작용하기 쉽고, 소속인의 성향에 따라 유동이 크다.

소마미술관은 공립이다. 개관 후 한동안 미술 경영과 건축이 눈을 잘 맞추지 못하는 인상이었다. 대개 미술관 경영이 수익 사업에 편재되면 헝클어진다. 조성룡의 콘크리트, 중성 색조, 침묵하는 성질은 '대중적 미술관 또는 영업 간판'으로 문질러졌다.

이러한 미술관 환경을 리노베이션으로 해결하려 한다. 2006년 소마 드로잉 센터를 추가하였는데, 컬렉션이 없는 미술관의 경영 방편인 것 같다. 2013년에는 전시 공간을 확장하기 위한 사업에 착수하였다. 리노베이션 작업에서 제일 큰일은 그동안에 생긴 잡스러운 것들을 덜어내는 일이었을 것이다. 그렇게 해서 공간은 정연해지고 대중성이 한 발짝 뒤로 물러서며 원래의 개념이 회복된 듯하다.

엎드린 공간, 역사적 땅에 대한 경외

1관 총 950제곱미터의 실내 전시 공간은 크게 통합된 것이 아니라, 2층의 4개의 전시실제1,2,3,4전시실과 백남준 비디오아트홀, 1층의 제5전시실 등 총 6개의 전시실로 구성된다.

백남준 비디오아트홀은 한쪽 조각 공원을 보며 긴 복도를 거쳐 드는데, 공간이 양광하다. 전시실은 화이트 박스로 여러 유형의 미술을 받아 내는 융통성이 있다. 자주 나누어진 전시실의 동선은 시각적으로 외부 공간을 수시로 넘나드는 운유雲遊이다. 동선 사이에 앞마당-속 마당-뒷마당을 연계시킨다. 소위 미술관 피로를 이완시키는 기회이다.

건축은 한 층 묻혀 있는 형국으로 가능한 몸을 낮춘 모양인데, 앞광장-뒤조각 공원 사이의 고저 차이를 건축 공간이 흡수하는 것이다. 그래서 2층에서 시작된 전시 동선은 1층 제5전시실로 내려와 뒷마당의 야외 조각장으로 이어진다. 미술관의 조각 공원은 '물의 뜰'의 북쪽 면을 따라 완만한 경사로 이동

조각공원에서 연계되는 장면. 큰 유리로 열린 1층 위에 박스처럼 얹힌 2층의 전시 공간을 본다.

선, 면, 입방체가 직교하며 만든 구성주의이다.

도시·문화·장소

백남준 비디오아트홀로 통하는 램프. 아래 물은 몽촌토성의 해자와 성내천을 끌어들인 것이다.
복도는 길고 양광하며, 조각이 있는 중정을 보고 걷는다.

소마미술관 2관의 선큰 접근. 증축한 새 공간은 지상 공원에서 볼륨을 노출하지 않으려고 지하화했다.

서울체

할 수 있고, 이동 중 다양한 지표면의 변화와 주변 경관을 포용한다.

컬렉션이 없는 미술관의 전시는 보편-융통-가변적이어야 한다. '우선 여섯 개의 전시장이 있는데 전부 모양과 크기, 천장의 높이가 달라요. 채광 면적도 다릅니다. 야외 조각 정원으로부터 출발했기 때문에 어떻게든 각 전시장이 외부 공간과 관계를 맺게 하려고 했습니다. 그것은 또한 땅의 의미를 건물 안으로 끌고 들어오려는 것이기도 했습니다. …… 그렇게 하기 위해서, 이 미술관은 동선이 굉장히 길어요. 하나의 입구로 들어가면 중심에 로비가 있는 구조가 아니라 한 바퀴를 돌아 다음 전시장으로 가고, 다시 경사로를 건너거나 바깥을 나갔다가 들어와야 하기도 하고요. …… 계절마다 시간마다 밖에서 들어오는 빛이 달라지고, 그 사이사이에 조각들이 배치되면서, 집과 바깥이 태극처럼 하나로 엉켜들게 하려고 애를 썼습니다.' _ 조성룡 / *modo architect office blog* / 웹진 민연, 2015년 04월호, 사람과 글 人·文

올림픽공원의 땅을 놀리는 게 아까웠는지, 진흥공단은 수익 빌딩을 대거 확충한다. 소마미술관도 '조금 더' 늘리기로 했다. 이가건축EGA의 설계로 2018년 개관한 소마미술관 2관은 지하 공간으로 확장하였다. 1관과 2관은 접근을 달리하며, 현관도 따로 갖는 것이 두 공간 사이의 불편한 관계 같다.

전체 연면적 13,186제곱미터이면 앞서 말했던 땅에 엎드리기, 겸손한 몸집 등은 허사가 될 것이다. 이러한 확장의 문제는 커지면서 미술관의 존재감이 흐려진다는 아이러니에 있다.

외곽 문화, 주변과 중심
서울식물원 / 성수문화복지회관 / 우란문화재단

서울은 2개의 노른자와 주변의 흰자로 공간 구조를 만든다. 노란 중심은 시간과 자본의 상대성을 함의含意하면서 도시 문화의 편재를 뚜렷이 현상한다. 그러니까 상대적으로 주변은 시간의 켜가 얇거나, 자본의 기운이 시원치 않다는 것이다. 이 중심의 힘이 얼마나 강력한지는 이 책의 지역별 색인에서도 나타난다. 서울의 4개 구 강동, 강북, 금천, 중랑은 (의도하지 않았지만) 이 책에 건축 실재를 하나도 내지 못했다. 반면에 종로구는 39개, 강남구는 23개를 기술했다. 이는 참혹한 문화 편재의 상황으로 보인다.

사실 강남(1963)과 강서(1977)의 개발 시점은 10년여 밖에 차이가 나지 않는다. 강남이 팽창하면서 그린벨트에 부딪치자 강북으로 개발 방향을 틀었다. 제일 막내가 1995년의 광진, 강북, 금천이다. 그러니 서울의 도시 문화가 아무리 크고 깊어도 국지적이고 균형을 잃은 건강인 것 같다.

이러한 편재의 이유는 도시 역학에서 따져 볼 일이지만, 우선 서울의 외곽에서 익어 가고 있는 씨방을 좀 더 찾아본다.

도시 문화에서 변방을 홀대하는 자본을 설득하고, 시간의 끄트머리에서 장소를 만들어 내야 한다. 예를 들어 강서의 마곡지구와 같이 정책이 이룬 개발이거나, 성동에서 피우는 민간과 지역 자치의 노력이다. 원론적으로 '중심과 주변'의 역학 관계는 충돌시키려 할 것이 아니라, 보족적 역할로 말할 수 있다. 중심의 횡포에 상대하여 주변의 비극이 벌어지는 것은 주변이 중심을 욕망하고, 중심은 주변을 열등하게 보기 때문이다. 보통 지방적 가치를 말하지만, 중심에 상대하는 주변의 가치는 '차이'로 이해하여야 한다. 주변이 중심을 의사擬似할 일이 아니며, 짝퉁을 만드는 일이 아니다.

강서의 꽃 숲

서울식물원 2019 / 김찬중 / 강서구 마곡동로 161

서울의 개발 시대가 땅의 고갈로 말미암아 임계에 도달했는가 싶었는데, 기어이 한 건을 찾아내었다. 서울의 제일 서쪽 한강에 걸려 있는 마곡지구이다.

마곡지구

2009년 SH공사는 서울의 서쪽 구석에서 마냥 잠자고 있던 강서구를 흔들어 깨웠다. 마곡지구는 원래 논밭이었고, 김포가도 좌·우측에 펼쳐진 벼논은 서울에서도 농부의 사계절을 알게 하였다. 위치로 보아 이 땅이 도시 개발에서 자유롭지 못할 것이라는 예감은 일찍부터 가지고 있었지만, 서울시, 강서구, SH 등 개발 이익을 따지는 사람들이 많아 더뎌졌다. 2010년 개발을 착수하고 2018년경부터 입주가 시작되었다. 504,000제곱미터에 엄청난 인구와 건물 밀도가 채워지는데. 업무, 상업, 서비스 시설 등을 고루 갖추었지만, 무게가 느껴지는 건축은 눈에 보이지 않는다. 대부분의 건축이 싸고 크게 짓느라고 생긴 개발 업체의 모양이다.

식물들의 궁전

마곡지구의 공공시설 중에서 도시공원은 강서의 새 장소로 기대되었다. 2007년 '워터프런트'로 입안하고, 국제 현상 설계를 통해 입상자를 뽑았다.

슬레이트 집 너머로 논밭이었다. 현재 마곡지구로 개발되었다. (2004.09.04 사진)

그러나 정치적 개입이 많아지며 일은 자꾸 더뎌진다. 2008년 설계에 착수하였으나, 빈번한 계획 변경2010년, 2011년, 2012년, 2014년 등을 견뎌야 했다.

도시 정원과 온실은 2015년 착공하여 2019년 '서울식물원'으로 개원하였다. 그래도 이러한 개발 속도는 한국이니까 가능한 '빨리'이다. 공원은 원천적으로 숙성할 시간이 필요하다. 그러니까 서울식물원은 아직 애송이 공원이라는 말이다.

서울식물원은 프로젝트 경영-조경진, 조경-정건우, 건축-김찬중더_시스템 랩, 삼우건축 등에 의해 만들어졌다. 식물원은 크게 네 영역으로 구분하는데, 1/오픈 정원-열린 숲, 2/건축 시설-주제원, 3/인공 호수와 수변 데크-호수원, 4/자연 생태의 장소-습지원이다. 공원 기획은 전체적으로 이야기가 있는 정원 문화를 하고 싶은 모양이다.

우선 한강을 이웃에 두고 있으니 물과 숲이 있는 공원으로 기대되었다. 그 중에는 일제 때 만든 배수 펌프장이 낡은 목조건물로 남아 있었다. 거의 스스로 소멸될 만큼 낡았던 목조건축은 보전 처리하여 '마곡문화관'이라 하며 전시 공간으로 쓰고 있다. 이 건축은 배수 펌프장이었으니 2층 높이의 오픈 홀이고, 한쪽으로는 2층의 갤러리를 만들었다. 지하에는 그동안 묻혀 있던 배수관로가 그의 나이를 말한다.

주제원에서 건축으로는 온실 건축이 인상적인데, 더_시스템 랩김찬중의 대형 경간을 위한 슈퍼 구조는 하이-테크가 필요하다. 여기에서는 파라볼릭 형식의 꽃이 만개하는 모습이며, 지반에서 피어오르는 구조는 수목의 생태를 닮았다. 이를 위해서는 고난도의 구조와 시공 기술이 필요했을 것이다.

원래 온실은 건축 중에서 가장 합목적적 대상이다. 유리집 — 대경간 구조 — 온열 설비로 가능한 기능적 시설이다. 점차 수장의 스케일이 커지고 대상이 다채로워지며 건축은 표현적 대상이 된다. 이 건축도 형태적 매너가 대단하다. 온실의 디자인도 특별한데, 왜 (굳이) 이렇게 어렵게 하는지 따져 볼 일이 많을 것이다.

서울식물원은 기능만이 아니라, 문학적 은유에 기술을 끌고 온다. 온실은

원경에서부터 방화대교가 한강을 건너지르고, 그 남쪽 연안이 마곡지구이다.
그중 오른쪽에 호수와 식물원이 일원를 이룬다.

건축가는 큰 온실을 꽃 모양으로 만들고, 조경이 그 주변에 큰 꽃밭을 만들었다.

도시·문화·장소

온실 내부는 중심이 낮고 주변이 높은 오목형이며 꽃잎과 닮았다. 가운데 모인 빗물은 재활용한다.

거대한 꽃 또는 식물의 원형질을 은유하기 위해 식물원은 고급 구조 기술을 빌린다. 곧 하이테크와 자연 생태의 결합이다.

거대한 해바라기이며, 투명하고, 줄기와 잎의 구조를 닮는다. 디자인으로서는 생물 형태학morphology이고, 확실한 형태가 없으니 무정형amorphous이면서도, 엄연한 꽃의 이미지이다. 온실은 감상만이 아니라 지식을 위해 식물문화센터와 함께 프로그램 되는데, 식물의 생태를 전시하며 식음 서비스, 전시, 도서실 등을 '식물 문화'라는 이름으로 엮었다.

직경 98미터의 온실은 가운데가 오목한 그릇 형태이다. 일반적으로 온실은 중앙부가 높고 중심 공간에 주제를 집중시킨다. 이에 비해 가운데가 오목한 온실은 외연으로 확장된 시각 환경을 만들 수 있다. 즉 외주부를 따라 다양한 식물 이야기를 연속적으로 이끌어 간다. 또한 오목한 지붕은 자연 집수되는 우수를 정화하여 조경 용수로 재활용한다.

꽃을 닮은 건물의 구조는 오목한 단면에 바깥으로 확장되는 구조 프레임을 취했다. 당초 구조는 콘크리트조로 구상하였으나, 시공성과 유지 관리를 고려해 철골조로 구현되었다. 식물 세포막 같은 지붕은 ETFEEthylene Tetra Fluoro Ethylene, 에틸렌 테트라 플루오로 에틸렌이다. 이 소재는 가시광선의 투과율이 유리보다 20퍼센트 이상 높고 내오염성이 뛰어나며, 충격으로부터 안정적이다. 그래서 이 건축은 다시 한번 더_시스템 랩의 기술이 감성에 어떻게 작동하는지를 알게 한다.

마곡문화관은 오래전부터 이 자리에 있던 양수장을 개조한 것이다. 내부는 지층, 오픈층, 갤러리로 복합적인 구성으로 엮인다.

입체 광장

성수문화복지회관 2013 / 장윤규, 신창훈 / 성동구 뚝섬로1길 43

도시의 빌딩이 민주적이지 않은 것은 접근성에 기인한다. 보통 지반층은 비싸고 위층은 싸지만, 접근의 불평등 원칙에 따라 할 수 없는 일이다. 건축가는 이 비합리적 환경을 타파하기 위해 접근 방식의 다양성을 꾀하지만 완전한 방법은 없다.

성수문화복지회관도 그 한 예인데 최대한 접근성을 다중화할 뿐만 아니라, 그 태세를 시각화한다. 길모퉁이에 노출된 건축은 복도 계단, 램프를 외관에서 노출하고 그것을 조형의 단서로 삼았다. 그래서 건축은 직립한 입방체이지만, 공간의 운동감에서 시각적 다이너미즘을 느낀다.

사람은 수평으로 이동하거나 수직으로 상승하지만, 이 두 가지의 중합, 즉 사선으로 상승-하강하는 계단과 에스컬레이터는 더욱 동적인 체험이다. 더군다나 그것을 가로 풍경에 노출하면 오르내리는 운동에서 주변의 경관이 더욱 그러하다.

산만한 동네에서 성동의 자치가 새로운 문화 생태를 피우려고 한다.

이 빌딩의 주변인 성수동은 혼란스럽다. 주변에는 3층 연립주택, 단층 연립주택, 창고 건물이 여전하고, 다른 한편으로는 초고층 빌딩과 아파트가 새롭게 부동산 경기를 자극한다. 스카이라인은 어지럽고, 도시의 하부구조인 전봇대의 전선과 통신선은 하늘의 그물이다. 그러니까 어떤 건축의 맥락적 준거가 될 게 없는 환경에서 성수문화복지회관이 우뚝하다. 아마 시간이 더 숙성되고 이 지역의 도

다채로운 접근 방법이 지상층으로 이어지며 공중의 길과 마당으로 활달하다.

시적 형편이 안정되고 나면 다시 운생의 동기가 될지 모른다.

건물의 쓰임새가 커뮤니티 센터라는 다중적 행태라서 더 그럴 만하다. 이 다중적 성질은 저층부에서 고층부로 쌓여 간다. 저층부는 문화-복지 시설로서, 크게 도서관, 공연장 아트홀, 사회 복지관, 보건소 등이 얽혀 있다. 이러한 다양한 기능은 설계 과정에서 인간의 거동을 디자인하는 것과 같다. 목적성에서 그것뿐만이 아니라, 건축의 구조 설비의 조건이 제각각 다르니 이를 규합하여 최적화시키는 기술도 어렵다. 구조적으로도 소질이 다른 것들이 섞여 있다. 공연장은 장 스팬의 구조와 무음의 환경이어야 한다. 도서관은 정숙하여야 하고, 집중성이 다르다. 보건소와 사회복지 기능은 동선의 체질과 인구의 집중도가 다르다.

도시·문화·장소

은백색의 금속성과 유리는 주변의 벽돌이나 콘크리트의 누추한 질료에 대립한다. 수많은 지상층의 접근법을 조형으로 하며 저층부가 다이내믹하고 나면, 상층부 기준층들이 커튼월로 반듯해진다. 마치 저층부에서의 율동을 헤치고 상승한 고층부가 하늘을 닮는 것 같다. 크게 주민 시설과 업무 부분을 구분하는 시각적 구법이다. 그래서 건축은 전체를 기준층을 쌓아 만드는 것이 아니라, 여러 기능-행태-조형이 집적되는 뜻에서 광장이라고 하는 것이다.

성수동에 핀 난

우란문화재단 2018 / 김찬중 / 성동구 연무장7길 11

서울의 성동구 성수동은 얼마 전까지만 해도 소상공인과 창고업으로 도시 경제의 기운이 기울어져 갔다. 하지만 개발의 세력이 이를 가만 놔둘 리가 없다. 건축 문화가 지리멸렬하던 성수동에서 레트로스펙티브와 카페 문화가 주목을 끌던 중 '우란문화재단'이 들어왔다. 성채처럼 스스로를 소외한 것 같은 국제 관광의 장소, 워커힐에서 세속적인 성수동으로 내려온 것이다.

문화재단이 왜 이 산만한 동네로 내려왔는지는 모르겠지만, '워커힐 미술관'을 모태로 하는 재단은 성수동에서 멀지 않다. 척박한 환경에서 피우는 꽃蘭의 은유인지 모른다. 문화재단은 위치 장소를 그리 중요하게 생각하지 않는 모양이다. 오히려 자신이 비집고 들어서 새 장소를 만들면 된다.

SK그룹의 대모인 우란友蘭 박계희1935~1997가 설립한 워커힐 미술관은 1980년대 한국 현대미술의 컬렉션에서 앞서 있었다. 미술관은 미디어 아트를 사랑하는 '아트센터 나비'종로구 서린동 SK사옥, 2000년 개관와 연계한다. 이 현대미술의 아카이브는 며느리 노소영 관장에 연계되어 있다.

우란문화재단 빌딩은 업무와 문화시설로 구성되는데, 그 기능을 저층부와 고층부로 구분한다.

외관이 회색과 백색의 무채색인데 비해 내부는 무채색 검정으로 반전한다. 사통팔달한 내부의 공적 영역은 진입과 유통이 활달한 사회적 공간이다.

오피스 부분의 현란한 리듬을 굴곡과 색채와 빛이 만든다. 그러나 모든 것은 무채색 모노크롬으로 절제한다.

서울체

성수동의 우란문화재단은 워커힐의 공간적 제약성을 벗어나, 경영 개념을 개방성, 실험성, 영속성으로 말한다. 여기는 고급 공간이었던 워커힐보다는 개방적이며, 더 자유롭고 실험적인 작업이 가능하며, 소유주에 지배되는 개인 미술관보다는 영속적일 수 있을 것 같다. 성수동은 대중 친화적이며 특히 젊은이의 접근성이 좋다. 미술을 포함하여 더 다양한 장르의 포섭을 위해 공간을 확장했다.

공간 프로그램이 된 5개의 부문, 전시-공연-연구-녹음·제작-레지던시를 오경五景이라 하며 다채널을 만들었다. 말하자면 현대 예술의 다양성과 복합성을 다 상대한다는 태도이다. 우선은 개방적인 공간 구조이다. 디저트 카페가 있는 지반층은 입구가 세 군데이다. 빌딩은 그렇게 물리적 개방성으로 건축을 자꾸 열어 놓았다. 로비는 가로 마당이 실내로 흡입해 온 모양이다. 그리고 보면 건물 밖에서 백색이었던 색깔이 안으로 들어오니 흑색으로 반전된다. 그러한 무채색의 반전 중에서 전시실은 온통 백색으로 묻혀 있다.

문화 기능과 업무 기능으로 구분되는 건축은 외관에서부터 알아보겠다. 저층부와 고층부가 외관에서 구분되는데, 파동 패턴의 옷을 입은 타워가 업무 시설이고, 저층부가 문화 예술 기능이다. 김찬중더_시스템 랩의 현란한 조형은 다른 경우에 비해 다소 보수적이지만, 성수동 환경에서 '늪의 난蘭'은 빛난다.

04

한강이 품고 있던 것

강변 인프라를 문화로

아름다워지고 싶은 수상 토목

도시는 강의 섭생을 필요로 한다. 이미 익숙한 센파리, 테베레로마, 마인프랑크푸르트이 있지만, 풍경의 스케일에서는 한강이 우쭐한다. 나일카이로과 갠지스바라나시의 경이로운 풍광도 있지만, 도시화에서는 한강이 괜찮다.

한강은 한성漢城의 남쪽 경계였지만 좀 더 광역적으로는 한반도 지역 간의 소통로이다. 그 물은 강원도 산촌을 지났거나, 충청북도에서 수운으로 흘러들었다. 북한강-남한강-서해에 이르는 물자 유통의 방법이다. 한강은 금강산에서 서해에 이르는 권역으로 사실상 반도 전체를 쓰다듬는다.

특별히 조선에서 한양을 중심으로 하여서는 경강京江이라 하며 광나루에서 양화진까지의 강줄기를 그렇게 불렀다. 그 몸에 송파, 뚝섬, 서빙고, 두포모, 한강진, 용산, 마포, 서강 등을 만들었다. 경강 주변은 풍광이 뛰어났기 때문에 사대부들은 압구정鴨鷗亭 등 별서別墅와 정자를 세워 풍류를 즐기고, 많은 화가들이 경강의 절경을 그려 전했다. 정선은 양천8경첩으로 개화사開化寺, 선유봉仙遊峯, 소악루小岳樓, 소요정逍遙亭, 이수정二水亭, 귀래정歸來亭, 낙건정樂健亭, 양화진楊花津을 그렸다.

한강은 서울의 동쪽에서 들어와 서쪽으로 나가는데, '아침-저녁'의 풍광을 '맞는-보내는' 또는 '시작-마침'의 수사로 절묘하다. 이 장대한 강은 서울의 남-북을 가르는 지리이다. 또한 도시의 생태적 인프라infra-structure이면서 청량을 제공하고, 경치가 좋고, 무엇보다 먹을 물을 주며 하수를 쓸어냈다. 여름에는 수영을 하고 겨울에는 썰매를 탔다.

한강을 하늘의 원경에서 보면 S자를 몇 번 그리는데, 덕소에서 북으로, 잠실에서 남으로, 다시 옥수에서 북으로, 동작에서 남으로 그리고 여의도 때문에 약간 굽지만, 김포까지 내달린다. 강은 서해에 곧장 들어가지 않고 북으로 방향을 틀어 강화를 쓰다듬고 나서야 서해에 이른다. 그러니까 가능한 몸짓을 길게 지연시키는 것 같다.

한강의 경관을 종단으로 보면, 양안이 서로 건너다보며 도시의 랜드스케이프를 만들었다. 그러나 한강은 고질적인 홍수로 여름을 시름으로 보내게 했다. 1970년대에야 강을 준설하며 강안 구조를 만들고 댐과 보洑로 홍수를

제어했다.

  1969년부터는 (결정적인 실수였을지 모를) 강변도로를 만들고 도시의 동–서 교통을 맡겼다. 여의도 비행장은 부도심 여의도가 되었다. 1980년대까지만 해도 서울의 아래를 씻고 있던 한강은 이제 가슴을 흐른다. 한강을 밖에 두고 그릴 경우와 한복판에 두고 그리는 것은 다르다. 도시 생태에서는 물론이고, 정치의 눈에도 들어왔다. 한때 서울은 정치를 걸고 '한강 르네상스'를 만든다고 하기도 했다.

한강은 역사시대와 일제강점기, 근대에 이르기까지 홍수에 시달리던 기억이 혹독하다. 서울은 치수와 강남 개발을 함께 얻는다. 댐, 둔치 공원, 강변도로, 보洑 등의 하부 구조와 함께 자연 생태의 보전, 도시경관 등 맡은 책임이 많다.

강변 인프라를 문화로

선유도공원 / 노들섬 오페라하우스 프로젝트 / 뚝섬 전망복합문화시설 / 난지 수변생태학습센터, 한강야생탐사센터 / 당인리 문화창작발전소

한강의 강변 공간을 위한 교량, 강안, 공원 시설은 조경과 토목이 합일할 일이다. 강이 분리를 이루고 강안을 만들면 다리로 두 땅을 잇고 꿰맨다. 강남-북의 땅을 다리로 꿰매어 내는 일은 강의 스케일 때문에 쉬운 일이 아니다. 한강은 그 대단한 폭 때문에 강 중간에 섬이 있으면 토목이 고맙다. 1917년 한강대교를 만들면서 생긴 섬을 중지도中之島라 하던 것은 일본식인 것 같다. 제1한강교는 노들섬, 제2한강교는 선유도 그리고 서강대교의 밤섬이 그 모양이다.

원래 밤섬은 지금 보는 것보다 훨씬 큰 면적이었다. 여의도와 한강 제방을 쌓느라고 돌이 필요하여 밤섬을 폭파하여 쓰기로 했다. 철새 도래지이며 한강의 어로를 생업으로 하는 거주자들이 있었는데, 62세대의 주민을 이주시키고 1968년 섬을 폭파하였다. 섬은 두 쪽으로 갈라지고 그 사이를 서강대교가 가로질렀다. 자연이 위대하다는 것은 이 파손된 섬에 강이 스스로 수선을 시작하는데, 세월 속에 퇴적을 하고 나무와 풀을 자라게 했다. 어느덧 다시 철새의 섬이 되었다.

선유도는 서울의 상수도 취수장으로 도시 하부구조가 되었으나, 도시가 팽창하며 한강은 상수원을 상류 쪽으로 옮겨야 했다. 빈 공간이 된 노들섬은 이를 쓸 궁리로 한동안 어지러웠다. 강안은 여름철마다 홍수로 수난이었다가, 1980년대가 되어서야 토목 구조를 갖추고 한강공원도 얻었다. 문제는 이 토목 시설이 강과 친화의 생각을 얼마나 나누는가이다.

신선이 놀던 풍경

선유도공원 2002 / 조성룡 + 정영선 / 영등포구 선유로 343

서울은 2000년 상수원을 강동 상류로 옮기며 20년 동안 서울을 먹이던 정수장을 비웠다. 1978년에 만들어진 정수사업소이니 그리 늙은 나이도 아니지만, 서울의 지형이 순식간에 바뀌면서 할 일을 잃고 2002년 '선유도공원'으로 시민에게 되돌아 온 것이다. 기존의 시설은 단지 토목의 합목적 잔재였지만, 건축과 조경의 단서가 될 만하였다.

건축가 조성룡과 조경가 정영선은 역사적 기억을 위해 고고학자처럼 원래를 다시 뒤적인다. 장소의 기억을 환기시키는 잔존 요소들, 구조물이 가지고 있는 조형적 소질들, 버릴 필요가 없는 것들이 꽤 많았을 것이다. 그런 뜻에서 이 디자인 작업은 시간의 현상을 깨우는 일이다. 이미 수십 년간 서울 시민이 쓴 물의 흔적 위에 앞으로 더 많은 빛과 바람의 시간이 환경을 변이시켜 갈 것이다. 그렇게 자연이라는 소재의 힘은 막연하지만 절대적이다.

공원의 구성은 오픈스페이스에 포함된 수로水路, 옛 정수장 시설, 기존 건

기존의 수질정화원과 수로水路는 정수장의 흔적을 따라 입체 구조를 이룬다.

정수장을 이루던 공간은 공원의 구조가 되고, 구축물은 수경修景의 오브제가 된다.
특히 콘크리트는 지속적으로 시간을 삭히면서 감성을 키운다.

수질정화원에서 정화된 물을 이용한 친수 공간으로, 15센티미터 이하의 수심으로 만든 어린이 물놀이 공간이다.
농축조로 쓰이던 원형 구조물은 소극장으로 만들었다.

서울체

물을 리노베이션한 안내소, 식물원, 환경 교실, 한강 전시장, 카페테리아 등으로 복합적이다. 그러나 모두가 과거의 기억을 지우지 않으려는 낡은 구조의 환원이다. 그로써 우리가 버릴 뻔하였던 것들에서 가치를 가려내고, 그것이 환기될 방법을 찾으며, 현상으로 재생시키어, 어느 날 우리에게 사실로 되돌려 주었다. 그래서 디자인이란 네 계절을 따라 맑은 날 또는 흐린 날 또는 빗속에서 찾을 일이다.

선유도공원은 건축과 조경의 협작으로서 성과를 평가하며 '2003 한국건축가협회상'을 받았다.

한강의 꿈

노들섬 오페라하우스 프로젝트 용산구 양녕로 445

1917년에 건설된 한강대교는 교각을 모래사장에 묻고 있었는데, 1973년 정비 토목공사에서 제방을 두른 섬이 되며 안정성을 얻었다. 1995년 여기에 문학적 수사를 가하여 노들섬이라 하였다. 노들은 백로가 놀던 '노량진鷺梁津'에서 연유한다.

이명박 서울시장2002~2006의 청계천 재개발2003~2005은 청와대로 이어지는 정치적 효과를 발휘한다. 그의 아호는 (잘 쓰지는 않지만) 청계淸溪가 되었고, 그가 2009년 설립한 사회재단의 이름도 청계재단이다. 이에 고무된 오세훈 서울시장2006~2011은 서울을 세계적인 디자인 도시로 만들려 한다. 곧 시정市政에서 도시 디자인에 방점을 찍고 '한강 르네상스'에 이른다. 그즈음 한강은 어느 정도 치수에 성공했으나 부동산에 포로가 된 강변의 문화 풍경이 과제였다.

서울시는 한강대교가 다리를 쉬는 섬, 노들섬에 한강 르네상스의 거점을 만들고 싶어 했다. 언뜻 '시드니 오페라하우스'가 생각나고, 노들섬에도 그와 버금가는 시설을 만들면 일약 세계적인 장소가 될 것 같았다. 첫 기획은

2006년 당선작. 장 누벨이 신선이 노는 물 위의 섬을 그렸으나 실천은 거부되었다.

2009년 당선작. 박승홍디자인캠프문박의 안 역시 실현되지는 못했다.

어려운 과정을 거쳐 음악 중심 복합공간이 되었는데, 형태 조형을 포기하는 대신 경제적으로 짓는다.
민간 주체이며 기획이 우선 결정권을 가지고 단계적으로 완성해 간다는 개념으로 아직 공백이 많이 남아 있다.

서울체

2005년 이명박 시장 시절 세워졌으나 미숙한 진행과 예산의 문제로 실패했다. 2005년 7월 서울공연예술센터로 국제 공모를 하여 국내외 5개 팀을 선정했는데, 그 4개월 뒤 서울시는 오페라하우스 계획을 번복한다. 2006년 국제 현상설계에서 장 누벨Jean Nouvel, 프랑스을 당선자로 선정했는데, 당선작은 동양적 서정성을 결합하여 '물 위의 풍경'을 그렸다. 수많은 시객詩客들이 한강을 그리듯, 물, 섬, 건축 사이에서 시적 메타포를 만들었다. 그러나 그의 설계안은 '도쿄 구겐하임 미술관' 공모에서 이미 써먹었던 자기 복제라는 비판과 과도한 설계비 등의 문제로 2008년 창피하게 끝났다. 근본적으로는 사업 타당성에 대한 의문, 한강대교 중간에서 교통의 진출입을 처리하는 문제, 동시 이용 인구가 고립될 염려가 앞섰다.

  1차 시도가 실패한 후, 이 프로젝트를 기어이 하고 싶은 서울시는 2009년 '한강예술섬'으로 다시 설계 공모를 하여 박승홍dmp의 안을 선정하였다. '춤사위'로 이름한 안은 현란하게 율동하는 지붕으로, 이 또한 과도한 건축비와 환경-시민단체의 반발로 문제가 되었다. 더군다나 당선안은 1차의 제안들보다 인상적이지도 못하였다. 2010년 서울시의회가 한강예술섬 건립을 부결시켰다.

  2011년에 박원순 시장이 부임하며 계획은 다시 원점으로 돌아갔다. 새 시장 역시 이미 투자한 자금 때문이라도 이 프로젝트를 구현시키고자 한다. 다만 어차피 관료가 이 일을 못하니 민간에 위탁하자는 것과 단계적 추진을 정책으로 결정한다. 말하자면 건축을 먼저 이루지 말고, 운영이 내용을 결정해 간다는 것이다. 그런데 그사이에 조례가 바뀌어 공유재산섬을 민간에 위탁할 수 없게 된다.

  2015년 '노들꿈섬' 공모에서 '음악 중심 복합공간'으로 엠엠케이플러스와 박태형의 안이 당선하고, 2017년 조성 사업에 들어갔다. 내용은 오페라가 인디밴드나 대중 예술에 양보한 모양이 되었다. 건축과 조경은 엠엠케이플러스 + 토포스건축 + 동심원조경으로 2019년 9월에 완성하였다. 대단히 복잡하고 얽히고설킨 이해 구조이다. 개장은 하였으나, 경영과 디자인 주체가 너무 많거나 애매한 집체여서 건강한 경영을 이룰지는 모른다.

마지막 건축의 모습은 소박하고 잘게 부스러진 스케일로 섬 위에 깔려 있다. 스펙터클했던 오페라하우스 시절 나비의 꿈은 다 사그라졌다. 그보다는 이 시대의 사회주의를 건축가가 잘 읽은 것이다. 동서로 긴 허리를 한강대교가 지나가는데, 자연히 시설은 두 쪽으로 구분되어 동쪽은 다목적 홀과 숲을 가지고 있고, 서쪽은 대부분의 공연과 상업 기능 그리고 석양을 볼 기회를 갖는다. 이 사이를 공중 보도가 연결한다.

시민이 버스를 타고 주차장이 없다 가다가 내려 참여할 프로그램의 힘이 문제이다. 아무리 그래도 이 공간은 강 가운데에 뜬 배처럼 고립된 장소이기 때문이다. 서울시의 선택은 장려한 오페라 공간보다 편안한 시민 공간이지만, 건축적으로 다듬어지지 않은 부분은 지속적인 보충을 필요로 할 것 같다. 무엇보다 한강이라는 천혜의 풍광을 볼 수 있는 기회가 소홀해 보인다.

한강 자벌레

뚝섬 전망복합문화시설 2010 / 권문성 / 광진구 강변북로 68

한강이 아파트의 욕망으로 점유된다는 사실은 시민의 공분이면서 동시에 흠모하는 삶이다. 조망권이 아파트의 재산으로 점유되고 나서 그나마 공유의 수변 공간이 남았는데, 그것을 공공이 사회적 가치로 눈여겨본다. '자벌레'가 그 자리를 하나 잡았다.

사실 조선조에 뚝섬 지역은 말 방목장이었으며 왕실의 사냥터였다고 한다. 일제강점기인 1922년에는 '조선경마구락부'가 만들어졌다. 일본인의 잡기에 서울 사람들은 맛이 들리고, 해방이 되고서도 경마는 서민들의 주머니를 털었다. 1989년 과천에 경마장이 생기면서 뚝섬은 그야말로 공공의 공간으로서 기회의 땅이었다. 말이 놀던 마장은 생태공원 '서울숲'성동구 뚝섬로 273으로 개발되어 2005년에 개장하였다. 1,156,498제곱미터 35만 평에 이르는 방

자벌레의 운동은 느리지만 자유롭다.

자벌레의 내장은 튜브처럼 생겼다. 방문자는 연속적으로 꿈틀대는 장기臟器를 따라 움직인다.

한강이 품고 있던 것

대한 땅에 문화예술공원-체험학습원-습지생태원-생태숲 등의 프로그램을 얹으나, 그만한 기획은 쑥스러운 일이다.

뚝섬에서 청담교뚝섬교라 하지 않는다가 가로지르고 인터체인지가 생기며, 이 다리 밑의 수변 공간은 버려지는 듯했다. 그러나 버린 것이 기회가 되니, 시민 문화 공간을 만들어 꿈틀대는 긴 벌레 한 마리를 키우기로 한 것이다.

문화 잡식성 자벌레

권문성의 디자인은 그만큼 조형적이고 환경 맥락적이며 시민적 프로그램이어야 했다. 길이 250미터의 튜브를 만들고 크게 J자 모양으로 구부려 장소의 목적에 다다랐다. 몸통의 중간 부분을 부풀려 3층 정도의 공간을 만들고 다목적 휴게 공간-교육/도서실-생태 공연 공간을 채웠다. 그 앞뒤의 꼬리와 머리는 공중의 유보遊步 공간이거나 가변적 프로그램을 담을 수 있을 것이다. 문제는 이 자벌레에게 충분한 먹이를 주고 섭생 시키는 일인데, 아직 프로그램이 충분히 가동되는 것 같지는 않다. 역시 낳는 것보다는 키우는 게 어렵다.

한강 둔치는 여름 장마에 물에 잠기곤 한다. 그래서 둔치의 시설물은 둑 위로 끌어올릴 수 있거나 물에 잠겨도 할 수 없는 것으로 한다. 자벌레는 다리가 길어 둔치에 물이 차올라도 상관없다. 긴 몸통은 지하철 뚝섬역에서 직결되며 지반에서 접속하기도 한다. 접속의 선택이 많은 것은 길고 구부러진 공간적 체험과 함께 둔치의 공간과 교환하기 위한 것이다. 처음 구상은 기존의 고가도로 교각에 와이어로 걸어 공중에 떠 있는 구법이었다고 한다. 그 생각은 구조적으로 무리여서 지금은 자기가 다리를 내려 땅을 딛고 있지만, 가능한 최소한도의 지지체를 만들려고 노력한 것 같다.

건축은 '2010 서울시건축상 공공건축 우수상' 작품이다.

한강 파수꾼

난지 수변생태학습센터/한강야생탐사센터 2009 / 곽희수 / 마포구 한강난지로 2

한강이 구석기시대부터 거류지였던 것을 암사동 선사주거지강동구 올림픽로 875가 기억한다. 한강은 사람과 물건이 이주하는 경로이며 수렵과 어로로 삶을 지원했다. 백제의 첫 도읍 한성 시대를 몽촌토성이 기억하고, 한성백제박물관이 전한다. 고구려–통일신라–고려를 거쳐 조선에 이르면서 줄곧 수운과 풍치와 풍류를 주었다. 다시 말해 한강은 풍광만이 아니라 학습할 장소라는 것이다.

한동안 서울의 쓰레기통이었던 난지도 위에서 노을공원과 하늘공원은 그 미안함을 위로한다. 강변북로 가양대교의 동쪽에는 난지한강공원이 전개되고, 두 개의 학습 센터가 있다. 학습 센터는 생태 습지원, 생태 섬과 함께하는 자연 수변이 있고, 피크닉 지역, 운동 공원, 캠핑장으로 이어진다.

수변생태학습센터

수변생태학습센터는 2층 건물로 벽–바닥–지붕의 연속체 구성과 직방형 박스를 꿰어 만들었다. 전체적으로 노출 콘크리트를 기재로 하며 관망 창은 전면 유리이다. 내부에서는 한강 수변의 생태 학습 프로그램이 운영되는데 시

수변생태학습센터(좌)는 콘크리트로 바닥–벽–지붕을 연속 무한 구조처럼 한다.
한강야생탐사센터(우)는 3층의 공간이 수평, 수직, 막힘, 트임의 입체 구성이다.

한강이 품고 있던 것

민의 호응이 적극적이지는 않은 것 같다. 주변의 물가 녹지 광장 등에서 이벤트가 벌어지면 건축은 한강의 일부가 된다. 건축은 그만큼 시간과 계절을 타고 물, 바람, 빛과 동조하는 일이다.

한강야생탐사센터

역시 콘크리트 기재에 유리를 구성한 조형이지만, 수직-수평의 직각 구도로 엮었다. 그야말로 트이고 막힌 공간을 쌓는 테트리스 같은 방법이다. 난지한강공원에서 야생 탐사를 프로그램으로 한다지만 탐사거리가 제한적인 것 같다.

발전기에서 문화 발전

당인리 문화창작발전소 2022 (개관 예정) / 조민석 / 마포구 토정로 56

전기 없이는 10분도 못 견디는 사람들이 발전 시설은 혐오한다. 전기는 근대화의 맥박과 핏줄이다. 1900년 파리 박람회는 전기관Le palais de l'électricité을 짓고, 1937년 엑스포에서 뒤피Raoul Dufy는 대형 벽화 〈전기의 요정La Fée Electricité〉으로 전기 문명을 찬양했다. 전기는 꿈의 인프라였다. 1887년 한성에 처음 전깃불이 들어오고 130여 년이 되는데, 현재 우리는 전기를 공기처럼 쓴다.

1960년대만 해도 당인리는 서울의 변방이니 발전소 건설이 이상하지 않았다. 이제 우리는 산업, 생산, 에너지, 폐기 시스템을 아름답게 보지 않는다. 한국중부발전이 발전소를 현대화하려는 생각은 '혐오'되고 주변의 '결사' 반대에 부딪쳤다. '불결한 생명' 화력발전소를 지하에 숨기고, 사변이 날 때를 기다린다. 그 위에 에너지 파크와 문화창작발전소를 짓는다.

영국 템스 강변 테이트 모던Tate Modern Museum의 성공은 참으로 세계 여러 지역의 (버려진) 공간을 고무했다. 마포는 이 공간을 공공에 개방하고 복합

조선조에서는 한강변 양화진의 풍경이었으나, 당인리 발전소가 헝클고 강변북로가 지웠다.

문화 예술 공간으로 홍대 앞과 이어 보려고 한다. 가동이 중지된 발전소의 4, 5호기가 자리를 내주고 전기와 예술이 동거할 공간이 된다.

불결한 생명, 문화의 유전자 변이

당인리 발전소는 석탄을 때는 화력발전소였는데, 그 연료를 나르던 기찻길이 지금의 홍대 앞을 형성하는 기폭제가 된다. 그러나 이후 석탄 연료가 공해의 대상이 되자 가스로 대체하면서 철로는 필요 없어졌다. 철로 변 공간을 소상공인이 점유하였다가 홍대의 분위기에 편승하여 대중 예술이 자리를 굳혀 갔다. 이번에는 홍대의 대중 예술 분위기가 거꾸로 당인리 발전소를 예술 공간으로 기폭시킨다.

이 역시 서울의 모순적 발상처럼 보인다. '문화' 욕구가 발기된 마포가 홍대 앞 예술 가로를 여기까지 연장하려 한다. 여전히 왜 '홍대 앞' 상업 문화의 행태가 벌어지고 있는지 모르겠지만, 마포는 홍대 앞의 변태를 꽤 흡족해 하고 과시하고 조장하는 것 같다.

적극적인 개방에서 보안 시설과 개방 공간이 타협하여 공존인지 동거인지 시작한다. 이 불편한 동거를 중화시키는 것은 다시 한강의 바람, 안개, 물 내음, 하늘과 계절, 새이다.

아름다워지고 싶은 수상 토목

한강의 다리 / 한강의 다리 쉼터

서울에서 한강은 약 1킬로미터의 폭으로 40킬로미터를 흐른다. 서울의 남쪽 외곽을 방어하던 지리에서 이제는 강동, 송파, 광진, 강남, 성동, 서초, 용산, 동작, 영등포, 마포, 강서까지 11개의 구區를 쓰다듬는다. 한강을 가진 서울의 자긍심은 세계가 부러워한다. 그것은 동쪽의 뜨는 해와 서쪽의 낙조 사이를 흐르는 도도함이다. 그래서 여기에 시설을 하자면 신중해야 한다.

한강종합개발은 1982년에 시작되어 '위대한 강남'을 만들고, 88 서울 올림픽을 위해 다시 한번 자신을 추스를 기회를 얻는다. 호안이 강화되고 둔치는 강변 공원을 만들었다. 그 토목의 자긍심이 강남구 삼성동의 청담도로 공원에 세워졌다. '한강종합개발 기념탑'은 지난 세기의 마지막 '수직적' 모뉴멘트일 것 같다. 김세중에 의한 조각은 조국, 개발, 희망, 미래를 그리며, 전두환 전 대통령의 기념문이 새겨져 있다. 기념비에는 국가주의적 수사가 많은데, 미당 서정주가 헌시를 내리고 일중 김충현이 글씨를 새겼다.

한강변의 개발은 도시의 부가가치를 높인다. 그 와중에 각종 브랜드 아파트들의 극성으로 양화진은 어디인지 모르게 되었고, 절두산의 풍광은 강변도로가 지워 버렸다. 낮에는 멋쩍어 하다가도 야간에는 다리들이 홍등紅燈을 밝히며 퇴기退妓처럼 화장하고 나온다.

한강종합개발 기념탑

서울체

서울을 꿰매다

한강의 다리

2019년 현재 한강에는 27개의 다리가 걸려 있는데, 그 모두가 강남이 확장되는 속도에 따른다. 이미 120년을 자라 왔지만 다리가 자꾸 많아지는 물뱀은 아직도 성장 중이다.

첫 번째 한강철교는 열차 전용의 철교로 현재 4쌍이 달리는데 길이는 모두 1.1여 킬로미터이다. 1호 선로는 1900년에 미국인 제임스 모스가 시작한 것을 일본이 부설권을 이어받았다. 일제강점기인 1912년에 2호 선로가 단선으로, 1944년에 3호 선로가 복선으로 가설되었다. 세 개의 철교는 한국전쟁 때 파괴되었다가 1969년에야 복구되었다. 1994년에 4호 선로가 복선으로 만들어졌는데, 호선마다 양식에는 차이가 있으나 모두 트러스 철교로 역학적 조형이다.

한강철교가 철로 전용이었던 바에 한강대교는 인도와 자동차를 위해 1917년에 완성되었다. 한강철교가 개통되고 17년 뒤에야 인도교를 가설하는 것은 당시의 한강이 아직 시민의 생활 영역이 아니었다는 사실이다. 초기 한강대교는 한강철교의 잔여 자재로 건설하였기에 폭이 차도 4미터, 좌우 보도가 각 1미터에 불과하였다. 1925년 을축년 대홍수 때 중간 둑이 유실되어 한강변까지 연장하는 459미터의 대교량 공사를 1929년에 완성하였다. 당시 큰 홍수는 다리, 도로, 주택지를 침수시키고 한강변의 도시 구조를 바꾸었다. 그즈음 송파장이 사라졌고, 복흥촌復興村, 노량진, 새말신사동 등이 생겼다.

큰 다리, 대교

다리가 처음 몇 개 되지 않은 때에는 제1, 제2, 제3 한강교라고 하다가, 숫자가 점차 늘며 그 이름이 너무 밋밋하게 여겨졌다. 양화대교, 한남대교 등으로 이름을 바꾸고, 새로 짓는 다리 이름도 청담, 가양, 김포 등 지역 이름으로 뜻을 가졌다. 다만 여전히 이름의 습속은 대교大橋라는 크기의 콤플렉스를 버리지 못한다. 물론 중교나 소교가 아니니 대교라 할 만하다.

한강대교. 리벳 접합은 용접보다 거칠고 투박하지만, 매끈하다고 아름다운 것은 아니다.

규모를 파리 센강의 다리와 비교하면 우쭐하지만, 대신 한강은 외국의 아름다운 다리를 시샘한다. 우리나라에서 토목 구조물이 디자인에서 천대받는 이유가 있다. 1980년대까지 서울은 다리를 건너는 게 궁극적 목적이며, 교량은 대단한 비용이 드는 사회 시설이기에 최대한 경제적으로 만들어야 했다. 더군다나 이 사업을 맡는 토목 회사나 발주처는 미적 감각에서 한참 멀었다. 그러다가 1990년대 들어 한강의 다리가 도시 풍경에 들어오기 시작했다.

다리의 기술

한강교는 서울의 안과 밖을 잇는 생명의 줄기이지만, 1950년 한국전쟁 때에는 스스로를 잘라 적군을 멈칫거리게도 하였다. 그러나 황망히 후퇴한 정부가 채 못 빠져나온 시민을 뒤에 두고 끊어 버려 정치의 비겁함을 알았다. 폭격으로 타이드아치 3경간이 파괴된 것을 1957년 복구에 착수하여 1958년이 되어서야 서울에 되돌려 주었다. 그러니까 수복이 되고도 서울은 8년 동안 한강교 없이 살았다.

1979~1982년에는 폭을 20미터에서 40미터로 확장하여 철교와 쌍둥이

교량이 되었으며, 한강인도교에서 한강대교로 이름도 업그레이드 하였다. 그러고 보면 지금의 한강대교는 1920년대와 1980년대의 토목 기술이 조합된 기술사적 존재이다.

전쟁의 상처는 그렇다 치고 기술적 미숙함이 사람을 죽인 것도 아린 기억이다. 1994년 성수대교의 도괴는 32명의 목숨을 앗아갔다. 1992년 신행주대교는 모처럼 멋을 부려 콘크리트 현수懸垂 구조로 하다가 기술적 미숙으로 붕괴시킨 경험이었다.나중에 강철 현수 구조로 다시 지었다.

다리의 사회적 의미

한강은 '반만년 역사, 고달파 큰 바다로 쉬러 간다.' 무엇이 한강을 고달프게 하나. 한강은 백제와 고구려, 고려와 몽골, 조선과 왜, 한국동란에서 너무 많은 피와 섞였다.

사람들은 한강으로 서울에 '온다'. 기차가 한강철교를 넘으면서 철도의 투덕거리는 리듬이 들리면 서울에 든다는 신호이다. 남쪽으로부터 고속도로를 타고 들어와도 한강과 만나야 서울이 확실해진다. 조정래의 소설『한강』에서 도시 유입민들이 건너는 다리는 희망과 두려움의 전입 절차였다.

지상과 하늘의 또 다른 경계, 다리에는 사연이 많다. 특히 끊이지 않는 투신자살은 대책이 없다. 마포대교는 아주 구체적인 자살 방지의 행태 디자인을 추가하였다. 문학적 메시지가 회유하며, 사람의 조각을 설치하고, 기어오를 수 없도록 난간을 높였다. 뭔가를 방지한다는 일련의 시설을 보면, 한강은 생사의 경계를 그리는 과장된 연극적 장소 같다. 왜 한강이 이 지경이 되었나. 신선이 놀고仙遊, 방화傍花로 꽃이 만발하고, 버들과 꽃楊花이 흐드러지며, 동작銅雀이 있고, 맑은 못淸潭을 끼고, 오리와 갈매기가 놀던鴨鷗亭 곳은 모두 사라지고 현대의 서울에서는 이상해졌다.

다리의 각선미

한강에서 교량은 피할 수 없는 일상의 시각적 대상이 된다. 그러나 지난 시기의 건설이 지배하는 경제적 합리주의는 이른바 패스트 트랙이라고 하여 설계와 시공을 병행한다. 이 거대 스케일의 디자인은 원천적으로 역학적 거동을 왜곡시키지 않는 조형, 합목적성으로 얻는 건강한 조형이어야 한다. 가끔 시민들은 왜 서울의 다리는 아름답지 않느냐고 핀잔을 한다.

주각의 거리를 늘려 사장교 또는 현수교 등의 특수한 공법을 구사할 때 특별한 조형도 얻어진다. 주각을 세우고 수평보를 얹어 교량 판을 덮는 포스트-린텔post and lintel 구조로는 조형이 나오지 않는다. 그런데 1960년대부터 일정 간격의 단순한 구조를 선호했다. 물론 값싸게 짓는 '매력'도 있지만, 전쟁으로 파괴되어도 쉽게 복구할 수 있는 단순 구조를 선호했다는 것이다. 한국전쟁이 심어 준 트라우마이다.

교량은 수평재와 아치가 힘을 합쳐 하중에 대응하는데 이 부담 비율이 문제이다. 동작대교는 수평재가 너무 무겁고 아치의 선은 너무 가볍다. 수중에서 벌어지는 교각 공사도 어려운데, 이왕 만드는 교각 위에 2층의 교량을 만드는 것은 합리적인 생각이다. 반포대교는 잠수교를 함께하고, 청담대교는 지하철과 차량 교량을 2층으로 하였다. 잠수교는 경제적이며 합리적인 대안으로 보이는데, 선박의 통과를 위해 들어 올린 중간 구간을 타면 시각의 율동이 흥미롭다.

동작대교는 한강대교와 비슷한 조형이지만 강재의 발전으로 부재가 가늘어졌다. 그래서 좀 가볍다는 인상이다.

성산대교

성산대교의 디자인이 현상설계의 결과로 소개될 때 그 가짜 조

성산대교는 전형적인 아치교 모습이지만, 양쪽 아치 판이 그 역학적 거동을 과장한다. 올림픽대교는 4개의 주각이 모여 성화대 같은 모양을 만들고, 그 위에 스테인리스 스틸의 성화 상징을 올려놓았다.

형에 아연실색하였다. 나중에 알았지만 디자인에 미술가가 참여한 것이다. 연속 아치는 구조체가 아니고, 아치 판은 반역학적이며 난간을 크게 부풀린 장식물에 지나지 않는다. 이 연속 아치는 오히려 주각에 하중만 부담시킨다. 서울은 처음 그렇게 해서 아름다운 다리를 만든다고 생각했다.

올림픽대교

올림픽대교는 4개의 중앙 주각이 하늘에서 모아져 성화대 같은 모양을 만든다. 그러나 그의 원래 임무는 남북 두 방향의 케이블을 인장하는 것이다. 올림픽대교는 1985년에 착공하여 1990년에 준공하는데 4개의 주탑 높이가 올림픽을 상징하는 88미터란다. 서울시는 주각 위에 상징 장식을 올려놓자는 (쓸데없는) 생각을 했다. 허접스러운 상징 욕구는 스테인리스 스틸 더미의 장식물을 올려놓는 작업으로 이어졌다. 한강도 그 조형물을 거부했는데 그 거부가 너무 과격했다. 고공 설치를 위해 동원된 육군 헬리콥터가 급작스런 하강기류로 구조물에 부딪쳐 추락하고 조종사 등 3명이 죽었다. 지금도 이 금속 장식은 조명을 받아 '올림픽 성화' 같이 뽐낸다.

서강대교

서강대교는 밤섬 위에 걸려 있다. 아치가 교각 거리를 넓힌다.

서강대교는 밤섬 위에 큰 붉은 아치를 걸고 마포와 여의도를 연결한다. 성질이 매우 까다로운 철새들이 쉬는 밤섬에 다리를 놓기는 하지만, 조심스러운 일이다. 그러니까 이 다리는 생태 안정과 도시 교통이라는 모순 속에 건설된 것이다.

   한강의 다리는 대형 선박의 유통을 위해 최소 2구간은 주각柱脚 거리를 장스팬으로 하여야 한다. 서강대교는 밤섬에 걸린 주각을 벌리고, 아치 현수로 하였다. 원래는 아치 양쪽 면을 차음 구조로 싸기로 했는데, 효과가 없다고 보았는지 공사비 때문인지 그만두었다.

   한강의 다리 중에서 정작 아름다운 다리는 샛강에서 만날 수 있다. 그만한 스케일에서라면, 파리의 퐁네프나 프라하의 고전적 조각의 다리, 라파엘 비뇰리Rafael Viñoly의 기술 미학 등과 어깨를 겨누겠다.

선유교
양평동에서 선유도로 유도하는 선유교는 날렵한 단면으로 하늘을 가로지른

서울체

다. 그 멋만이 아니라 슈퍼 콘크리트의 기술도 알아봐 줄 일이다.

현대의 구조 재료라 해도 철강은 6,000kg/cm²이고, 콘크리트는 300~800 kg/cm²의 힘을 쓴다. 선유교를 만든 프랑스의 라파즈Lafarge는 콘크리트 개발에 특성화된 국제 회사이다. 초강력 콘크리트 '닥틸'은 일반 콘크리트의 절반의 양으로 6배의 강도를 발휘한다. 즉 3,000~4,000kg/cm²로, 나노 콘크리트의 기술이다.

여의도 샛강생태공원 문화다리

샛강생태공원은 1997년에 조성을 시작하여 2011년에야 여의도를 둘러싼다. 여의도와 영등포 사이에 만들어진 생태공원은 영등포에서의 접근이 강변의 노들로로 끊어진다. 그래서 신길동신길역과 여의도동윤중로 사이에 보행 다리를 만들었다. 폭은 4.5미터, 길이는 354미터인데, 지주를 최소한도로 하기 위해 긴 스팬의 역학적 거동을 조형으로 이끌었다. 우리는 6분 남짓한 거리이지만 구조의 아름다움 위를 걷는다.

이러한 현수 구조는 인장引張, tension의 역학이다. 떠받치는 것보다 잡아당기는 힘으로 교량 판을 만든다. 그래서 사장교斜張橋라고도 한다. 잡아당기는 힘은 각도가 높을수록 유리하기에 지주가 높이 치솟는다. 교각 높이 14~18미터 위에 지주 높이가 39미터인데, 상단의 강케이블을 접합하는 부위는 힘이 많이 모이기에 배가 불려졌다.

만약 잡아당겨야 할 앞뒤가 대칭이라면 지주는 수직이 되지만, 여기에서는 교량 판을 S자로 구부리기 위해 비대칭이 되었다. 교량 좌-우에 엇갈려 놓은 지주는 잡아당길 힘의 반대 방향으로 몸을 기울이는데, 이는 우리가 노를 저을 때 몸을 젖히는 것과 같다. 이렇게 두 개의 지주로 샛강을 가로지르며 신길동 쪽의 사람과 여의도 쪽의 사람을 한강공원에 내려놓는다.

이러한 철골 공법은 현장 시공을 최소화하기에 주변에 소음과 먼지의 피해를 줄일 수 있다. 다만 이러한 구조는 바람에 견디는 역학이 특별하여야 한다. 교량 주변에서 바람이 와류를 일으키거나 케이블 진동이 누적될 때, 비

선유교는 프랑스의 콘크리트 전문 회사 라파즈의 초강력 콘크리트로 가볍게 아크를 그린다.
다리는 프랑스 건축가 루디 리치오티Rudy Ricciotti의 설계이다.
여의도 샛강생태공원 문화다리는 사장교의 다이내믹한 몸짓을 보여 준다.
S지 평면의 다리는 곡선으로 건너는 행위와 주탑의 긴장감과 케이블들이 3차원의 리듬을 만든다.

서울체

대칭 단면에 의한 공기력의 차이 즉 갤로핑galloping에 대응하는 기술이 필요하다. 여기에서는 부챗살처럼 배치한 케이블이 탄력적으로 감당한다. 기울어진 주탑에 달린 부챗살은 입체적 곡면으로, 아마 교량을 건너면서 변이하는 시점에 따라 다채로운 율동을 만들 것이다.

교량 판을 목재말라스로 하는 것은 최선의 보행감을 위한 선택이지만 관리에 자신감을 필요로 한다. 이용 시간대가 24시간임에 야간 조명도 강조된다. 주탑과 케이블이 어둠 속에 빛나고 교량 판을 비추는 발광 다이오드LED가 밤을 조형한다.

강 위의 산책

한강의 다리 쉼터

한강에는 한강공원으로 드나드는 나들목이 34개 있다. 그동안 도시 시설의 관리가 그러했듯이 토끼굴 같다고 폄하되던 터널을 일제히 개수하였다. 개수는 큰 구조 변화 없이 단순히 마감 재료의 변화만으로도 화사해지는 것을 알게 한다. 현석, 구암, 신반포, 성산, 풍납, 당산, 고덕, 난지도, 금호, 암사, 서초, 마포, 여의도, 잠실, 잠원, 압구정 나들목 등이 다시 만들어졌다.

한강공원은 강변 교통 구조 때문에 접근성이 문제였지만, 강은 시민을 모으고 친수 휴식을 제공했다. 그러다가 조금 세게 나간 '세빛섬'은 서울시가 수익형 민자 사업BTO으로 만든 인공 섬이었다. 2006년 시민의 제안을 받아 시작한, 구조물을 한강에 띄운다는 생각은 너무 순진했나, 괜히 만들었다.

그렇게 한강을 친수 공간으로 만들기 위한 한강 르네상스는 오세훈 시장 때 정치적 생명을 걸고 시작되었다. 수변 공원이 시설을 갖추고 다리 위에도 쉼터를 만들었다. 다리橋를 걷다 보면 (걸어서 건넌다는 게 문제이지만) 그 거대 스케일 때문에 무리하는 다리脚가 쉬는 곳이 여럿 생겼다.

양화대교 전망 카페 선유/양화는 두 카페 모두 한강공원에서 종이학을 닮은 리프트를 타고 올라간다.
다리의 길이 방향으로 건축된 카페는 어떤 작위적인 포즈를 취하지 않아 편안하다.
'선유'는 선유도를 전망하고 '양화'는 여의도를 바라본다.

광진교 8번가. 다리 밑 카페의 아이디어는 양쪽이 함께하자는 뜻이다.

노들견우카페/노들직녀카페는 한강대교 북단에서 원통형 엘리베이터 샤프트를 지주로 하고 두 방향으로 캔틸레버가 가능한 길이로 돌출 공간을 만들었다. 동쪽 견우와 서쪽 직녀는 같은 형태이지만, 견우는 남동쪽 이촌동과 흑석동을 보고, 직녀는 서북쪽 용산과 한강철교를 본다. 그렇게 동적 대칭으로 팔을 벌리고 있지만, 서로 조우하면 휘돌 모양이다. 한강공원 레벨에 주차장이 있고 교량 레벨에는 버스 정류장이 있다. 카페보다 버스 쉘터가 더 멋있다.
구름카페/노을카페는 동작대교 동쪽과 서쪽에 대칭으로 배치했다. 엘리베이터로 접근하며 3~5층까지 3개 층과 야외 전망대가 있다. 교량 위에 자동차 주차장을 가진 유일한 전망 쉼터이다.

한동안 검문소가 있던 자리이니 이 건조물들을 보고 흠칫 놀랄 때가 있다. 다리 위 카페는 세련되지 못한 교량의 디자인을 보족하는 뜻이 있을 것이고, 다리로 보행자를 유도하기 위한 것일 것이다. 다리에서 보는 서울은 새삼스럽기도 하지만, 서울이 자꾸 장소를 찾다가 보니까 이렇게 된 것 같다.

05

자본·도시·강남

한남대로 3형제, 건축의 표층 언어

압구정에 바람 부는 날

강남에서 건축 문화하기

1970년 시작된 강남의 개발은 아파트 단지 건설과 함께한다. 서울 사람들도 강남 개발의 진의를 이해하지 못하자, 주택공사는 1971년 반포아파트의 청사진을 내놓았다. 지금으로서는 말도 되지 않는 5층 높이에 용적률 127퍼센트로 근대적 도시의 삶을 약속했지만, 소구력이 곧 따르는 것은 아니었다. 당시 신문 광고와 세일 선전으로 판매할 수 있었다.

그러나 그 후 강북의 '고등학교 강남 이전'이라는 마약 처방으로 부동산 경제를 부추겼다. 그러면서 자연히 부동산 경제는 졸부건 흥부건 자본의 세력을 만들고 삶의 색깔도 새롭게 물들였다. 나이의 편차만큼 강북은 늙었고 강남은 젊지만, 강북은 수많은 병란을 겪었고 고된 근대화를 온 몸으로 견뎌냈다. 아무리 그래도 젊음은 늙음을 따돌리고 늙음은 젊음이 부럽다.

한국의 총인구 50퍼센트가 수도권에 사는 현상도 자본의 자석 효과이다. 서울 25개 자치구 중 재정 자립도의 편차는 최대 3배이다. 2018년 기준으로 강남의 대표인 서초구는 53.4퍼센트, 강남구는 53.3퍼센트인데 반해, 강북의 동대문구는 23.8퍼센트, 북동의 구석 강북구는 17.6퍼센트, 그리고 노원구는 15.6퍼센트로 만년 꼴찌이다. 삶의 질이라는 게 소득만이 아닐 것인데, 강북구가 가지고 있는 북한산이라든지, 관악구가 가진 서울대학교라든지, 마포구가 가진 양화진은 가치에 포함하지 않는가.

서울은 꽤 여러 번 수도를 옮기는 천도 계획을 세웠고, 박정희 시대에 행정도시 이전을 추진하였다가 시해 사건으로 폐기하였다. 2012년 세종특별자치시가 구현되었고, 서울의 상당한 권세가 흘러나갔다. 그래도 서울이 가지고 있는 '너무 많은 것들' 중에서 내보낼 것은 여전히 너무 많다.

자본의 욕망이 지배적인 의사권자일 때 건축 문화는 가능한가. 차라리 '나무에 올라 물고기를 구하지'. 그러나 차츰 자본도 디자인의 상생 원리를 알아차리고 서울의 얼굴 아래를 단장해갔다. 특히 젊은 건축가들의 (비록 중소규모이지만) 건축 정서가 강남의 게으른 환경을 타이른다.

한남대로 3형제, 건축의 표층 언어
꼰벤뚜알프란치스코수도회 교육관 / 일신홀 / 핸즈코퍼레이션 사옥

강북의 남쪽 끄트머리, 남산을 뚫고 나온 삼일대로가 한남대로로 이름을 바꾸고 행로는 한강을 앞에 두고 숨을 고른다. 단국대학교가 큰 거점이었고, 외국 공관이 있으나 큰 특징이 없는 주거지였다. 단국대학교가 수원으로 이전하고 난 후 이 동네는 한동안 적요했다. 대학이 아파트 단지가 되고 나서도 큰길은 이렇다 할 장면을 만들지 못했다.

한남대교에서 들어와 장충동으로 넘어가기 전, 한남대로에 우연히 한국 현대건축의 3세대가 나란히 있다. 강석원의 꼰벤뚜알 프란치스코 수도회 교육관1992-우시용의 일신홀2010-김찬중의 핸즈코퍼레이션 사옥2014 순서이다. 한남대교를 건너려는 엄청난 속도의 도시 흐름을 앞에 두고 세 얼굴이 나란한데, 마치 한국 현대건축 20년 사이의 연대기를 보는 듯하다.

맏형인 강석원의 수도회 건물은 한남대로에 면하지만, 내향적인 기능 때문에 밖으로는 닫혀 있다. 그러나 곡면, 적벽돌 재료, 녹색이 엮어진 구성적 조형을 본다. 둘째인 우시용의 일신홀은 유리의 격자창으로 외관을 짜면서 단조롭지만 유리의 물질성이 강렬하다. 그 틀 안에는 그가 공간건축에서 익힌 접근 공간, 내부 공간이 다이내믹하다. 막내인 김찬중의 핸즈코퍼레이션 사옥은 앞의 두 형들의 기하학적 조형과 달리 표장을 3차 곡면으로 한다.

무엇이 이러한 조형 의식의 차이를 만드는지가 관심인데, 얼마나 더 자유로워졌는지, 얼마나 새로운지, 궁극적으로는 얼마나 더 차이의 가치가 있는지이다.

낭만 시대

꼰벤뚜알프란치스코수도회 교육관 1992 / 강석원 / 용산구 한남대로 90

꼰벤뚜알 프란치스코 수도회는 1209년 아시시의 성 프란치스코San Francesco d'Assisi, 1181~1226와 그의 동료들에 의해 설립되었다. 성 프란치스코는 교회의 쇄신을 위해 청빈 운동으로 많은 이들과 작은 형제들의 삶을 감화시켜 왔다.

수도원은 워낙 폐쇄적인 공간이지만, 도시 간선도로변에 위치하면서도 완강히 닫는다. 수행을 위한 종교 시설로서는 열어 놓을 이유가 없다. 그의 성격에 비해 교육관의 외관은 도시적이다. 그러니까 내용과 외형이 모순의 관계로 보인다.

파사드를 과시하는 큰 곡률의 커튼월이 3층에 이르는데, 좌우대칭이며 색조는 녹색과 적색의 보색 관계이다. 이 전면의 조형이 수도원의 기호일리는 없다. 커튼월은 6개의 녹색 띠를 둘렀지만, 내용은 2개 층이다. 전면 건물인 안토니오 교육관 뒤로 꼰벤뚜알 프란치스코 수도원, 피정의 집, 국제성당 등을 구성한다.

맏형인 꼰벤뚜알 프란치스코 수도회 교육관은 모던하지만 보수적이다. 한남대로에 직면하여 유리와 벽돌과 녹색 띠로 파사드를 만들었다.

모던 시대

일신홀 2010 / 우시용 / 용산구 한남대로 98

한국의 현대건축 중에서 일신그룹의 건축을 여럿 만날 수 있다. 여의도 일신빌딩1991, 윤승중, 영등포구 은행로 11도 그렇고, 뒤에 소개될 숭실대학교의 재단도 일신그룹이다.

일신방직 김영호 회장은 그 자신이 현대미술 컬렉터이고 음악 애호가이다. 일신홀은 순수하게 미술과 음악의 예술관으로서 프로그램인데, 중규모 예술 시설로서 격조가 높다. 미술관은 자체 컬렉션으로 상설 전시가 있고, 음악당은 최고의 음향 성능을 갖추고 고전-현대 음악을 프로그램으로 한다.

건축가는 일찍이 공간건축에서 김수근을 사사하며 건축을 익힌 우시용으로, 단순하지만 명쾌한 조형이다. 큰 입면을 감싸는 격자형 패턴의 외관은 속도가 빠른 전면 도로에서 인상을 포착하기에 충분하다. 1층의 상당한 부분을 필로티 공간으로 하고 조각을 전시하였다. 미술을 가로에 개방하는 도시 미술관으로서의 생각이다.

둘째인 일신홀은 유리와 철강만으로 레이트모더니즘을 만들었다. 그 내부 역시 맑고 경쾌하지만 차갑다.

감각 시대

핸즈코퍼레이션 사옥 2014 / 김찬중 / 용산구 한남대로 104

건물 앞을 흐르는 큰길은 교통 체증으로 악명이 높은 도로이다. 차 안에 갇힌 사람들은 마냥 지루한데, 김찬중은 위트와 재미를 즐긴다. 한남대로를 지나는 사람들에게 가로의 건축은 고답적 조형보다는 시각적 흥미가 더 좋다고 생각한다.

더군다나 이 건축은 '도전하는 기업'의 사옥이다. 진취적인 경영 문화를 가진 중견 기업 핸즈코퍼레이션이 김찬중에게 주문한 설계는 '어디에도 없는 디자인'이었다. 아마 건축주는 김찬중의 실험적인 조형을 눈여겨보아 온 모양이다. 보통 설계자들은 자신의 디자인을 건축주에게 설득하느라고 전전긍긍하지만, 이번에는 건축주의 도발을 설계자가 진정시키느라고 곤혹스러웠단다. 건축가는 무려 40여 개의 대안을 만들어 비교 선택을 했다고 한다.

율동하는 비정형을 형태로 만들기 위해 컴퓨터 응용프로그램의 의존이 불가피하지만, 의외로 수공이 많이 들었다. 터구조의 설계와 건안산업 시공의 공이 크다.

표장을 분리해 내는 김찬중의 디자인을 보면 조각가 곽인식의 화두 '물질은 표면이다'가 꼬리를 물고 온다. 내용의 본질은 겉에서부터 시작한다고 보는 것이다. 겉과 속이 한통인데, 밖과 안의 대응이 달라지니 같은 것이지만 겉은 안과 같지 않다. 김찬중의 건축에서 속은 업무의 '합리적'인 정연함을 취하는 사무소 평면으로도 괜찮다. 그러나 표장은 건축 주제의 표층 언어로 작동한다. 그의 조형은 '한 번만 그 때문에 있는 것'이어서 통념적일 수 없다.

콘크리트 틀은 16개의 모듈 4,925×3,750mm 유닛으로 디자인되고 이들의 연속 조합이 파동치는 입체 조형을 만든다. 이 전면 발코니는 건축 볼륨을 부풀리는 효과가 있다. 그러면서 백색의 파동 면은 안의 유리 면과 대비되며 빛을 받는 비늘인데, 서향하는 건물이니까 아마 정오에서 석양까지 햇빛의 거동을 받아 내며 시간에 따라 표정을 바꿔갈 것이다.

막내인 핸즈코퍼레이션 사옥은 비정형 조형으로 한남대로 삼 형제 중 가장 진취적이다.

16개의 모듈 유닛으로 율동하는 비정형의 파사드. 율동하는 표면 안으로 깊이가 있는 발코니가 그림자를 춤추게 한다.

서울체

압구정에 바람 부는 날

갤러리아백화점 명품관 서관 / 청담동 부티크 가로 / 이상봉타워

압구정동은 체제가 만들어낸 욕망의 통조림 공장이다
국화빵 기계다 지하철 자동 개찰구다 어디 한번 그 투입구에
당신을 넣어보라 당신의 와꾸를 디밀어보라 예컨대 나를 포함한 소설
가 박상우나
시인 함민복 같은 와꾸로는 당장은 곤란하다 넣자마자 띠 ----- 소
리와 함께
거부 반응을 일으킨다 ······

_ 유하 / '욕망의 통조림 또는 묘지'

유하의 시 「바람부는 날이면 압구정동에 가야 한다」의 필연의 이유는 역설이다. 욕망, 소비, 섹스, 물신의 이 공간에 한번 빠지면 헤어나기 어렵다. 유하는 그 공간을 이렇게 본다.

자연이 '비어 있음'의 공간이라면, 도시는 하나의 '채움'의 자리이다. 인간의 욕망은 허虛를 보존하는 쪽보다는 허를 채우는 쪽으로 움직인다. 그 '채움'의 욕망 때문에 드러나는 결과가 '막힘'이다. 차가 막히고 사람이 막히고 숨이 막히고 하수구가 막힌다. 그 '막힘'의 결과가 '넘침'이다. 인간이 채움의 욕망을 제어하지 않는 이상 대홍수는 계속 일어날 것이다. 넘친다는 것은 지구의 절멸을 의미한다. _ 유하, 문학과 지성사, 1991

그의 시가 다분히 은유적인데 비해, 영화 '바람부는 날이면 압구정동에 가

야 한다'는 너무 직설적이다. 소품 영화를 만드는 순진한 홍학표는 압구정동이라는 매혹의 세계로 빠져든다. 어느 날 여주인공을 캐스팅하다가 만난 여자 모델 엄정화에 연정을 느끼지만 그녀의 반응은 시원치 않다. 그러다가 그녀는 곧 CF 지도를 하는 최민수에게 빠져버린다. 그 둘의 관계를 짐작한 홍학표는 물신이 지배하는 도시에 환멸을 느끼고 귀향한다. 여하튼 현대 '소인'들이 압구정을 보는 부정적 시선이다.

이 동네에 하이패션의 가로가 만들어지며, 고급 '명품'은 별종의 행세를 하였다. 자본이 모이면 소비가 생기는데 일상의 차원을 벗어나면서 명품을 찾는다. 이 유명 품목들은 구미歐美 상품이기에 이름값이 심하다. 청담동 초기에 구찌, 아르마니, 미쏘니, 루이비통, 캘빈클라인 등이 명품 가로를 형성하고, 불경기 탓에 한동안 뜸하는 듯하다가, 새로운 브랜드들이 명품의 라인업을 만들며 패션 가로를 확장하였다.

한편 이 공간에는 패션만으로 채워지지 않는 문화 욕망이 있었는데, 예술 중에서 미술이 그중 쉽다. 음악은 비교적 어렵고, 공연은 시간-장소가 기회적이다. 반면 미술은 소장하면 자산도 된다. 사설 갤러리가 싣고 온 예술이 미술의 동산動産 시장으로 자리하였다.

반짝이 스팽글 패션

갤러리아백화점 명품관 서관 2004 / 벤 판 베르켈 / 강남구 압구정로 343

갤러리아백화점 명품관은 서관WEST과 동관EAST 두 건물이 있는데, 동관은 서구 고전적이고 서관은 전자 옷을 입어 하이패션하다. 원래 백화점은 덩치만 큰 덩어리였다. 볼륨은 손대지 않고 표장만 바꾼 개조가 지금의 모습이다.

비늘모두 4,330개로 옷을 해 입는 것은 물고기에게 배운 것인데, 건물은 고정태固定態이니 옷 입히기가 더 쉽다. 갤러리아 서관은 자기가 입을 옷을 좀 더 인상적이게 하기 위해 빛으로 현상한다. 밤의 인상은 LED의 연출로 낮에 반전한다. 옷으로 보면 스팽글spangle 패션인데, 점잖은 사람이 입는 옷은 아니다.

전자 패션은 일종의 프로그램된 옷으로 신소재이다. 전자적인 옷은 비록 2차원이지만, 색조와 패턴과 동적 속성을 갖는다. 전자 옷은 패턴의 변용이 쉽기 때문에 패션 대상의 건축으로는 흔쾌할 만하다. 자유롭고도 다채로운 디자인의 유엔 스튜디오의 감각주의에 비하면 게으른 디자인이지만, 상업주

갤러리아백화점 명품관 서관은 전자 옷을 입고 자본 몰이를 한다.

자본·도시·강남

의에서 효과는 크다. 최근에는 대기 상태에 따라 표면 패턴과 색조가 변하는데, 미세먼지 농도가 81$\mu g/m^3$ 이상의 '나쁨' 수준일 때는 붉은 색이 되고 경보를 형상하는 미디어아트로 전환된다.

하이패션의 줄기

청담동 부티크 가로

강남구 압구정로 '청담동 명품 거리', 그것을 '서울의 국제성'으로 보아야 하는지 '서울의 강남성'이라 해야 할지는 잘 모르겠다. 그 미숙한 도시 문화 속에 하이패션의 줄기가 성장한다. 아직도 국산 명품의 명함이 미약하니 유럽세가 지배적이다. 일본 도쿄 오모테산도表參道의 명품 건축들이 생각나는데, 청담동 명품 가로의 건축은 실험적이기보다는 치장술에 열심이다.

여하튼 '명품'의 전형성은 몸짓이 장황하고, 옷을 잘 차려입고, 표현은 마니에리스모manierismo이다. 건축보다도 실내디자인과 디스플레이가 중요할 것이다. 대체로 패션 산업체 내부의 디자인 역량이 넓기 때문에 건축은 물론 전체 디자인 통합을 장악한다. 패션 산업의 양태처럼 건축이나 디자인은 지속적이지 않고 개조의 회전이 빠르다. 패션은 마음이 급하다.

하이패션에 대해서 깊은 지식이 없지만, 서울의 건축을 통해 보면 다음과 같은 것들이다.

루이비통 메종 서울

프랑스의 패션 업체 루이비통이 한국에 진출하며 청담동에 마련한 점포는 세계 여러 나라에 개설하는 글로벌 스토어의 개념과 통합 디자인의 매뉴얼로 구현한 것이다. 건축은 리노베이션으로, 상업 디자인의 개념이 건축의 전모를 재생시켰다.

프랭크 게리가 디자인하여 2019년 청담동에 오픈한 루이비통 메종 서울.
전형적인 상업건축의 마니에리스모이다.

자본·도시·강남

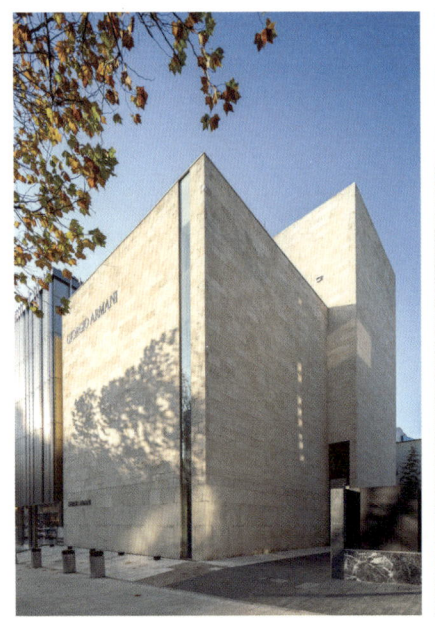

조르지오 아르마니 청담점은 개조 후 더욱 미니멀해졌다.
하우스 오브 디오르의 춤사위가 현란하다.

버버리 서울 플래그십 스토어는 고유의 체크 패턴을 차용했다.
지방시 청담 플래그십 스토어 등 명품 가로의 건물은 옷을 해 입히는 것으로 디자인한다.

전면을 이루는 파사드는 두 겹의 레이어로 되어 있다. 겉옷이 스테인리스 스틸의 실로 짠 메탈metal fabric이며, 속옷은 기존 건물의 타일을 격자로 감싼 패턴이다. 두 레이어는 약 1미터의 간극을 두고 있어, 낮에는 시스루의 패브릭을 통해 내용이 비쳐지며 밤에는 반전된다. 특히 메탈 패브릭이 바람에 진동하는 미묘한 율동이 섬유질이다. 그래서 전체적으로는 미니멀하지만, 현상을 동반하는 파사드의 표정이 풍부하다. 다만 건축의 미적 의지는 좋은 겉옷을 입고 나서는 것뿐이다.

조르지오 아르마니 청담점

이탈리아 브랜드로 흑-백-회색의 무채색조가 지배적이지만, 여성복에서는 여성성을 표현하는 데 남다른 감각을 가지고 있다. 담채와 중성 색조가 주조이며, 원색을 쓰는 경우는 극히 제한된다. 남성복은 청장년층의 연령 세대를 넘어서지 않고, 장식이 제거된 단순함을 기조로 한다. G.아르마니의 자존심처럼 독립 건물을 신축하는 조건으로 신세계를 통하여 한국에 진출하였다.

처음 건축은 김원이 설계하였는데, 지금은 개축된 것이다. 건축은 안으로 깊은 장방형의 대지에 크고 작은 정방형의 부분으로 평면을 짠다. 이러한 정방형의 도형성은 김원의 항성이었다. 입체의 조형도 그렇고 펀칭 창의 패턴도 그렇다. 전체적으로 미니멀하지만 인도산 샌드스톤이라는 재료가 갖는 종류의 단단함이 지배했다.

1998년 김원의 조형은 G.아르마니의 통합 디자인 개념으로 내-외장이 개조되었다. 가로 쪽의 창이 제거되고, 인도석의 질감만 남기고 모두 지워졌다. 실내와 디스플레이 역시 건축의 속성과 일치한다. 샌드스톤과 흑단黑檀만으로 제한하는 재료와 방형方形의 패턴, 그리고 묵중한 분위기가 브랜드 이미지이다.

청담동의 부티크들이 건축 문화에 투자할 생각이 없는 것은 고객의 관심이 제품과 그를 포장하는 디스플레이를 넘지 않기 때문이다. 그래서 건축은 대부분 안에서 시작하고 안에서 끝난다. 하이패션의 건축이 내부 디스플레이와 서비스 질만으로 계층 문화를 장악할 수 있기 때문이다.

버버리 서울 플래그십 스토어
원래 보수적이었던 남녀 옷과 액세서리가 디자인의 영역을 확장하고 있다. 초기에는 타탄 체크 패턴을 항상성으로 했으나, 요즈음에는 변용이 넓어졌다.

　버버리 플래그십 스토어는 지하 1층부터 지상 5층을 연결하는 입체적인 계단이 인상적이다. 그리스 대리석으로 만든 계단은 복잡하지만 규칙적인 입체상에 빛이 투영되며 이 역시 패턴을 직조한다. 외관의 인상은 매스를 사각으로 쳐내며 사선제한에 대응한다. 형태는 우직하지만, 투각된 메탈 스크린에 양각과 텍스쳐로 새겨 삽입한 LED 조명으로 저녁 시간이면 금빛 체크 패턴이 건물 전체를 감싼다. 버버리의 언어이다.

지방시 청담 플래그십 스토어
용적만큼 반듯한 입방체를 만들고, 표면 질감을 특별히 했다. 중앙이 원뿔로 돌기한 금속판을 만들어 이어 대니 하늘, 주변, 땅의 이미지들이 표면에 맺힌다. 이러한 인상은 들여다보아야 전해지지만, 전체적인 느낌은 반건축적이다. 다시 말해 특별한 포장지를 입고 있는 빌딩이었다. 지방시는 철수하고 매물로 나왔다.

　비슷한 계급과 경제와 문화적 속성끼리 '상호적'으로 산다. 물리적으로 배척하는 것은 아니지만, 생태적으로 이종移種이 끼어들기가 쉽지 않기 때문에 방어적이다. 비슷한 것끼리 주고받는 서로의 영향은 시너지 효과를 발휘하며 이 방어성과 상호성은 결국 하나의 이해가 아니다. 도시에서는 그렇게 '끼리'의 장소를 만드는 메커니즘이 있어 구조된 모습이 결국 하나의 문화적 풍경을 만든다. 청담동은 인접한 로데오와 차별하기 위하여 일종의 맥락을 단단히 한다. 포스트모더니즘을 겪은 시기에 청담동을 장악했던 기괴한 건

0914 플래그십 스토어는 한국의 핸드백 산업에서 럭셔리 브랜드를 자처한다.
설화수 플래그십 스토어는 토착적인 재료와 요소들로 주변의 해외 브랜드들과 구분한다.

축 조형과도 차별한다.

    도산공원 앞에도 미묘한 표면 질료와 통합 디자인된 건물로서 돋보이는 두 개의 플래그십 스토어가 있다. 0914 플래그십 스토어는 볼륨을 큰 입방체로 묶고 그 안에 집적된 집의 패턴을 만들었다. '집 안의 집 위의 집' 같은 패턴이다. 설화수 플래그십 스토어는 일반적인 화장상의 가벼움보다는 중후한 고전성을 제주석의 입방체로 말한다. 다만 금색의 가는 철봉으로 큐브를 만들어 공중에 삽입하니 무거움과 가벼움, 중성성과 황금성이 합해진다.

몽유도원도

이상봉타워 2018 / 장윤규, 신창훈 + 한길환
/ 강남구 도산대로 451

대지는 도산대로를 전면에 두어 그의 조형이 잘 드러나는 위치이다. 왼쪽서쪽은 고층의 신세계에 기대어 있고, 오른쪽동쪽은 6층 저층이 이웃하여 측면을 노출한다. 건축의 조형은 남쪽의 파사드에 있지만, 동쪽에 노출된 측면도 그냥 두지 않는다.

프로그램은 패션 회사의 본부, 컬렉션, 아트 갤러리 등 패션 문화의 복합 공간으로, 지상 3~8층은 디자인에 특화된 사무실 공간이고, 9~13층은 도시 생활에 친화된 오피스텔이다. 14~15층은 복합 문화 공간인데, 패션쇼, 음악회, 창작 발표회 등 여러 프로그램을 받아들이며, 일부를 복층으로 하여 청담동의 하늘 공간으로 트인다.

좁은 대지에 안으로 깊은 직방형 평면의 왼쪽에 코어를 밀어 넣고 오른쪽을 기능 공간으로 하였다. 먼저 층별 프로그램 설명이 장황했듯이 오른쪽의 공간을 자유롭게 하기 위한 구도이다. 9층 밑에서 트랜스 거더trans girder를 형성하여 그 상부부터 달라지는 오피스텔의 구조 모듈을 받아 낸다.

건축과 패션

청담동 일원이 '명품 가로'가 된 지 한 25년이 되었나 보다. 패션 명품이면 당연히 구미의 브랜드들이다. 한국 브랜드는 홈그라운드에도 불구하고 끼어들기가 어려웠다. 이 사이에 한국 브랜드가, 그것도 한복 스페셜티가 치고 들어온 것이다. 이상봉의 패션 미학은 몇 가지 이미저리로 기억된다. 한복의 현대적 전이, 백색 기저의 모노크롬, 한국적 패턴화 등이다.

467제곱미터140평 대지에 767퍼센트의 용적률로 15층을 쌓아, 자연히 세장해진 수직비의 입면에 수직적 파동을 넣었다. 그것은 누구라도 흰 빨래의 너울거림, 저고리 배래선의 군무群舞를 연상할 것이다. 그렇게 해서 한복의 이미저리로서 그리드로 장악된 주변과 대립하는 인상을 결정짓는다. 30개의 수직 씨줄은 굽이치며 치솟거나 흘러내린다. 선의 디테일을 보면 ㄷ자 모양

왼쪽은 고층 건물에 기대지만 오른쪽은 노출되기에 창의 구성을 활발히 하였다.
백색 너울로 흘러내리는 파사드는 한복의 선이거나 흰옷의 군무처럼 보인다.

으로 그 안에 조명이 있으니 야간에는 다른 운동을 한다.

    운생동의 건축에는 항상 '의당宜當' 그러한 적이 없다. 모든 프로젝트마다 처음 시작하며, 그것은 낯선 것으로 인상적이어야 한다. 아마 이러한 창발적 태도를 이상봉이 알아본 모양이다.

자본·도시·강남

강남에서 건축 문화하기

아크로스 / 퀸마마마켓 / ABC사옥 / 바티_리을 / 메이크어스

압구정동은 조선조에 한명회^{韓明澮}가 압구정^{鴨鷗亭}을 지었다는 것뿐이지, 어떤 기억의 단서가 남아 있는 것은 아니다. 강남이 개발되고 도시의 수령이 40년 남짓하니 아직 소년기의 도시이다. 그 사이에 한국 건축은 세대의 전이를 거듭하여 압구정동에서도 3세대의 건축을 가려볼 수 있다. 강남이 후기 자본주의의 분지^{盆地}가 되고 하이패션으로 장소성을 만들어 가지만, 큰길 뒤로 작은 필지들이 건축 문화를 만들기 시작한다.

압구정동은 여전히 인공 도시로 생경한데, 그 보상으로 도산공원이 입지했다. 근린공원은 190×160미터 정도의 무료한 공간이지만, 그 안에는 포스코POSCO의 지원으로 만든 도산 안창호 기념관1973, 간삼건축이 있어 읽을거리를 제공한다.

공원은 그 외곽에 장소성을 만든다. 공원을 둘러싸고 카페들이 근린을 지원하며 패션 부티크가 분위기를 그리지만, 특별히 주목할 만한 건축은 없었다. 그러던 중 공원이 자성^{磁性}처럼 두 개의 건축을 끌어들였다.

강남의 진정제

아크로스 2003 / 우경국 / 강남구 언주로164길 24

이 건축가 세대의 친구들특히 4·3그룹은 1990년대 건물에 이름 짓는 것을 즐겼다. 아마 그 습속인 듯 건물 이름이 아크로스ACROS인데, 건축Arc인지 교차Cross의 의역인지 자기만 아는 뜻인지 애매한 수사修辭이다.

근린생활시설이지만 묵직한 콘크리트와 코르텐 스틸만으로 조형하였다. 이런 구성적 조형과 물성으로 보면 우경국의 항성恒性이다. 여기강남구에서는 비싼 대지에 공간을 아껴 써야 하는데, 도로에 면해 주차 공간을 두고 전면에 현관-수직 교통-화장실로 코어를 반듯하게 만든다. 그 배후에 사무 공간을 두어 코어와 명백히 분리된 임대 공간을 조성했다. 그래서 업무 공간은 남향으로 도산공원을 내려다보고, 코어가 북향의 가로변을 꾸민다.

우경국의 아크로스 바로 옆집이 조병수의 퀸마마마켓이다. 우경국과 조병수는 나이 차가 조금 있고, 건축관도 얕은 세대 차를 보인다. 이제 그 차이를 가려볼 것이다.

한국 건축가의 세대가 쌓이다 보니, 지금은 5세대를 보고 있다. 일제강점기의 1세대 건축가, 광복 후 모더니즘의 2세대, 3세대는 1970~1980년대의 중견이며, 4세대는 4·3그룹을 비롯한 세대이다. 3세대와 4세대의 차이는 여러 가지로 말할 수 있지

도산공원 뒤 북향에 있다. 왼쪽 건물이 조병수의 퀸마마마켓이다. 전면 부분에는 의식적인 수사가 많다. '2002 한국건축가협회상' 수상작이다.

만, 두드러진 것은 건축의 언어 세계이다. 쉽게 말해 4세대는 자신의 건축을 책으로 쓰는 세대이다. 건축가가 책을 쓴다는 것은 건축 언어의 구사만이 아니라 사유의 방식이 달라진다는 것이다. 조병수가 4세대인가? 언어적 건축으로 보면 그러하지만, 구조적이지 않은 사유의 방식에서는 구분된다. 즉 그는 4.5세대라 할까, 5세대로의 전이 역할을 하고 있다고 본다. 그러니까 그는 혼자서 자기체를 이리저리 찾는 중인 것 같다.

인생은 페스티벌이다

퀸마마마켓 2015 / 조병수 / 강남구 압구정로46길 50

도산공원의 북쪽 귀퉁이, 퀸마마마켓은 상업을 갤러리처럼 프로그래밍 한다. 빌딩 안에 차곡차곡 쌓아 놓은 기능은 1~M층 생활용품점, 2층 편집매장, 3층 서점, 4층 카페이다. 물건을 파는 것은 일반적인 상업건축과 다를 게 없지만, 건축적으로는 갤러리 같다. 더군다나 유통하는 내용이 그린 디자인, 예술 도서 등이니 그러하다. 여기에서는 책을 그래픽 오브제처럼 팔고, 정원 용품을 문화로 판다.

건축은 콘크리트 덩어리 속에 내용을 담아 놓고, 각 층은 무주無柱 공간이다. 다만 4층의 카페를 별도의 박공지붕으로 하여 옥상 정원과 함께 얹어 놓았다.

녹원綠苑의 문맥

지반층 레벨에서 보면 뒤의 도산공원 수림에서 흘러들어 온 나무들이 차지한다. 이 나무들 위에 무창의 무조적인 매스가 얹혀 있는 듯하다. 그 옥상에 하늘에서 날아와 얹힌 박공집 하나가 있다. 몸체의 매스는 처음 콘크리트로 제안하였다가 시멘트 벽돌로 발라졌다. 이 벽돌의 치수는 길이가 500밀리미터, 두께가 40밀리미터로 보통 벽돌보다는 얇고 길다.

도산공원 뒤 가각에 위치하는 환경이다. 그린 상품점으로 친환경은 마켓의 경영 철학이기도 하다. 최상층 박공 지붕의 공간이 카페이다.

지반에서 작은 앞마당이 사람들을 녹색 정서로 맞고, 무거운 문을 열고 들어서면 실내가 녹원처럼 펼쳐진다. 무뚝뚝한 외관과는 달리 내부 공간은 말이 많다. 먼저 녹색의 장면은 복층으로 전개된다. 화사한 녹색에 상대하여 각 층 계단은 검은 철판 난간과 콘크리트 바닥인데 아마 다음의 밝음과 조우를 위한 프롬나드인 것 같다. 서점은 평면 좌판이 한눈에 들어오는 디스플레이이며, 내용이 예술 서적이기에 다채색으로 화사하다. 책은 시각적 오브제이자 물상이다.

그 수직적 맥락은 마치 어두운 계단을 프롬나드로 하여, 다음 장면을 순차적으로 만나는 무소르그스키의 '전람회의 그림' 같다. 건축은 '관념과 추상을 지나 감각과 체험의 구체적 차원으로 우리 인식을 부추기는 인공적 풍경'이다.

4층의 카페는 박공지붕의 면이 틈으로 깔려, 빛의 틈이 패턴을 이룬다. 우리는 앞서 조병수의 온그라운드 갤러리에서 걷어낸 지붕 널판 사이 빛의 장면을 기억한다. 이번에도 천장은 빛의 선을 만들었다. 빛의 직선들은 바닥에, 테이블 위에, 사람들의 몸 위에도 패턴을 그려 댄다. 4층은 옥상의 일부분만 쓰기에 베란다가 만들어진다. 하늘 위의 커피집이다. 압구정동의 공중 장면은 별 볼품이 없지만, 하늘의 현상만으로도 우리는 쾌쾌快快해진다. 도산공원의 조망을 기대했지만 그렇게 할 수 없었던 모양이다.

검은 보석

ABC사옥 2012 / 장영철, 전숙희 / 강남구 선릉로103길 11

대지는 선정릉 근처에 있다. 엄연한 왕릉의 존재감에도 불구하고, 주변의 건물들은 이를 의식할 겨를이 없다. 자본에 바쁘다. 무역 회사인 ABC 사옥은 골목으로 들어선 주거지역의 작은 땅이었지만, 들어 올려진 대지에서 바라본 선정릉은 서울의 이해를 새삼스럽게 한다.

선정릉宣靖陵, 사적 199호은 3개의 왕릉이 있다고 하여 삼릉공원이라고도 한다. 조선 9대 성종과 계비 정현왕후 윤씨의 무덤인 선릉 그리고 11대 중종의 정릉이 있다. 조선에서는 도성都城 밖이었지만, 서울에서는 도심 속에 있는 유일한 왕릉이다.

도시

대지는 선릉로103길과 테헤란로57길의 모퉁이에 있어 6미터 폭의 주거지역 도로로 사선제한을 받는다. 그래서 건물은 3단으로 셋백하며 구성되었고, 그 단들은 선정릉을 바라보는 데크와 외부 계단으로 리듬을 만든다. 위층으로 오르는 외부의 직통 계단이 외관을 지배하며, 건물의 내부에는 계단이 따로 없다. 대신 각 층 직원들이 바람을 만나는 외부 공간이 풍성하다.

동북쪽 정면은 커튼월로 투명하고 시원한 전망을 만든다. 그러니까 커튼월虛과 검은 벽돌 면實을 대립시키는 것이다. 대신 벽의 타공 효과는 투망처럼 '경쾌한 무게'를 만든다. 전통 재료인 전벽돌 소재는 바로 옆의 선정릉에서 연유할 것이다. 다공질의 벽돌 면은 시선을 차단하되 빛은 들여온다. 주재료인 검은 벽돌, 전塼에 목재를 동조시켜 좀 더 따듯해졌다. 대신 전과 목재 사이에 삽입된 철은 강성의 재료이니 흙-나무-철의 궁합이다.

공중 길과 옥상

건축가는 옥상 공간을 '들어 올려진 대지'라고 한다. 옥상은 지상에서부터 점차 뒤로 물러나는 외부 계단을 통해 올라간다. 측벽면 사이에 난 외부 계단은 시골길의 야트막한 담장을 기억나게 한다. 이 계단 길의 벽면 높이는 왕릉의 풍경을 긴장감 있게 담아내기 위함이다.

옥상에 오르면서 만나는 계단참에 내다 놓은 목재 벤치, 장독대, 물확, 화분 들도 골목길 같다. 마지막 층인 5층에는 안뜰을 삽입했다. 이 역시 ㅁ자 한옥에서 본 것이니, 건축이 한국적 정서에 기울어져 있는 생각을 알아본다.

공간의 절정은 따로 있다. 하늘 밑 공간, 펼쳐진 풍경 속에서 왕릉을 만나 건물은 단으로 볼륨을 쌓아 전체적인 중량감을 줄였다.

계단 앞을 영롱쌓기 벽돌 벽으로 인상 짓는다.

는 것이다. 조선의 왕릉을 바라보는 장소는 건축이 받은 은혜이다. 건축가는 옥상, 아니 '들어 올려진 대지'를 개활시키기 위해 옥탑을 없애고, 엘리베이터를 4층까지만 하고 5층은 계단으로 접근하게 했다.

가끔 옥상을 무시하거나, 알아보지 못하거나, 내버리는 도시 건축을 보면 답답하다. 거기에서는 하늘이 270도로 펼쳐지고, 계절마다 풍광이 있고, 바람과 빛이 그야말로 양광陽光이다. 너무 양陽한 것이 거북할 수 있지만, 조원이 뒷받침한다면 노을을 보고 하늘의 내음을 느낄 수 있다. 건축은 '2013 서울시건축상 우수상' 수상작이다.

건축 지형

바티_리을 2008 / 김동진 / 강남구 도산대로100길 24

큰길에서 이 건축까지 가는 길의 경사가 좀 험하다. 한참 걷다 보면 발의 뚜벅거림을 땅이 흡수하는 것 같다. 건축에 이르면 6층 건물의 계단이 외부에 노출되어 오름을 이어받는다. 대지는 남-동-북 3면에 도로를 갖지만, 동북 각으로 공간을 열었다. 내부 코어를 거치지 않고 각 층에 접속하는 방법인데, 계단 공간의 장면이 흥미롭다. 경사와 상승을 통합하는 계단은 다이내믹한 공간적 성질을 갖기에 당연하지만, 건축가는 상세한 시각적 전망을 계산한 것 같다. 열리고 닫히고, 치켜보고 내려보고, 복잡한 시선의 짜깁기이다.

형상문자形相文字

건축의 조형이 문자 또는 한글의 자획字劃을 빌리는 것은 쉽지만, 그래서 오히려 위험하다. 곧잘 상투적인 것으로 보이기 때문이다. 건축가 김동진의 이후 작업에서 설화적 흥미로 푸는 형상은 자주 만난다.

여기에서는 볼륨을 뒤에 두고 앞에서 콘크리트로 글자를 쓴다. ㄹ은 ㄱ과

옅은 언덕바지에 건축하여 흘러내리는 길을 건축 내부로 연장한다. 한글의 자모를 주제로 한 모양이다.

논현동 경사로에서 가각으로 만난다. 건물의 귀퉁이에서 아래위 층으로 연결하는 겹과 틈의 연출이 벌어진다. 건축가는 이러한 연속되는 겹의 구조를 '마트료시카'라고 은유한다.

ㅡ와 ㄴ의 합인데, 이 형상을 위해 각 층의 슬래브와 벽을 내어놓는다. 유리와 배경은 흑색이고, 획은 백색이다. 허공에 그은 획은 춤을 춘다.

그 형태적 수법보다는 층으로 쌓아 만든 임대 단위를 수직 계단이 병합한다. 그것이 (그 주변에서도 그렇듯이) '근린생활시설'의 보편적 조악함에서 벗어나는 것이다. 임대 단위는 큰길의 고층 빌딩과는 규모가 다른 수요이다. 오피스텔이라는 벌집 중의 한 칸일 수도 있지만, 그렇게 끼어 사는 것을 거북해 하는 임대인들이 있는 모양이다.

바티_리을은 새건축사협의회가 젊은 건축가들을 위해 만든 '제1회 청년건축가상'과 '2008 한국건축가협회상' 수상작이다. 그러니까 진보적인 건축과 보수적인 건축계의 칭찬을 함께 들었다는 것이다.

논현 마트료시카

메이크어스 〉 젠지 이스포츠 2014 / 김동진
/ 강남구 봉은사로49길 38

껍질이 여러 겹인 물상은 많다. 그만큼 세상이 순하지 않다는 것이다. 껍질은 속을 방어하는 구조이고 여러 겹이면 더 안심이 된다. 양파도 그렇고 전통 건축의 공간도 그렇다.

이 건축도 안으로 무엇을 감추려는 몸짓이다. 건축가는 그 인상을 러시아의 민속공예 '마트료시카'로 은유한다. 벽은 몸을 떠나 공중으로 뻗어 나와 천장이 되거나 담장으로 변태하며 자신의 영역을 공간으로 그린다.

여기에서도 계단 공간이 중요한데, 양파의 겹 사이를 헤집고 오르는 소통이다. 이 유통은 동선만이 아니라 내부의 풍경과 도시의 풍치를 위한 시각적 장치로 보인다.

06

엘리트 디자인,
대학의 건축

국립, 서울대학교

공립, 서울시립대학교

사립, 숭실대학교

대학의 건축이니까 최고의 지성과 미학을 갖추었으리라는 기대는 (한국에서는) 엉뚱하다. 우리나라의 캠퍼스 건축은 몇 가지 고질적인 한계를 보인다. 하나는 아카데미즘과 고루固陋함을 구분하지 못하는 것이다. 오래된 캠퍼스라고 해봤자 70년 남짓한 역사인데, 아직도 섣부른 아카데미즘과 권위 의식, 고답적 인식이 그렇게 만든다. 20세기에 고려대학이 고딕건축을 짓고 있다든지, 경희대학이 서양의 고전주의를 대학의 상징처럼 여기는 것이 그러하다. 졸렬한 건축의 다른 이유는 1980년대 즈음 대학 시설의 투자가 급팽창하면서 대학 시설도 싸게 많이 짓는 경향이 오래 지속되었다. 개발 시대의 상황처럼 대학도 양이 의사 결정의 우선이었다.

그래도 대학 문화의 실험 정신과 창발성으로 노력하는 건축이 아주 없는 것은 아니다. 대체로 2000년대 들어 좋은 캠퍼스 환경이 청년의 정서를 익히는 큰 솥임을 알기 시작한다. 맹자의 어머니가 세 번 이사를 간 이유와 같다. 교사 건축이 대학의 문화를 전하는 미디어가 되니, 캠퍼스 환경이 졸렬한 대학과 격조 있는 대학의 구분을 한다. 무엇보다 고무적인 것은 지역사회를 위한 '열린 캠퍼스'의 개념이 확대되면서 그동안 철문으로 닫혀 있던 학교가 열린 것이다. 녹색 공간을 공유하고 시설의 쓰임을 지역사회와 나누는 것만이 아니라, 대학 문화의 프로그램을 커뮤니티에 개방하는 것이다.

대학을 방문하며 즐거운 것은 그런대로 젊은 문화가 있고, 녹색 환경에 열린 공간이 있다는 것이다. 살펴볼 대학 건축의 사례는 여러 가지가 있으나, 그중에서 국립대학 하나, 공립대학 하나 그리고 사립대학 하나를 본다.

국립, 서울대학교

서울대학교 39동 (건축학과) / 서울대학교 미술관 / 서울대학교 관정도서관 / 서울대학교 IBK커뮤니케이션센터 / 서울대학교 야외공연장

서울대학교는 (가려두고 싶지만)● 식민 시대의 경성제국대학과 여러 공·관립대학을 엮어 만든 것이다. 개교 초기에는 종합 캠퍼스 개념이 없었다. 대학본부와 법문학부는 현재의 동숭동 마로니에 공원에, 의과대학은 그 건너편 연건동에, 미술대학은 이화동에 있었다. 공과대학은 지금의 공릉동 서울과학기술대학 자리이고, 종암동에 상과대학이 있었으며, 을지로의 관립경성고등보통학교가 사범대학이었다. 음악대학은 을지로4가에 있었고, 농과대학은 수원에 있었다.

수재 청년들을 통합된 캠퍼스에 모아 둔다는 문교 정책으로 1975년 서울대학교는 관악캠퍼스를 조성하였다. 당시 대규모 캠퍼스 계획의 경험이 없어서, 미국의 전문가 R.도버Richard P. Dober, 1928~2014의 자문을 받아 서둘러 시설을 만들었다.

관악산 기슭에 터를 잡았는데, 대중교통이 불편하지만 관악산의 풍치와 맞바꾸었다. 한꺼번에 짓는 건축은 합리적이지만 싸게 짓고, 개성이 없지만 통합적 맥락이 유지된다. '서울대학교 출신'의 유수한 건축가들이 이 일을 나누어 하는데, 소위 한국적 통합 논리가 작동한다. 대체로 장방형의 조형들이 그리드에 맞춰 일사불란하게 군집한 모양이 되었다.

예외가 있다면 김수근의 예술센터였다. 미술대학과 음악대학을 통합된 공간으로 만들자는 것은 예술 간의 간섭을 조장함이며, 큰 마당을 중심으로 마을의 군락처럼 배치한 자유로움이었다. 그즈음 화두가 된 '자갈리즘'처럼 잘

● 서울대학교는 경성제국대학 시절을 기억에서 지우고 1946년을 개교년도로 한다.

게 부수고 갈라낸 덩이들을 다시 규합해 내었다.

관악캠퍼스에는 2000년 즈음부터 여러 경향의 건축이 들어선다. 후기 모더니즘도 있고 표현주의적 경향도 생겼으나, 여전히 아카데미즘의 관성이 작용하는 것 같다. 조금 거칠게 정리하면 관악산에는 3개 세대의 건축이 있다. 본관1972, 정림건축, 공학관, 사범관, 약학관 등의 양적 충족 시대가 1세대 작업이다. 학생회관1972, 원정수, 체육관1986, 윤승중, 박물관1994, 김종성 등의 2세대 작업이 돋보인다. 이어서 포스코 스포츠센터2000, 이강우, 국제관2001, 안우성, CJ 국제센터2006, 박진주 등 3세대의 건축이 내적 밀도를 팽창시켰다. 그러는 사이에 캠퍼스의 건축 밀도가 임계에 이르렀다고 생각하며 제2캠퍼스를 계획하고 있다.

서울대학교의 건축적 위신

서울대학교 39동 (건축학과) 2006 / 장윤규 + 정림건축 / 관악구 관악로 1

서울대학교 공과대학 건축학과는 2002년 건축학5년제과 건축공학4년제 전공으로 개편하였다. 국제적인 교육 인증을 위해 새 건물을 짓기로 하고 2003년 현상설계에서 장윤규의 안을 채택했다. 한국 최고의 엘리트 대학을 그 대학 출신 건축가가 설계하면 어떤 명품이 나올까.

서울대학교 건축학과 건물을 짓는 서울대학교 건축과 졸업생

그동안 현란한 형태 조형에 익숙한 장윤규의 건축으로서는 비교적 보수적인 디자인으로 보인다. 대학 교사이지만 단위 건물로서는 대단히 큰 볼륨이다. 전체적으로는 하나의 체계로 엮이어 있지만, 4채가 이어진 구성이다. 39동으로 부르며 그중 4~6층을 건축학과가 쓴다.

평면은 4개의 세로선을 긋고 2개의 수평선을 가로 질러 만든 井井 모양 비슷하다. 동서 방향으로 날개가 비어져 나오고 안에는 3개의 광정光井을 삽입하니 채광 면이 엄청 넓어진다. 내부 공간은 온통 빛이 그득하고, 그래서 전체적으로 양陽하다. 밝고 맑은 내부 공간은 가려지지 않고, 고르고, 편견 없고, 명징한 심성의 사람들을 만들 것이다.

외관은 목재 블라인드를 입었다. 목질 자체의 시각적 촉감과 빛을 분산시키는 표질감이다. 외장 블라인드가 너무 양명한 환경을 제어하는데, 밝게 만들어 놓고 다시 빛을 가리려는 노력은 모순일 수 있다.

건축하는 사람들의 공간

건축학과 공간에는 공적 영역이 풍부하다. 홀과 복도와 라운지가 얽혀 학습-연구 이외의 성능을 발휘한다. 공적 영역에서는 작품 전시도 하고, 작은 토론도 하고, 이벤트도 하고, 휴식도 한다. 정보가 오가고, 작품도 많다. 교실이나 실기실의 내용이 이 공적 영역으로 비어져 나온다.

큰 볼륨을 썰어 4개의 열로 나누고 그 안에 중정 3개를 삽입했다.

중정은 사람의 집산을 이루며, 채광과 함께 마당이 또 한 면의 빛 환경을 만든다.
학습 공간은 적절히 음陰한 데도 있고 양陽한 곳도 있는 고전적 공간이 생각난다.

엘리트 디자인, 대학의 건축

건축학과는 아카이브건축 역사 자료를 가지고 있기에 작은 박물관처럼 보인다. 전공이 다채로운 교수들이 생산하는 연구 결과들을 공적 영역이 공유하기도 한다. 건축학과 공간을 가보면 재미있는 이유이다.

만유인력과 한판

서울대학교 미술관 2006 / 렘 쿨하스 + 삼우건축 / 관악구 관악로 1

서울대학교는 한동안 역사박물관과 현대미술관을 한 건물 안에서 운영했었다. 내용이 다르더라도 둘 다 전시 기능이니까 함께 있게 했지만 역사와 현대미술은 금슬이 안 좋다. 1996년 서울대학교는 미술관을 분리하기로 하고 OMA렘 쿨하스(Rem Koolhaas)의 디자인을 채택했다.

설계는 1996년에 시작되어 여러 번 변경을 거치며 근 10년 만인 2005년에 준공되었다. IMF 외환위기 때 출연자인 삼성문화재단도 숨을 골라야 했으며, 이후에도 4년의 시간이 흘렀다. 그 사이에 대안이 3번 바뀌었는데, 최종안은 길이를 단축하며 뜬 구조로 현대미술의 존재감을 강력히 하는 것이다.

뜬 버팀 구조cantilever

OMA의 디자인은 (왜 남다른 힘을 쓰고 있는지 모르지만) 자기가 얼마나 안간힘을 쓰며 버티고 있는가를 외관에서 과시한다. 캠퍼스에 땅의 여유가 없는 것도 아닌데, 자신의 몸체 아래를 비우려고 몸을 들어 올린다. 최소의 지지체로 지표면을 사용하고 그 위에 부양하는 주 공간을 만들었다. 캔틸레버는 ㄱ자 모양으로, 뒷몸이 튀어나온 이마의 무게를 버틴다.

왜 건축이 그러한 반중력의 역학적 거동을 하는가. 짐작되는 이유는 여럿이다. 큰 캔틸레버 밑으로 풍경 만들기, 현대미술의 공간으로 들어가기 위한 긴장의 유발, 현관 앞 외부 공간에서의 퍼포먼스 기능, 건축의 육체미 과

캔틸레버는 입체 트러스로써 건축 몸체의 역학적 자태를 드러낸다.
그렇게 하여 가슴을 들고 우리를 흡입한다.

엘리트 디자인, 대학의 건축

입구 홀과 아트리움은 공간적으로 미술관의 복합적인 기능들을 관장한다.

시, 그냥 좀 특이해 보이기. 아마 이들 모두의 종합으로서 이유일 것 같다.

그래서 비워 낸 내부

이 아나토미를 위해 건물의 주위를 트러스로 둘러서 강력한 구체를 만들었다. 전 층 높이의 스페이스 트러스로 박스를 만들어 응력應力을 버티게 하고 그 안의 공간을 자유롭게 한다. 트러스가 온 힘을 다하여 만든 무주 공간에 전시와 서비스 공간을 담는 것이다. 물론 건축은 입체 트러스의 몸 자체가 구조법이라는 것을 감추지 않고 밖으로 드러낸다. 그야말로 노골적露骨的이다. 물리적 원리에 반동하는 쾌감, 카타르시스이고 건축이 예술적으로 존재하는 이유이다.

건축의 중간 허리로 들어와 아트리움을 만나면서 내부의 첫 번째 인상을 시작한다. 3층 높이로 오픈된 아트리움을 따라 지하 공간에 이르거나, 상층부의 전시 교육 기능으로 동선을 취한다. 그 공간이 모두 하얀 밝음인 것도 무중력의 비유로 알겠다. 빛을 위해 상단 외장은 7밀리미터 두께의 U형 유리판, 하단은 28밀리미터의 투명 복층유리로 하여, 전체적으로 금속과 유리의 마감으로 차갑다.

　뮤지엄숍, 아트리움 그리고 통행 공간을 공적 영역으로 하며, 그 안으로 전시 공간과 강연실을 프로그램에 따라 방문할 수 있다. 건축은 그 과감함을 평가하여 '2006 한국건축가협회상'을 수상했다.

공중 부양 기술

서울대학교 관정도서관 2014 / 유태용 / 관악구 관악로 1

　원래 서울대학교 중앙도서관은 종합건축이승우의 설계로 1975년 캠퍼스 조성 시기에 만들어졌다. 기존의 지하 1층, 지상 3층의 도서관 공간은 곧 임계에 이르고 증축이 필요해졌다. 사정을 안 관정 이종환冠廷 李鍾煥, 1924~, 삼영화학 그룹 교육재단이 600억을 기부하였다.

　건축은 기존 도서관과 연계되는 공간이어야 하는데, 새 건축을 위해 몇 가지 방안을 제기한다. 1/ 별동의 고층 건물로 신축 — 대지의 여유와 캠퍼스 환경의 맥락성에서 거부, 2/ 기존 중앙도서관을 수직 증축하는 방안 — 기존 도서관의 구조가 수직 증축을 감당하기 어려움, 3/ 기존 중앙도서관과 연계하여 사용 가능한 대지 내에서 관정도서관을 신축하기로 한다. 그러나 기존 도서관과 약학관, 사범대학 사이의 대지가 협소하여 필요한 용적을 만들기 위해서는 과감한 건축술이 필요하다.

긴 공간 시스템

이에 건축가는 기존의 중앙도서관과 별개의 몸체이지만 3개 층의 볼륨이 기존 건물의 상부를 가로지르는 대경간大徑間 건축을 제안하였다. 구조 형식으로는 기존 도서관의 양 옆과 뒤에 총 5개의 수직 구조인 '메가 기둥Mega Column' 위에 얹는다. 기존 공간을 건너지르는 3개 층5~7층의 수평 구조물은 최대 경간 112.5미터인 '메가 트러스Mega Truss'이다. 말하자면 몸체 전체가 구

왼쪽의 구관을 그대로 두고 그에 덧대어 신관을 지었다. 새 건물은 기존의 본관 머리를 딛고 공중 부양한다.

굴곡이 있는 금속의 옷을 입어 빛의 잔파동이 생긴다.

서울체

조체인 메가 구조이다. 형구 중앙도서관이 아우신 관정도서관를 업고 있는 모양인데, 아우의 덩치가 형보다 월등 크다.

공간으로 보면 1~2층에서는 기존 도서관의 뒤를 따라 붙고, 3층에서는 상단 도로를 몸 밑으로 관통시킨다. 그 도로변을 따라 식음 서비스 공간을 만들었다. 5층부터 신관은 자신의 볼륨이다. 6~7층 자유열람실은 무주 공간의 오픈 플랜이 된다.

설명이 좀 복잡하여 다시 정리하면, 1/ 철골로 가새 골조의 메가 기둥을 세운다. 2/ 그 위에 높이 10.5~12미터, 최대 경간 112.5미터의 메가 트러스 Staggered Mega Truss를 수평으로 건다. 이 메가 구조Mega Structure를 위해 특별히 고성능 철강재High performance Steel for Architecture HSA800을 사용했다. 구조설계는 권용근하이구조기술사이 맡았다.

새 도서관의 외장은 금속 비늘처럼 빛난다. 비늘에 각도가 있어 시간에 따라 그 색조가 달라질 것이다. 이는 콘크리트의 기존 도서관에 대비되기도 하지만, 그러지 않아도 원래 유태용테제건축은 건물의 표장 방식에 대해 연구가 집요하다. 그에게 표면은 몸 위에 입는 옷처럼 별개로 취급된다.

대학 시설로서는 그 과감한 기술과 조형을 평가하여 '2015 한국건축가협회상', '2015 한국건축문화대상'을 받았다.

대학의 소통 방법

서울대학교 IBK커뮤니케이션센터 2014 / 이규상, 장기욱 / 관악구 관악로 1

IBK 커뮤니케이션 센터는 기업은행이 지원하여 만든 시설이다. 캠퍼스 초입 중심에 위치하여 외부적으로는 서울대학교 홍보관이다. 학생들의 미디어 콘텐츠를 제작하고 교류하는 공간이며, 미디어 관련 학과가 사용한다. 무엇보다 커뮤니케이션을 개념으로 하는 건축은 어떻게 다른가를 찾아볼 일이다.

기획 단계에서 위치를 찾는 논의가 길었다. 결국 동아리 시설과 공연장이 있는 두레문예관과 연접한 지금의 위치로 낙찰을 보았다. 이곳은 동-서로 흘러내리는 경사지의 자락이다. 원경으로는 관악산을 보는 위치이며, 느슨한 캠퍼스의 여백처럼 비어 있었다. 경사지인 만큼 시각이 입체적이고 여러 갈래의 경로가 다중적으로 교차하는 곳이다.

투명으로 비운 공간

'커뮤니케이션'의 뜻을 건축적 사실로 만드는 일은 거시적이거나 미시적인 뜻으로 여러 가지이다.

1/ 건물은 대운동장 옆 둔덕을 등지고 관악산의 열린 풍경을 조우한다. 이미 있는 길을 건축으로 끌고 들어와 여러 양태로 소통과 교차를 받아 내었다.

2/ 엷은 경사지에 앉은 공간은 구조가 복잡하다. 접근이 다양한 각도와 레벨에서 벌어진다. 곧 받아들이는 태도가 다채롭다.

3/ 내부는 얽히고설킨 구조이지만 투명한 레이어들이 소통한다. 건물 안의 이벤트 마당을 끼고 여러 활동을 담을 입체적 플랫폼들이 교차하며 소통한다. 그러니까 이 내부 마당은 소통의 주제이기도 하다.

4/ 홍보관은 미디어 콘텐츠를 갖는데 이 부분은 미숙하다, 1~2층이 대학 홍보-정보 공간 SNU Hall이고, 3~5층을 언론정보학과가 쓴다. 막상 1층 전면의 개방성이 두드러진 정보 공간은 방치된 느낌이다. 명문인 서울대학교가 굳이 홍보에 힘을 쓸 이유가 없는 것은 알겠지만, 커뮤니케이션이라는 건축 목적이 겸연쩍다.

외관은 포디움 같은 지반층을 정리하고 그 위에 볼륨을 얹어 놓았다. 바탕은 유리 집인데, 겉을 목재 블라인드로 포장하여 한 통을 만들었다. 적삼목 수직 루버 brise-soleil는 서향의 일사를 제어하기 위한 것이지만, 건물의 형태와 질감을 위한 책략이기도 하다. 기껏 유리 집을 만들고 블라인드로 가리는 것이 이해하기 어려워도 할 수 없다. 유리 집의 문제는 청소를 자주 하지 않는 대학 건물에서 금방 추잡해진다.

경사지에 앉은 건물은 지반층 구조가 복잡하다. 곧 접근이 다채롭고 출입이 여러 가지이다.
대신 상부는 목재 블라인드로 한 통을 만들었다.

내부는 얽히고설킨 공간 구조이지만, 투명함으로 겹친다.
서울대학교의 집단 소통 시스템, 게슈탈트, 즉 일체로서 연결된 네트워크가 개념이다.

엘리트 디자인, 대학의 건축

그래도 빛이 틈 사이를 지나 만든 선조線彫는 기운을 만들고 내부 공간을 공중에 띄운다. 착한 빛은 바닥과 벽을 쓰다듬으며 시간 운동을 한다. 빛은 어디에나 있고 동적 현상으로 표현하니, 세상에서 가장 값싼, 아니 공짜 재료이다. 뿐만 아니라 내부에서 루버 사이로의 조망은 밖을 보는 다른 방법이기도 하다.

건축은 '2014 서울시건축상 우수상' 수상작이다. 캠퍼스 안에는 같은 건축가의 작업인 기초사범교육협력센터2011도 있다.

버들골　**서울대학교 야외공연장** 2015 / 이규상, 장기욱 / 관악구 관악로 1
풍산마당

'버들골'은 관악캠퍼스 순환도로 동쪽 끝 언덕바지에 조성한 잔디 광장이다. '풍산마당'은 기존에 있던 야외 공연장이 지하 저류조를 만들면서 철거되고, 마당을 정비하면서 새로 지은 야외극장이다. 공연장을 설계한 사무소 이름이 보이드 아키텍트VOID architects로, 비우는 것을 건축하는 모양이다. 그를 위해 '함께한다'는 디지털건축연구소 위드웍스Withworks가 3차원 설계 엔지니어링을 지원했다. 이러한 건축은 기술과 조형의 협력이 중요하다.

두께 3밀리미터의 알루미늄 곡면 패널을 두 가지 이음으로 했는데, 소규모 구조물이지만 정치감精緻感이 부족해 보인다. 변명이 거세지기 전에 미리 편을 들건대, 예산이 부족했을 것이다.

아크와 서클

야외극장은 지세가 디자인을 지시하는데, 자연스럽게 언덕이 흘러내리는 아래에 위치한다. 언덕 경사에 형성된 관람의 영역은 애매하여 적당히 앉거나 누울 수 있으면 객석이 된다. 무대 부근의 서클에서부터 동심원을 그리는 스

휘돌아 드는 아크가 동심원을 그리며 스탠드 객석을 만들다가 언덕의 자연으로 풀어져 올라간다.

율동을 극대화하기 위해 아크와 파라메트릭 곡면이 아우러져 춤을 춘다.

엘리트 디자인, 대학의 건축

탠드 영역 2,000석 정도이 더 확장하면 잔디 언덕까지 넓어진다.

  원형 평면에서 무대가 편심에 있는 야외극장을 만들면서 일그러진 캐노피가 다이내믹하다. 동심원을 그리는 객석의 원형극장은 이벤트 동참을 위한 최적의 조형이다. 건축가는 이 도형을 태극처럼 음양이 휘둘리는 욕망으로 그렸을 것이다. 물상이 공간을 움직이게 할 수 있다. 이러한 기하학적 도형 속 곡면 캐노피는 음악과 시각 구조를 어우러지게 한다. 무대에서 음향의 문제가 염려되지만, 아마 전기-전자 미디어의 공연을 주로 하는 모양이다.

  캐노피는 다분히 시각적 오브제가 되며 날개를 연상시킨다. 숲에서 날아온 큰 새의 날개가 잔디 위에 공간을 품는 것 같다. 그래서 기술이 시적이어야 하는 이유를 말한다. 그러나 날개의 스케일이 좀 더 컸으면, 날갯짓이 좀 더 힘찼으면 좋겠는데, 부족한 예산과 공기의 핑계가 다시 나올 것이다.

  국립 서울대학교는 캠퍼스 초기부터 건축의 설계를 담당하는 건축가가 대부분 서울대 출신이다. 그래서 전체적으로 건축의 질은 재능에 넘치지만, 전체를 일관된 맥락으로 읽기 어렵다.

  서울대학교는 비교적 풍부한 재정적 지원으로 건축이 이루어지는 경영 환경에 있다. 상대적으로 여유를 누리겠지만, 지적 집단으로서 엘리티시즘이 건축도 아무렇게나 하지 않을 것이라는 믿음이다. 그러한 캠퍼스의 문화적 개념은 다른 공립이나 사립대학에서 더 중요해진다.

공립, 서울시립대학교

선벽원 / 서울시립대학교 조형관 / 서울시립대학교 100주년기념관

서울시립대학교는 2018년 개교 100주년을 맞았다. 모체인 1918년 경성공립농업학교 때부터 그렇다는 것이고, 서울시립대학교로는 1974년 개편되었다.

초기 캠퍼스는 어떤 건축적 맥락을 유지하고 있었다. 그 서정적인 건축 문맥은 한동안 캠퍼스 디자인이 건축과 안영배 교수에게 맡겨진 덕분이다. 안영배의 건축으로는 대강당1980, 사회학관1981, 대학회관1983, 문화회관1984, 체육관1986, 중앙도서관1988, 본관1990 등이 있다. 대체로 벽돌 건물로 통합되어 있어서 캠퍼스 디자인의 맥락성으로 작용한다. 그의 건축은 합리적이지만 낭만적인 중창重唱이다. 그가 한국의 건축 정신을 '흐름과 더함' 또는 '플러스 산조散調'라 이해한 건축 공간과 외부 공간의 얼개를 본다.

이후에도 서울시립대학교 캠퍼스의 건축은 한동안 건축학과 교수진들에 의해 실천되어 온다. 그러니까 대학 구성원의 격조가 대학 디자인의 기조가 된다는 것이다.

캠퍼스는 1/ 70여 년 전의 건물을 보전하고, 2/ 서울시립대학교로 변경된 이후부터 합리주의 경향이 지배하며, 3/ 이제 후기 모더니즘이 형성되니, 3세대가 공존하는 셈이다.

시간을 넘어

선벽원 2013 개축 / 이충기 + 명원건축 / 동대문구 서울시립대로 163

서울시립대학교는 경성공립농업학교 때의 건물 일부를 간직하고 있어 지금 요긴하게 고쳐 쓰고 있다. 단층 조적조에 목조 트러스인데, 100년 된 공립학교의 증거물이다. 모두 세 채를 리노베이션하였는데, 개조 작업은 적벽돌의 정서를 보전하고, 가려져 있던 목구조 지붕틀을 표현으로 드러낸다. 기존 건물은 적벽돌이 구조와 외장을 함께 이루며, 내부는 단열 처리 없이 시멘트 모르타르 마감이었다. 그동안 교사로 쓰이면서 건물은 지탱할 수 없을 만큼 설비물이 과부하된 환경이었다고 한다.

2012년 착수한 개조 작업은 원래의 모습을 최대한 회복시키고 내부 환경을 개선하였다. 디자인은 천장 면을 없애 원천적으로 조명과 공조 설비의 하중 부담을 덜어 내었다. 그렇게 해서 원형질을 드러내어 다시 기억하게 하는 매질媒質이 되었다. 지붕은 목조 트러스 위의 판재를 갈고 기와 또는 동판을 깔았다. 대학은 이 세 건물을 '선벽원善甓苑'이라고 하는데 '착한 벽돌의 아름다움'이라는 뜻인가 보다.

경농관

경농관京農館은 1937년 경성공립농업학교 시기에 건축되어 한때 대학 본관으로 쓰였다. 경성공립농업학교의 기표이다. 여기에서 박물관과 서울학연구소가 대학사와 서울시사를 연구하며, 공간으로는 박물관 상설 전시, 수장고를 갖는다. 비교적 긴 건물은 동쪽 날개를 갤러리 '빨간 벽돌'로 만들어 작은 전시 공간으로 쓴다.

경농관은 캠퍼스의 중심에서 접근하느라고 현재 북쪽에 입구가 있지만, 원래 남쪽에 중앙 현관을 가지고 있었다. 복원된 포치의 캐노피는 지주가 과잉되고 몸집을 부풀리는 게 우습다. 조형의 요소들이 통합되어 있지 않은 낭만성보다는 목조 트러스의 구체 조형이 더 아름답다. 그러니까 정직한 기술이 과잉된 조형보다 미적이라는 것이다. 구조체는 꼭 필요한 요소만, 적절한

왼쪽이 박물관, 오른쪽이 경농관으로 개축되었다.
경농관은 서울학연구소, 박물관 학예실, 갤러리 '빨간 벽돌'이 사용한다.

캠퍼스의 중심을 차지하고 있는 선벽원의 주위는 낭만적인 감상이 새삼스럽다.
특히 대학의 장소는 수많은 식구들의 추억이며 역사이며 장소이다.

엘리트 디자인, 대학의 건축

문화 공간 자작마루. 80년이 넘은 캠퍼스는 나무와 벽돌이 함께 나이가 든다.

박물관의 내부 공간은 화이트 박스로 개조되지만 목조 트러스를 살렸다.
경농관의 벽돌 조적조 위 목조 트러스는 부재가 거칠다.

치수로, 역학적 거동에 따라, 설계하기 때문이다. 여기의 목조 트러스는 다소 비대한 느낌이 드나 그 질료가 새삼스럽다.

박물관

박물관은 1937년 경농관과 함께 만든 건물로, 그동안 강의실로 쓰여 왔다. 이를 개조하여 박물관 기획 전시실과 학예실로 만들었다. 몸체에 비해 이상한 비례의 포치가 측면의 박공 면을 장악하고 있다. 그 뒤로 내부 공간은 직방형이기에 별다른 공간적 의도는 없다. 대신 노출된 목재 트러스의 골각骨角미가 새삼스럽다. 박물관은 서울의 근대 생활사, 도시사, 건축사로 특화되었고 서울학연구소와 연계한다. 주변 옥외 공간에는 석조 유물들이 옹위하고 있는데 아직 내용은 빈곤하다.

   원 건물의 조형에 일관성이 보이지 않는 것은 설계자가 개념을 완전하게 통어하지 못한 결과로 보인다. 디자인을 전개하다 보면 이러저러한 아이디어가 걸러지지 않고 구사되기 쉽다. 벽돌이 외장을 지배하지만, 석조도 섞고 싶으면 부분으로 삽입하고, 창대 선은 있다가 없다가 한다.

자작마루

자작마루는 1937년 소강당으로 지었던 건물을 2001년 다목적 강당, 문화 공간으로 개조하였다. 아마 건축 주변에 자작나무가 많았던 모양이다. 박공 면쪽으로 현관을 내고, 나르텍스narthex, 전실를 거쳐 중규모의 홀과 무대, 음향실 등을 배치했다. 홀은 정통적인 강당이 아니어서 경사 객석을 갖추지 못하고 평 마루를 다목적으로 쓴다.

   선벽원은 그 보전의 노력을 평가하여 '2013 한국건축가협회상', '2013 서울시건축상'을 수상했다.

대학 예술과 공간의 능직

서울시립대학교 조형관 2004 / 주대관, 홍성천 + 목대상 / 동대문구 서울시립대로 163

대학의 건물은 그 내용을 외적 표현에 내놓는다. 미술대학은 미술을 내놓고, 음악대학은 소리를 내고, 화학과는 화공 냄새를 내놓는다. 조형미술대학이 흥미로운 것은 그들의 작업과 결과들을 엿볼 수 있기 때문이다.

캠퍼스 초입을 지나는 배봉로와 건물 뒤의 운동장은 8미터 정도의 레벨 차가 있는데, 건물이 그 차이를 흡수한다. 대지는 교문을 들어선 동–서 주축의 흐름만 아니라, 오픈스페이스 체계를 이루는 남–북 경관 축을 공간 얼개로 받아들인다. 그러니까 캠퍼스의 사통팔달을 온몸으로 받아들이는 것이다. 건물은 ㄱ자로 가로–세로를 긋고, 그 사이에 필로티 공간을 삽입했다. 여기에 장소를 만들며 조형–예술이 섞인다. 주로 환경조각학과와 산업디자인학과가 사용하는데, 내·외부의 공간이 작업장이자 발표장이며 쉼터가 된다.

조형관은 두 변이 직각으로 교차하고 그 밑으로 공간을 관류시킨다.
앞–길과 뒤–운동장의 외부 공간을 연결시키기 위해 오른쪽 날개를 필로티로 비웠다.

캠퍼스 건축의 윤리

서울시립대학교 100주년기념관 2018 / 최문규 / 동대문구 서울시립대로 163

서울시립대학교는 정문 초입에 100주년 기념관을 지어 개교 100주년을 기념한다. 기념관은 2015년 현상설계를 통해 최문규의 안을 얻었다. '열린 시민문화 교육관'이라는 뜻은 조형보다 중요한 환경디자인의 태도일 것이다. 건축은 정문을 들어서면 왼쪽에 있어 외부의 접근이 편하다. 시설을 개방할 뜻이 그 위치와 공간적 구성이다. 대부분의 대학이 개교 기념관을 만들지만 대개 자족적인 프로그램인 데 비해, 서울시립대학교는 공공성에 연계하는 뜻을 넓혔다.

무엇보다 건축이 우선하는 것은 주변에의 시각적 배려이다. 경사가 있는 지형에서 저층부를 포디움처럼 밑에 깔고 그 상부에 3개의 볼륨을 사이 간격을 최대한 벌려 세웠다. 건축이 주변의 전망을 가리거나 압도하지 않으려는 자세이다. 저층부 지붕은 제2의 대지이며 녹지이다. 건축은 중앙도서관, 학생 후생시설 등의 공공 기능을 강조하며, 음악당의 기억과 연결한다.

건축은 시공 중 2017년에 화재가 발생하여 2018년 4월 준공100주년 기념일의 약속을 지키기 어려웠다. 완성된 기념관은 시민 창작 지원, 시민 문화 도서관, 평생 교육원 등의 서울 시민을 위한 공간을 포함한다.

 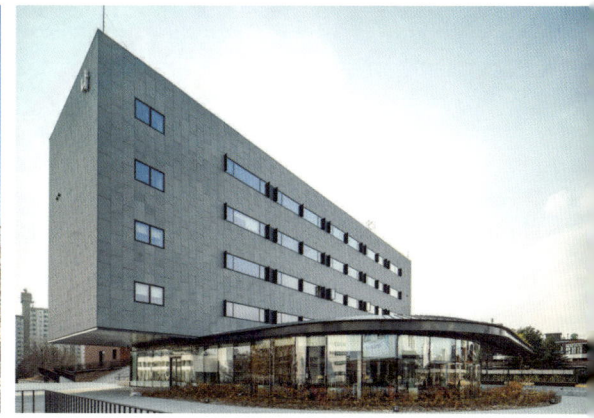

100주년기념관은 큰 한 덩이의 건물로 하지 않고, 몇 개의 덩이로 나누어 만들고 이를 포디엄 위에 얹어 놓았다.

사립, 숭실대학교

숭실대학교 조만식기념관, 웨스트민스터홀 / 숭실대학교 학생회관

국·공립대학이 권위적일 것이라는 개연성은 그렇다 치더라도, 사립대학도 소유자설립자가 졸렬한 건축관을 고집하다가 망치는 경우가 허다하다. 한양대학교, 동국대학교, 경희대학교 등 설립자의 존재감이 뚜렷할수록 그러하다.

숭실대학교는 평양 '숭실학당'부터의 기독교 학풍과 전통을 귀중하게 여긴다. 이러고 보면 고루한 아카데미즘을 연상하기 쉽다. 사실 '얼마 전'까지만 해도 숭실대학교 캠퍼스 건축의 격조는 형편없었다. 건축은 중구난방이고, 공간적 체계도 생각하는 사람이 없었던 모양이다.

그러던 중 일신그룹이 재단에 영입되고 살림이 튼실해지며 캠퍼스는 쇄신되었다. 일신그룹은 경영자 자신이 건축 마니아이고 문화 예술의 후원자이다. 캠퍼스는 지역에 오픈되고 몇몇 앵커가 되는 건축가들이 새 기운을 불어넣었다. 원도시건축의 과학관1988, 이성관의 조만식기념관, 최문규의 학생회관, 권문성의 정문 등이 성격을 추스르고 새로운 면모를 만들었다.

숭실대학교는 기독교 대학으로서 문화와 오랜 학교 역사를 갖지만, 그 모두를 뒤로 감추고 현재성에 몰두하는 것 같다.

공간의 유통 방법

숭실대학교 조만식기념관, 웨스트민스터홀 2007 / 이성관 / 동작구 상도로 369

숭실대학교는 2017년 개교 120주년을 맞는다. 선교사 베어드 목사William M. Baird, 1862~1931, 裵偉良가 1897년 개설한 숭실학당이 모체이다. 1954년 서울에 재건된 숭실대학교는 사실적 실천을 숭실崇實한다.

숭실대학교에서 조만식기념관은 캠퍼스의 공간적 중심이며, 의식의 중심부인 것 같다. 조만식古堂 曺晩植, 1883~1950은 일제 때 교육, 종교, 언론, 시민사회 등 광범위한 영역에서 독립운동을 펼친 지식 정치인이다. 그는 평양의 숭실중학1905~1908 출신으로 강개가 굳은 기독교인이었으며, 메이지明治 대학1910~1913을 졸업한 엘리트 정치인이다. 1950년 평양에서 공산당에 희생되었다.

기념관의 건축 프로그램은 상징적 기념관이 아니라, 학습·연구·공공 공간이기에 대학인의 밀집도가 높다. 거기에서 이성관의 건축은 다채로운 장소적 접속을 도모한다. 중심이라는 것은 다각적인 주변에 얽혀 있고, 건축가는

필로티와 계단 정원으로 대지의 레벨이 디자인된다. 큰 계단은 오르내리는 목적만이 아니다.

비교적 큰 볼륨의 건물이지만 소통에 적극적이다. 지반층도 필로티가 건물 앞뒤의 공간을 소통시킨다.

이들과 이해를 터야 했다.

　평탄하지 않은 위치도 그렇지만 동선도 얽히고설킨 가운데 공간적 유통을 입체적으로 만든다. 필로티는 지반의 동선을 여기저기로 흘려보내는 본래의 역할에 열심이다. 대단한 계단 광장이 형성되었는데 학생들의 휴식과 이벤트를 기다린다. 계단은 참 오묘한 공간이다. 3차원의 공간적 구도에서 벌어지는 시각적 장면이 흥미롭기 때문이다. 오르거나 내리거나 가로지르며 떠다니고, 급한 사람, 정관靜觀하는 사람의 시선들이 생동한다. 공간이 굳어 있으면 그 집단은 경색되고, 공간이 자유로우면 활달한 집체가 될 것이다.

　조만식기념관은 웨스트민스터홀을 포함하여 일단의 공간적 군집으로 작동한다. 그래서 이 중심부는 진리관, 도서관, 학생회관, 벤처중소기업센터를 끌고 당기면서 공존한다. 그 건강한 공간의 가치를 평가받아 받은 훈장이 여럿이다. '2009 한국건축문화대상 대통령상'과 '제1회 김종성건축상'을 받았다. '2008 한국건축가협회상', '2008 서울시건축상'의 수상작이기도 하다.

서울체

공간의 집적 방법

숭실대학교 학생회관 2011 / 최문규 / 동작구 상도로 369

최문규와 그 주변에는 항상성恒常性과 이소성異所性이 함께한다. 도시의 생태는 스스로 항성을 유지하려는 관성이 있다. 이물異物이 들어오면 거북해 하고 심하면 배제한다. 그것을 융화시키는 것이 최문규의 문리文理이다. 그의 건축은 줄곧 새삼스러워지고 (새로워지지는 않는다), 쓰임새가 활달해지고 (양적 팽창은 아니다), 서툴지 않은 친근으로 (그렇다고 막연한 관계는 아니다) 동거가 시작된다.

건축가는 학생회관을 만들면서 다짐했다. "건축은 주변에 대한 배려와 존중 없이 스스로를 돋보이게 만드는 행위가 아니다. 건축은 자신을 포함해 함께 만들어질 주변을 아우르며 만들어져야 하고 이 행위는 땅과 건축을 그리고 사람에 대한 이해에서 시작된다. 이 모두는 감성과 직관이기보다는 땅과 프로그램의 이해를 위한 지루하고 답답한 과정과 사람에 대한 존중을 통해 가능하다."

여기에서 '주변에 대한 배려와 존중'이란 특히 베어드홀1986, 원도시건축과 조만식기념관2007, 이성관일 것이며, '사람'이란 모든 (시간-종-문화의) 학생일 터이다. 그래서 그의 건축은 자기 완결적이지 않다. 그렇지만 '홀로'의 경우보다도 주변의 존재로부터 자기 가치를 돋운다.

숭실대학교 학생회관은 진입에서 2층 정도로 나지막한데 캐노피가 우리를 빨아들인다. 입구로서 표지는 분명하지만, 그 이후의 전개는 대단히 난삽하다. 운동장을 보듬는 윤곽의 공간 구조에서 건축 평면은 'ㄴ'자로 완강하다. 'ㅣ'는 학생처와 식당과 편의 시설이고, '㇐'는 동아리 영역이다. 보통 학교 시설에서 동아리 영역은 '해방 공간'이고 학생처는 '보수 공간'이지만, 공존하여야 할 운명 때문에 'ㄴ'이 된다. 이 엮인 숙명에서 운동장은 학생회관의 결과이고, 학생회관은 운동장의 결과이다.

그러니까 학생회관은 주변 레벨보다 12미터가 낮은 운동장과 병렬하는 외연外緣이다. 운동장과 학생회관은 서로 상대적이며 내포적이다. 우리는 이

학생회관은 건물로서가 아니라 지형처럼 있다.
건축은 여러 계곡을 끼고 고원을 만드는 지리이다.

주 접근을 받아들이는 공간이지만, 더 많은 접속과 이탈 방법으로 열려 있다.

서울체

공간에 어떻게 들어왔는지 모르는 사이에 얼떨결에 엮여 든다. 주변의 대상과 병행하는 평행 질주에서 속도를 가하면 주변이 주체走體에 반응하며 장소를 만든다. 이때 속도가 셀수록 묻히는 주변이 많거나 그림자가 짙어진다.

학생회관은 저미거나 깎아 내어 공간을 만드는데, 거기에서 지그재그로 걸으면 발밑에 공간이 겹쳐서 퇴적된다. 학생회관은 250개의 방에 25개의 출입문을 가졌다니 그토록 빈번한 출입으로 내·외부 공간과 접속하며 소위 '기준층이 없는 평면'을 그려 내야 한다. 몇 층 건물인지 애매한 이유가 건축 공간의 퇴적 방법 때문이다. 긴 평면의 길이는 원천적으로 외접면이 많지만, 거기에 또 외기 접면을 확장하기 위해 4개의 삼각 광정이 끼어든다. 삼각형 또는 사다리꼴 공간은 평면적 기울어짐의 시각적 기교이다. 실재보다 넓어지거나 좁아지는 시각적 착각 또는 역투시도의 효과를 갖는다.

아카데믹하거나 고루하기 마련인 대학에서 이와 같은 해방적 공간의 건축을 선택한 것은 아마 자신의 형태를 버리면서 주변에 스스로 함몰한다는 주장에 설득된 것 같다. '2012 한국건축가협회상', '2012 서울시건축상 대상' 수상작이다.

07

서울·도시·건축, 스마트 빌딩

모던 댄디 삘딩

빌딩 시스템

밀도의 교책

보통 스마트하다는 것은 (속과 겉으로 말해서) 똑똑한 생각에 말쑥한 모습을 떠올린다. 정갈한 마음과 세련된 모양이다. 아직 지방과 구분이 분명할 때 서울이 가지고 있던 문화 성질이었다. 일제가 전한 튀기 문화를 포함하여 서울에서 먼저 이루어졌던 근대화도 작용하였을 것이다.

'빌딩'은 보통명사이듯이 양적으로 도시를 채우는 보편성이다. 빌딩은 합목적성을 위해 무기질처럼 만들어져 왔다. 그러다가 1980년대 이후 빌딩 건축은 보편성만으로 만족하지 않는다.

1/ 빌딩은 자본주의의 꽃이며 도시의 몸집이다. 대체로 토지 비용 때문에 공간의 집적 효과를 극대화하며 도시 공간에 흐르는 도시 경제의 결을 잘 안다.

2/ 빌딩이 결국 도시 경관을 지배한다는 것을 알고는 기업 문화를 나타내기 시작한다. 사옥의 경우 독특한 개념을 얹어 기업 이미지의 매체가 되는 것이다.

3/ 윤리와 경영은 대척 관계처럼 보이지만, 타협이 불가능한 것은 아니다. 윤리는 도시 공간의 맥락에서 '선善'이며 경영은 최대의 자본재로서 '진眞'이다. 대부분의 빌딩이 정직하지 못하고 불법을 은닉하고 있지만, 진정한 자본주의의 꽃이 '진선'으로 피어난다는 것이다. 특별히 서울은 도시 건축의 텃밭이 될 터이고 다양한 소생을 가지고 있을 것이다.

모던 댄디 삘딩

국제빌딩 / LG 트윈타워 / SK 서린빌딩

어줍지만 영어로 제목이 만들어지는 것은 한동안 우리가 그것을 멋으로 알았기 때문이다. 일제 때부터 '모던'하거나 '댄디'한 '삘딩'은 근대 멋쟁이 건물보다 특별한 수사처럼 쓰였다.

    우리가 서구화와 근대성과 도시의 건물 유형을 만들어 가는 과정에서 자주 그러하였다. 한동안 미군의 FM$^{\text{field manual}}$이 건축에도 작동하였다. 미국제가 군사 원조로 우리 근대에 먼저 자리하면서, 한국 모더니즘의 유전자 성질에 보태진다. 원조 문화와 미국의 설계와 기술에 의존하면 미제 건물이 되지만, 우리는 그렇게 모더니즘을 보습하였다. 그 과외 공부는 구조에서 특별하며, 외피를 멋있게 차려 입고, 내부의 생리를 도시 사람처럼 만들 수 있게 하였다. 그러니까 한국에서 모던은 미국 문화의 편재를 이루는 것이다.

서울체

다면체 몸

국제빌딩 〉 LS용산타워 1984 / CRS / 용산구 한강대로 92

현재의 용산역 주변은 서울에서 가장 뜨겁게 부동산 자본이 집적하고 있으나, 2000년대 초만 하여도 내버린 공간 같았다. 용산역 앞은 1990년대까지도 집창촌이 광장을 장악하고, 서울역에서 뻗어 나온 유통 세력은 여기에서 끊어졌다. 육군 장병들이 주 인구이니 지역 경제나 문화는 국방색이었다.

2005년부터 재개발 계획을 세우고 2007년 '용산국제업무지구'의 장려한 그림을 그렸다. 렌조 피아노트리플 원, 아드리안 스미스부티크 오피스텔, 울프 D. 프릭스스카이워크 레지던스, 비니 마스더 클라우드, 하니 라시드외국인 임대주택단지, 다니엘 리베스킨트주상복합, 비야케 잉겔스주상복합 등이 유토피아를 만드는 듯했다. 왠지 용산이 너무 흥분하는 것 같았다. 그러나 과도한 계획은 부도로 좌초한다. 한동안 개발의 탄력을 잃고 있다가 최근 새로운 마스터플랜을 준비 중에 있다.

1993년 주거개선사업단지로 지정된 국제빌딩 주변 '용산 제4지구'는 2009년 철거 과정에서 소위 '용산 참사' 사건이 발생한다. 세입자의 저항과 이를 해산시키려는 경찰또는 집행 세력이 여럿 죽은 변고가 일어났다. 사업은 잠적하고 한동안 보류되었다.

그러나 평당 3천5백만 원의 자산 욕망이 땅 밑에서 여전히 숨 쉬고 있었다. 2016년 성미가 급한 자본은 초고속으로 개발을 추진하였다.

국제빌딩

국제빌딩이 건축되는 1980년대 이 일대는 황량했다. 그러니 국제빌딩은 독존자獨尊者처럼 28층의 랜드마크로 서 있었다. 더군다나 꽤 특이한 모습이다.

국제빌딩은 초기 부산에서 신발 제조로 큰돈을 번 국제그룹의 상징적인 존재였다. 한동안 '프로스펙스'라는 브랜드로 잘 나가던 경영은 정치적, 경제적 난관 앞에서 쇠락하였다. 그 후 건물 주인은 여러 번 바뀌었지만 건축

지붕은 태양열 집열판으로 경사지고, 몸체의 각 면은 일조 조건에 따라 창호의 면적이 달라진다.
상단부는 사선제한의 결과이기도 하지만, 큰 산봉우리 같다.

서울체

조형은 잘 유지되었다.

　미국 회사 CRS는 기획력이 뛰어난 설계 조직이다. 아마 우리나라에서는 빌딩을 통념적 표준에서 시작하지 않고 기획을 통해 새로운 해답을 얻은 최초의 경험일 것이다.

　국제빌딩은 그냥 불규칙한 형태의 묘미가 아니다. 빌딩의 생태적인 조건에 의해 면과 각도가 결정된 것이다. 방위에 따라 일조日照 조건이 다르니 면마다 채광창의 구성이 다르다. 태양열 시스템을 지붕에 얹으려니 40도의 경사 지붕이 만들어졌고, 정상부의 사각斜角으로 산꼭대기 같은 스카이라인이 만들어진다. 물론 계단 모양의 경사는 건축법의 사선제한에 따른 결과이기도 하다. 다시 말해 빌딩은 환경적 대응이 스마트하며 그것을 댄디한 형태로 결부시킨 것이다.

금성의 상징탑

LG 트윈타워　1987 / SOM + 창조건축 / 영등포구 여의대로 128

　LG 트윈타워는 여의대로에 면하는 대기업의 브랜드 건축이다. 1980년대 당시 동아생명의 63빌딩1985, SOM+박춘명에 상대하는 모뉴먼트였다. 대지는 여의도의 주축인 여의대로를 따라 길이 200미터, 폭 80미터로 긴 규모이다. 전체 용적을 한 덩이로 만들 수 있지만, 쌍둥이로 세워 볼륨을 둘로 나누었다. 한 쌍은 서로 거울을 보고 있는 듯하다. 일란성쌍둥이 — 가운데를 향한 대칭 — 의 수직적 입체는 한강과 여의도라는 수평적 구도에서 기념비적이다. 나중에 프로야구팀 LG 트윈스도 쌍둥이의 상징으로 이어진다.

　쌍둥이는 캐스케이드처럼 사각斜角으로 자른 머리 부분을 시각적 특징으로 한다. 우리나라 사찰의 당간지주幢竿支柱처럼 대칭이면서 어떤 장소의 기표 같은 조형을 만들었다. 두 덩이는 저층의 아트리움에서 통합된다. 수직 수평

쌍둥이의 대칭성은 기념비적이다.

두 타워를 연결하는 저층부의 아트리움은 남북을 관통하는 경로이기도 하다.

의 입체 그리드로 공간을 채운 아트리움은 남북으로 관통하는 공간이기도 하다. 여기에서 지하의 상가 서비스에 접속하는데 지하 공간은 다시 북쪽 선큰 정원을 통해 여의대로로 관통된다.

내부의 공공 공간과 앞뒤의 외부 공간에서 상당한 환경 미술품을 만날 수 있다. 작품들은 건설 시대 국가주의도 있고, 낭만적 미술도 있고, 모던 예술도 있어 일관된 미학을 가진 것은 아닌 것 같다.

미국의 SOM은 대형 조직으로 글로벌한 설계 기업이다. 그들의 디자인은 철저히 국제주의 양식이며 합리적인 조형으로 미국의 모더니즘을 이끌어 왔다. 건축에서는 다소 보수적인 LG는 강남 GS타워1999, 강남구 논현로 508를 건축할 때 SOM에게 다시 의뢰하였다. 이번에는 더 상징적이며 역동적인 조형에 노력한다.

최후의 국제양식

SK 서린빌딩 1999 / 김종성 / 종로구 종로 26

건축에서 구조와 질료, 재료와 형식, 구법과 공간, 공간과 형태, 디테일과 전모에서 합일을 거듭하면 '국제양식'이 된다. 대체로 김종성 또는 서울건축이 지향하는 개념이었다. 그런데 인터내셔널 스타일은 이미 1960년대 소멸된 것으로 본다면, 그것이 어떻게 21세기 한국에 유효한지는 알아보아야 한다. 어떤 보편적 가치를 가지고 있는지, 건축의 영원한 항상성으로 가능한 것인지, 아니면 우리는 제2의 모더니즘 시대에 있을 뿐인 것인지, 다양한 질문들이 있다.

도시 건축

SK 서린빌딩은 먼저 그가 자리하는 도시 건축의 태도로 볼 필요가 있다. 대지는 면적 5,774제곱미터로 꽤 큰데, 종로 쪽 반만 건물을 짓고 청계천 쪽 반을 공개 공지로 내놓았다. 건폐율이 31.71퍼센트밖에 안 된다. 그래도 연면적은 85,484제곱미터로 용적률 1,032퍼센트를 채웠다. 원래는 이만큼 지을 조건이 아니었다. 당초 도심 재개발 안이었던 '스타다스트 빌딩' 계획은 지하 5층, 지상 25층이었다. 서울시가 재개발 사업 조례를 대폭 완화하면서 얼떨결에 보너스를 받은 것이다.

도시 건축으로서 착한 성질은 개방성에서 시작된다. 건축은 종로北쪽에 직면하고, 청계천 변南쪽에도 파사드를 가져 두 면을 정면으로 하는 입방체로서 있다. 활기찬 종로 쪽은 필로티로 가로 공간을 흡수하는 모양이다. 청계천 쪽에는 건축법상 내놓은 공개 공지를 조경으로 꾸몄다. 언뜻 공개 공지는 개방적 태도로 보이지만, 청계천 쪽은 도로 레벨이 낮고 너무 많은 조경 구조로 인해 접근이 방해받는 느낌이다. 공개 공지의 아이러니이다.

이에 비해 종로 쪽은 (얕은 깊이의 주랑이지만) 보행 공간에서 건축 진입이 편하게 이루어진다. 다만 진입을 받은 로비는 공간적 여유가 없어 보인다. 중심 코어를 두고 청계천 변과 종로 변의 2개 로비로 공간을 양분하기 때문이다.

건축술

건축은 약 160미터 높이의 지상 36층, 지하 7층을 철골철근콘크리트 구조로 했다. 통상적인 직립형 빌딩으로 보이지만, 기술적 특별함과 정치한 디테일을 살필 필요가 있다.

전면을 보면 기둥이 6개 있는데, 기둥마다 3개의 칸살bay을 얹어 짜 맞추면 전체가 하나의 통桶 같은 구체가 된다. 당연히 외관은 가볍고도 튼실해진다. 그 결과 사무실은 깊이 12미터의 무주 공간을 만들어 면적 효율이 뛰어나다.

건축 조형의 으뜸은 비례인데, 기둥 간격과 층고, 창살의 너비와 높이 치수가 모두 수열數列 관계를 만든다. 이를 수치로 보면, 간격이 3미터인 창살 3개씩이 하나의 기둥 간격이 되고, 그 반복으로 정면을 채운다. 완벽한 격자

청계천에서 전경. 스마트한 자태로 직립하여 있다.

남청계천, 북종로의 두 접근도 양분되어 있다.
4층의 '아트센터 나비'는 공개 예술 공간이지만, 프로그램이 항상적이지 않다. 빌딩의 공적 영역에는 미술이 풍부하다. 아트센터 나비가 마련하는 미술 경치이다. 나비는 박계희 관장1935-1997, 선경그룹 최종현 회장 부인에 의해 1984년 워커힐미술관으로 설립되었다가, 1997년 (SK의 성격대로) 미디어 아트로 통합된 것이다.

의 패턴이 전체를 감싼 사각 튜브를 만드는 것이다. 보통 커튼월은 수직선을 강조하는데, 여기에서는 수평-수직을 교직하는 패턴이다. 즉 횡력 저항을 위해 외부 격자 튜브가 응력을 보완한다. 수직 부재에 플랜지 면 같은 철판 날을 달아 직교 패턴을 구성하면 이것이 햇빛 그늘을 만들며 커튼월의 질감이 달라진다.

보다 진화한 공업화 수준이 디테일의 감수성을 만들고, 표장이 균질하며, 무엇보다 구체와 조형의 통합성을 이룬다. 그것은 그가 서울에서 처음 커튼월로 작업한 효성빌딩현재 연호빌딩, 1977, 중구 서소문로 135 이후 22년만의 일이다.

한편 이 건물에서는 풍수가 작동하는 모습이 여러 군데서 보인다. 한국 최고의 하이테크 회사의 총수가 풍수에 예민하기 때문이다. 기준층에서 보면 중심에 코어를 두고 남북 양쪽이 업무 공간이고, 코어의 양쪽에도 공간이 있다. 평면에서 서쪽에 기계실을 배치하고 동쪽을 업무 공간으로 쓰는데, 마침 풍수 하는 사람의 생각이 서쪽을 막아야 한다는 것이다. 덕분에 서향의 석양을 받는 쪽을 차단하게 되었다.

서울에서는 아무리 고성능 재난 설비를 갖추어도 화재가 두렵다. 앞에 청계천이 흐르니 괜찮은 터이지만, 건축의 풍수는 이를 더 끌어안아야 한다고 생각한다. 1층 기둥 아래에 거북이 발 같은 무늬가 청계천을 향해 걷는 이유다.

청계천 쪽 기둥 아래 문양이 발톱 같고, 현관 앞 기호가 머리 같다.
최고의 하이테크 그룹인 SK의 빌딩이 샤머니즘을 품고 있다.

빌딩 시스템

교보타워 / 어반하이브 / 원앤원 63.5 / KH바텍 사옥 / 플레이스원

건축은 예술적 감성만으로 되는 것도 아니고 서정적 디자인으로 되지도 않는다. 빌딩이 존립하기 위하여 구조는 엄정하고 설비는 과학이며, 모든 것이 냉정한 시스템으로 만들어진다. 요즈음은 환경 생태학이 대두되고, 에너지 문제가 디자인을 결정하기도 한다. 그러니까 건축은 생물학을 닮는다. 기계만큼이나 기술 우선의 디자인 결정이 되어 하이테크놀로지high-technology가 구사되기도 한다.

한동안 기술 결정론으로서 하이테크 건축이 흥미로웠지만, 이제 기술 미학은 감성 미학과 교감하며 더 풍부해졌다. 그러나 여전히 토착적이거나 수공적인 것들과 구분하기에 '빌딩 시스템'이라는 분류가 만들어졌다. 그래서 재료를 다루는 솜씨, 감각, 의미, 기법의 원리, 수사, 감성, 디테일의 개발, 표현, 코디네이션 등이 중요해진다.

여하튼 이런 빌딩 문화는 도시 건축으로서, 특히 서울의 수월성秀越性, superiority으로 작동한다.

공예 같은 고층 빌딩

교보타워 2003 / 마리오 보타 + 창조건축 / 서초구 강남대로 465

종로구에 있는 광화문 교보빌딩이 건축적 윤리로 지탄을 받는 게 '교육을 보험'하는 주인으로서는 곤혹스러워야 했다. 도쿄 주일 미국대사관1972, 시저 펠리의 건축가가 '자기 복제'를 하였다는 것도 창피한 일이다. 아마 건축주가 그것대사관처럼 내 것교보빌딩을 만들어 달라고 했을 것이다. 여하튼 교보빌딩은 주일 미국대사관과 같은 조형으로 광화문 네거리에 섰고, 전국의 지점에서 디자인을 거듭 복제하여 쓴다. 그러니까 이 윤리적 문제에 교보는 아무 거리낌이 없다는 것이다.

서울은 전통적으로 동대문–서대문의 횡축으로 발달하는데, 교보빌딩은 가각에서 서향세종로을 정면으로 하고 남향종로을 측면으로 무시했다. 결국 건축이 도시 구조의 몰이해라는 비판이 일었고, 2011년 리노베이션에서 이를 고쳐 보려고 노력한 것 같다. 교보빌딩은 현재 교보문고로 강북의 문화 거점으로 익어가고 있다.

강남이 부풀어지면서 교보는 강남대로에 새 거점을 만드는데, 이번의 건축가는 마리오 보타Mario Botta이다. 스위스 건축가 M. 보타는 원래 작은 건축에 익숙한 작가이다. 건축가가 크고 작은 일을 가려 하는 것은 아니지만, 건축의 스케일에 따라 솜씨가 달라지는 경우는 많다. 비유하자면 미세 미학에 익숙한 금속 공예가가 도시 조각을 하기 어려운 것과 같다.

교보타워에서는 크기를 제외하고 몇 가지 마리오 보타의 전형성이 보인다. 우선 반듯한 조형이다. 청교도만큼 정갈한 기하학적 정리는 사방 대칭으로 나타난다. 두 번째는 주재료인 테라코타이다. 사실 벽돌 같은 재료는 고층 빌딩에 쓰기 어렵다. 보통 손아귀에 들어오는 벽돌은 한 땀 한 땀 쌓아 수공手工으로 하듯이 작은 건물에서 느낌을 발휘한다. 다시 말해 벽돌은 가촉 거리에서 그의 물성과 조적의 감각이 만들어지는 것이다.

강남대로에 테라코타 옷을 입고 나온 고층 빌딩에 대해 비평들은 공예가 만든 도시적 스케일을 비판했다. 그러나 다른 한편으로 보면 유리나 금속으

테라코타 외장의 정갈한 구성은 최상부에 올라 대칭을 다시 한번 강조한다.
1층 로비, 좌우측 코어에서 업무 공간을 서비스한다. 내부 역시 테라코타로 연속된다.

서울체

로 뻔한 건축 외관의 인습을 붉은 테라코타로 깨뜨리는 실험이라고 할 수도 있다. 외장의 테라코타는 적갈색이지만, 두 가지 색조와 내밀기 쌓기로 띠 줄 눈을 만들어 표면에 잔잔한 리듬을 부여한다.

개방적인 지반층의 정면은 둥근 독립 기둥으로 현관을 강조한다. 기둥에서 흑-백이 반복하는 패턴은 M. 보타의 고향인 스위스나 이탈리아 로마네스크에서 자주 보는 감각이다.

외관은 지상 25층으로 수직비가 월등한데, 그것을 앞-뒤 둘로 가르고 다시 각기 3조각을 내어 모두 6쪽이 되니, 더 세장해 보인다. 그래서 업무 빌딩보다는 기념적 조형을 세운 것 같다.

소비문화의 강남에서 교보타워는 장소의 역할이 크다. 대중들에게 교보는 보험회사보다는 문화 거점으로 기능한다. 서점이 상업 공간으로서는 영업성이 약한 것을 알기에 지역사회는 이 존재가 고마울 일이다.

구법 조형

어반하이브 2008 / 김인철 / 강남구 강남대로 476

건축은 지상 17층, 높이 70미터로 직립한 직방형의 모뉴먼트 같다. 하얀 단색조의 단순하고도 명료한 형태에 천공한 패턴만이 자태를 만든다. 건축의 초기 안은 단순한 커튼월 조형이었는데, 이 튜브 구조의 아이디어가 만들어지고 건축주가 적극 찬동하면서 생산되었다.

보통 빌딩은 기둥으로 수직 하중을 지탱하며 기본적으로는 외곽에 둘러친 기둥이 큰 힘을 쓴다. 이때 외곽 기둥은 벽체나 망網으로 만들어 더 단순화시키기도 한다. 그러니까 구멍이 뻥뻥 뚫린 콘크리트 벽면은 단순한 가림막이 아니라, 고층의 수직적 무게와 (바람이나 지진 등으로) 옆으로 밀리는 힘에 버티는 것이다. 이러한 구체법을 튜브tube 구조라 한다. 사람이 뼈대를 안에 두고 살과 피부는 껍질인 것에 비해 그 반대의 구조이다. 생물로 치면 갑각류(甲殼類) 같은 것이고, 요즈음 패션으로 치면 어벤저스처럼 견강한 무력 수단과 옷을 통합한 것이다.

외곽 벽체의 펀칭(穿孔, 구멍 내기) 패턴은 마음대로 할 수 있다. 방형이 되거나, 교차형도 되고, 물론 부정형도 가능하다. 어반하이브에서는 원형으로 천공을 하였는데, 배치 패턴은 삼각형이다. 그 결과가 맨 아래 지반층에서 삼각으로 베어 낸 모양에 이어진다. 역학적으로 가장 경제적인 방식이다. 벽면을 타고 흘러내리는 힘을 기초까지 전달하는데, 벽면의 하중이 둥근 천공을 피해 흘러내리는 모습을 상상할 수 있다.

콘크리트는 재료로써 강인한 것 같지만, 시간이 흐르면 공해와 빗물에 퇴화하며 지저분해진다. 이를 아는 건축가는 콘크리트 표면을 매끈히 갈아내고, 방수와 내산 성능의 약품 처리를 했다.

구법 조형, 겉과 안

외벽은 밖의 펀칭 면과 안의 유리 스크린으로 두 겹이며, 겹 사이에 거리가 있다. 바깥벽이 구조체이면 안벽은 가림막 역할만 하니까 가볍다. 개발업자는 이것을 낭비라 하고, 건축가는 거듭 켜로서 환경적 뜻을 말한다. 어두운 유리 면을 배경으로 하여 밝은 겉면이 두드러져 보이는 표현의 성능도 있다. 이 사이 공간이 면적에 삽입되지 않으면 건물은 몸집을 부풀리는 효과를 본다. 여기에서는 통로도 되고, 발코니처럼 쓰거나 여분(餘分)으로 유용할지 모르지만, 그냥 멋이기도 하다. 기준층에서 외곽 복도는 피난계단의 전실을 대체하면서 코어 비율을 낮추는 수단이 된다. 그러지 않아도 한쪽(동쪽)에 일자로 몰아넣은 편심 코어가 업무 공간의 효율을 극대화한 모습이다.

보통 구체의 정직한 표현이 아름답다고 한다. 어반하이브의 단순하고도 명쾌한 입방체에서 구체 아이디어가 아름다운가에 대한 반응은 엇갈린다. 간혹 이 패턴을 시각적으로 불편해 하기도 한다. 아무리 구법적인 아이디어라 해도, 새로운 타워의 조형이라 하여도, 익숙하지 않은 시지각적 감성이라 그렇다. 그렇다 하더라도 좀 더 가까운 시각에서 내부 공간과 구체 표피와 그 외관은 군더더기 없이 직립한 튜브이다. 교보타워의 적갈색 모뉴먼트 대각 방향으로 어반하이브가 대화 상대를 한다. 둘 다 가각에 있으며 비슷한 볼륨이지만, 다른 건축적 태도로 랜드마크로서 포스를 겨루고 있는 듯하다.

콘크리트 펀칭으로 구조와 표피를 동시에 얻는다. 외면의 천공은 안을 엿보는 취미를 유발시킨다.

서울·도시·건축, 스마트 빌딩

기술적 해결을 읽고 나면, 건축가의 새로운 시도를 납득할지도 모른다. 건축은 '2008 한국건축가협회상'을 수상하였다.

벽돌 옷

원앤원 63.5 2015 / 황두진 / 강남구 강남대로 528

어반하이브에서 강남대로를 따라 북쪽으로 가면서 상업성이 조금씩 사그라지는 풍경을 본다. 교보타워 사거리에서 17층으로 시작한 스카이라인은 잠시 8층이 되다가 3층으로 줄어든다. 이 3층 정도의 건물들은 강남 개발 초기에 형성된 것이다. 그러니까 당초 개발 프로그램이 너무 소극적이었다는 이야기이다. 강남대로의 차원에서라면 좀 더 규모 있는 획지와 개발 단위를 잡았어야 했을 것이다.

그 사이에 원앤원 63.5 빌딩이 스카이라인을 15층으로 회복한다. 그러나 대지 폭이 좁아 입면이 세장하다. 건축주인 원앤원개발회사는 최대한의 높이를 타워형으로 만들었다.

벽돌을 쌓느냐 바르냐 직조하느냐

건축은 구법 형식에 따라 텍토닉 또는 스테레오툼으로 구분하였다. 전자는 짜 올린 골조의 방식이고, 후자는 조소처럼 빚어 만드는 형식이다. 현대건축에서는 혼성의 유형이 생기는데, 이 건축과 같이 구성적인 방법이다. 그래서 층의 구분이 외관에 드러나지 않고 개구부가 규칙적이지 않다.

앞서 벽돌은 치장재가 아니라고 말하여 왔다. 벽돌은 적절한 두께 0.5~1.5B로 쌓아 조적 힘을 받는 압축력 구조재이다. 물론 그 자신의 물성으로 마감이 되지만, 구체構體로서 소질의 결과라는 것이다. 그런데 현대건축에서는 1970년대 즈음 치장재로 각광받기 시작했다. 좀 억지를 부려서 부정형 곡면도 벽돌로 만든다. 단위의 집적으로 만드는 패턴, 벽돌의 색감, 토기로서 질감을 좋

단순 명쾌하게 직립한 조형이 기념비 같다. 코어와 임대 공간의 구성이 곧 외관의 요소가 된다.
벽돌로 만든 옷은 다공질이거나 솔리드하다. 기능실 앞은 망처럼 하여 석양에 대응했다.

아하기 때문이다. 그래서 '쌓기'보다는 '바르기'로 디테일이 발전한다. 급기야 원앤원 63.5에서는 반투과식으로 디테일을 개발했다. 제주 돌담 쌓기처럼 바람도 통하고 빛도 통하는 표면을 만든다.

벽돌 옷, 패턴과 질료

벽돌 옷은 일종의 패턴 디자인과 마찬가지여서 구성적인 모습이 테트리스 같다. 우연인지 몰라도 평면도 테트리스를 닮았다. 즉 채워지는 것과 비워지는 것 사이의 행태가 동태적이다. 평면에서는 코어채워지는와 공간비워지는이 직방형의 단위로서 가로-세로로 조직되며 자리를 차지한다. 물론 평면을 패턴으로 만드는 건축가는 없지만, 그 결과 지원service 부분과 주체served 공간의 관계가 섞이지 않고 분명해진다.

다시 벽돌로 돌아가서 살펴보면, 육면체 벽돌 — $21(w) \times 10(d) \times 6(h)cm$ — 을 눕히거나 세우거나, 그 조합으로 조직한다. 물론 벽돌 사이를 비운 공백도 패턴에 작용한다. 그러면서도 빌딩의 벽돌은 여전히 낭만적이다.

원앤원 63.5의 파사드에서는 투톤의 패턴이다. 코어 부분처럼 창이 없는 부분은 채워 바르고, 기능실 앞은 영롱쌓기로 성글다. 그래서 양측단은 솔리드하고 가운데 부분은 벽돌 망網으로 채광을 받는다. 창은 외장 면에서 깊은데, 정면이 서향이기 때문에 창에 그늘을 깊이 두었다. 내부에서 밖을 보면 빛의 토막을 쌓아 놓은 모습이다.

파사드 시스템

KH바텍 사옥 2013 / 김찬중 / 서초구 반포대로 18

건물의 겉면을 홑면으로 하지 않고, 두세 겹을 공간적으로 형성하는 경우를 겹층화layers라고 한다. 건축적 책략이기도 하고, 건축 이미지의 깊이감을 위한 조형이기도 하다.

반포대로를 보는 정면은 서향이다.

헛기둥과 헛보가 그림자와 함께 공간 깊은 외장을 만든다.

이 건축의 디자인 동기도 좀 특별하다. 표장을 이루는 헛보의 격자가 단순한 조형의 뜻이 아니라는 것이다. 건축법규에서 벽체나 바닥 구조가 없는 부분은 면적에 들어가지 않는다. 그러니까 헛기둥이나 헛보로 얼개를 이룬 공간은 연면적에 삽입하지 않는다. 대지는 최대 용적률이 250퍼센트로 여유가 없다. 건축의 모습에서 깊은 레이어를 앞에 두고 싶은 건축가는 건축주를 설득한다. 우선 기둥과 보만 설치하고 나중에 (꼭 된다는 보장은 없지만) 도시계획 변경으로 용적률이 완화250퍼센트→400퍼센트되면 쉽게 내부 공간을 확충할 수도 있다는 것이다.

건축주는 처음 낭비 같아 보이던 대안을 받아들였다. 지어 놓으니 그 모습이 멋있고 저널의 비평도 좋았다. 구성적인 외피 구조체는 회사의 모바일 기기 주력 아이템의 형태를 모티브로 설명된다. 즉 '구조적 재현configurational representation을 통한 브랜드 아이덴티티brand identity'를 얻는다는 것도 설득력 있는 설명이었다.

그렇게 해서 빌딩은 시각적으로 강력한 파사드를 얻었다. 사실 빌딩의 앞길, 예술의전당을 향하는 반포대로는 번잡스럽고 지하 차도가 시작되는 산만한 환경이다. 건물 정면에 깊은 겹을 두면서 길과 적당한 켜 또는 경계 공간을 두고, 전면의 석양을 제어하는 효과를 얻었다.

건물의 외관을 옷으로 자주 비유했지만, 이 옷은 두껍지만 빈 상태, 깊지만 두루 통하는 교직체이다. 외피와 본체 사이에 떠다니는 공간은 그만한 기능과 상징과 구조라는 삼중의 책임을 진다. 프레임을 상세로 보면, 외곽 보의 직선들은 통단면이 아니라 각으로 저몄다. 프레임들을 투박하지 않게 보이기 위해 면을 갈라놓은 모양이다.

'2013 서울시건축상 우수상' 수상작이다.

흡판옷

플레이스원 2017 / 김찬중 / 강남구 영동대로96길 26

    삼성동은 1979년 개관한 코엑스COEX를 기점으로 발전하고 있으니, 도시 나이가 40여년 밖에 되지 않는다. 지금도 쉼 없이 새로운 도시 문화를 축조해 낸다. 옛 한전 본사 자리를 사들인 현대자동차그룹의 신사옥 '글로벌 비즈니스 센터'가 2023년 만들어지면 또 하나의 도시 창발이 벌어질 것이다.

    플레이스 원은 도전적이고 실험적인 모습으로 주변을 밝게 한다. 여기에서 밝게 한다는 것은 추상적 수사가 아니라, 실제로 하얀 몸뚱이의 수많은 원뿔 돌기로 햇빛을 난반사한다. 도시 건축이 그렇게 (보통이 아니고) 인상적이려는 것은 브랜드 건축의 속성이겠지만, 이 공간을 24시간 시민 공간으로 오픈하고 문화 프로그램이 돌아간다면 착한 기업 문화가 될 것이다. (은행이 착하기는 샤일록Shylock만큼이나 어렵다)

    건축가는 은행의 객장 공간이 효율적이지 않다는 것, 특히 오후 4시 이후에는 셔터 안의 공간이 된다는 사실을 문제로 안다. 이에 KEB하나은행은 삼성동, 역삼동, 대치동 지역의 지점을 통합 운영하여 경영의 경제를 기하고, 동시에 랜드마크로서 지역의 코어를 만들 구상을 했다.

    내부 공간은 지하 1층–지반층을 통층으로 하여 가로의 기운을 흡수하고, 8개 층의 기준층을 쌓고 그 위에 루프 가든을

6개 타입의 몰드로 찍은 초고성능 콘크리트 옷을 입었다.

서울·도시·건축, 스마트 빌딩

건물의 겉옷을 만들기 위해 돌출한 몰드 판에 원반圓盤을 붙였다. 이미지를 프린트한 원반은 교체할 수 있다.

1층의 로비는 시각적 흥미와 휴식, 예술로 공간을 채운다.
1층에서 지하층은 부분적으로 통층이 되며, 공간의 연속성으로 문화 서비스가 이어진다.

서울체

만들었다. 전시 공간과 작은 도서실, 강연 공간, 카페와 리셉션, 미술과 아동 공간을 포함하여 다양한 문화 예술 프로그램을 심어 놓았다.

입체 기하에서 방형 평면을 원뿔로 전이시키는 것은 모순이거나 어려운 일이다. 이를 몰드로 찍어 내는데, 그래도 다행인 것은 건물 표면에서 원추의 입체 좌표가 일정하다는 것이다. 캔틸레버로 슬래브를 내밀고 몰드로 찍은 입체 패널을 끼워 넣는다. 패널은 6개 타입으로 350개가 건물에 입힐 옷으로 만들어졌다. 옷감은 최대한 얇고 가벼워야 하기에 초고성능 콘크리트 UHPC 소재인데 백색 반광 상태의 뉴트럴한 질료이다. 그동안 시스템랩이 실험해 온 폴리카보네이트나 섬유강화플라스틱보다 진화한 재료이다.

그래서 건물의 속옷과 겉옷이 구분된 이중 피막 double skin으로 옷을 입혔는데, 긴 코트처럼 밑 섶이 열린 모습이다. 표면의 마치 문어 빨판 같이 생긴 돌기는 고정태이지만 온몸을 덮고 빛을 호흡한다. 물론 밤에는 조형이 역전되며 새로운 빛의 양태가 된다.

안으로 디밀어진 원은 개구가 되고, 내민 원은 아트 디스크라 하여 몇 가지 패턴의 장식 면으로 채워졌다. 178개의 아트 디스크는 2미터 지름에 그래픽을 그렸다. 디스크는 시간에 따라 회전하지만 이를 감지하기는 어렵다.

밀도密度의 교책巧策

질모서리 / EG소울리더

건축가들은 보통 지리로서 땅이 건축을 지시한다고 하지만, 서울 도심에서는 땅값이 건축을 지시한다. 도시에서 용적률은 일종의 자본 따먹기 게임이다. 토지 비용을 빼내야 하며, 임대 효율을 극대화하기 위해 크게 지을 궁리에 몰두한다. 그러면서도 조형을 놓지 않으려는 건축가가 있고 미학을 얹으려는 건축이 있으니 여러 가지 묘책이 생긴다. 아무리 그래도 법규로부터 자유롭지 못하고, 건축의 기본 원리를 벗어날 수 없다는 것이 건축의 숙명이다.

건축의 용적률 교책은 어떤 보편적 유형이 되며 양식을 생성하기도 한다. 도시에서 사선제한을 따라 지붕부가 각추 모양이 되는 일이 그러하다. 그 묘책은 법규의 틈을 비집는 일, 크게 보이는 헛것을 만드는 일 등 다양하다. 밀도의 지략이 만드는 건축은 단순한 부동산의 전략이 아니라 도시 사회적 현상을 만들며, 자본주의의 건축책이고, 나름대로 어떤 경향으로 정리할 수 있다.

2016년 베니스 건축비엔날레에서 한국관은 '용적률 게임'큐레이터_김성홍을 주제로 참가했다. 용적률 게임은 당해 대지에서 볼륨을 극대화하는 묘책으로, 부제는 '제약이 만든 창발'이다. 곧 법규가 건축가의 아이디어를 제약하지만, 건축가는 그 안에서 새로운 발상을 찾는, 코피 나는 노력을 한다는 것이다.

공간 불리기

질모서리 2012 / 김인철 / 서초구 서초대로46길 42

건물의 용적률은 크게 두 가지 조건에서 결정된다. 용적률은 대지마다 허용된 '대지 면적 : 지을 수 있는 건축 연면적'의 비율이다. 그것은 상업지역, 공업지역, 주거지역 등의 용도 지역에 따라 다른데, 이 건축의 경우는 제2종 일반주거지역으로 용적률이 200퍼센트이다.

두 번째는 사선제한이다. 모든 대지는 도로를 끼고 있게 마련인데, 도로 폭에 따라 일정한 경사 각도로 선이 그어지며 건물은 그 윤곽선 안에 들어와야 한다. 물론 큰길에서는 더 높이 올라가고, 두 길을 낀 가각에서는 또 유리해진다. 그것은 도로의 여건에 따라 건물이 너무 방대해지는 것을 제한하며, 햇빛을 지나치게 가리지 않는 일조권의 문제이다.

원칙대로라면 이곳은 60퍼센트의 건폐율로 3.3층을 만들 수 있으나, 도로와 일조 사선의 범위에서 5~6층을 만드는 묘책을 짠다. 그리고 그것이 독특한 조형이 되었다.

법적 제약에서 조형의 단서

질모서리는 용적률과 사선제한의 제약이 창발시킨 배불뚝이 형태이다. 보통 지반에서 직립하다가 사선을 제한받는 상부에서 사각으로 깎이게 마련인데, 여기에서는 위와 아래를 모두 사선으로 잘라 배만 불쑥 나왔다.

이 건축에서 중요한 것은 소쿠리처럼 건물을 만들었다는 것이다. 바깥 기둥과 보를 소쿠리 모양으로 얼기설기 짜면 이렇게 된다. 만약 큰 빌딩이었으면 이를 튜브 시스템이라고 하겠다. 일단 콘크리트 프레임이 그물網이 되면 형태 의도가 조금 더 자유로워진다. 굽거나 휘거나 오그려도 좋고 이 건물 같이 배부른 형태도 된다. 빛과 전망이 통하고 무엇보다 숨을 쉬는 항아리이다.

건축의 두 번째 특징은 겉의 격자와 안의 유리 면 사이에 공백이 있는 이중 레이어layer이다. 이것은 같은 건축가의 어반하이브에서도 본 바 있다. 성근 격자 사이로 창이 깊고 자연히 음영 효과가 생긴다. 빛의 모습으로 보자면 배

이 배불뚝이 건물은 베니스 건축비엔날레 한국관의 '용적률 게임' 참가작 중 하나이다. 사선제한을 피하려고 상부를 치켜 깎지만, 건물 아래 부분도 삭감하였다.

외곽은 구조를 겸하며 안의 유리 피질과 더하여 이중 막이다.

서울체

가 불러 위와 중간과 아래로 계조階調, gradation가 서서히 어두워져 내려간다.

보통 배가 부른 것은 욕망의 상징이지만, 이 집은 (조금 겸손한 듯) 땅에 닿는 면적을 축소하고 지하로 꽂아 내렸다. 배를 내민 형태가 특이하고, 옷이 곧 골격인 구법이며, 겉옷과 속옷의 겹을 입고 있고, 그림자의 점이漸移 효과를 누린다. 그리고 건물은 양적 욕망을 숨기는 듯하지만, 곧 발각되고 마는 아비투스가 재미있다. '2012 서울시건축상 우수상' 작품이다.

층층이 쌓아 묶은 시스템

EG소울리더 2012 / 조민석 / 강남구 테헤란로14길 34

서울의 건축은 '덩굴성 번육의 성장'을 보는 것 같다. 화분대지 안의 환경에서 몸건물을 최대로 키우는 식물은 자기 나름대로 성장할 방향, 방식, 방책을 찾는다.

도시에서 건물은 최대 용적을 확보하기 위해 우선 허용치 안에서 피라미드 형태를 짠다. 그러다 보니 자연히 저층부는 영구 음영 속에 들어가기 쉽다. 이러한 환경 문제 때문에 개발 주체는 '울며 겨자 먹기'로라도 공용 공간을 내놓는 것이다.

자빠지는 묘책

대지 면적 1,249제곱미터의 반인 625제곱미터를 건축면적으로 하여 건폐율이 꼭 50%이다. 그다음 용적률을 250퍼센트로 끌어올리기 위해 묘책이 필요하다. 도시형생활주택은 단위체를 집적시키는 방식이니까 쌓기의 방식을 특별히 한다. 건축은 연면적 3,094제곱미터를 9개 층으로 쌓되, 사선제한을 따라 건물의 볼륨을 뒤로 젖힌다. 법규의 총탄에 몸을 젖혀 피하는, 영화 '매트릭스'의 키아누 리브스 같다.

건물은 19~42제곱미터6~8평의 단위들로 이루어지는데 아래층으로 갈수

몸체가 뒤고 자빠지며 사선제한의 규제를 지키고, 자연히 계단식의 모양을 만들었다.

기울어진 형태에 표면 질감은 두툼하다. 패턴의 띠는 수평을 유지하면서 사선의 몸체를 상대한다.

록 넓어지는 평면이다. 그렇다고 해서 거주 환경의 문제 때문에 단위 세대가 무한정 깊어질 수는 없다. 일조를 받는 남향 거주는 햇빛을 받는 각도가 커지고, 뒤쪽은 자연스럽게 비워지는 상황이 된다. 그렇게 해서 기울어진 사다리 판의 모습이 되었다. 이를 건축가는 'Stocky Bundle Matrix'라 했다.

건물은 준공이 되었지만, 미국의 서브프라임 모기지 사태로 "금융 위기를 맞았다. 분양이 안돼 임대 사업으로 바뀌더니, 몇몇 회사들이 기숙사로 사용하기 위해 다발로 임대하면서 일종의 직원 커뮤니티로서 공간 활용이 자연스럽게 일어났다. 여유 있는 공용 공간 덕분에 기숙사 기능으로 임대가 되지 않았을까 하는 공치사도 해 본다." _ 조민석, 한국 건축의 전선 '용적률 게임', 『건축평단 2016 가을』

08

빌딩 해부학, 몸의 감각

몸의 건축

기술과 건축, 구분되지 않는 뜻

비틀리는 바벨탑

건축은 다분히 우리 신체와 닮았다. 피부, 근육, 뼈대, 내부 장기 등 구조가 그렇고, 먹고 소화하는 과정에서 에너지를 얻는 신진대사가 그러하다. 보통 건축이 몸과 닮은 구조적 속성에 있다고 보기에 건축의 해부학, 빌딩 아나토미anatomy라 한다.

    세상의 만물은 만유인력의 숙명에 있다. 무게의 운명을 짊어진 건축 기술은 몸의 메커니즘을 모방한다. 좀 더 적극적으로 구조적 묘책을 찾으면 기술이 표면에 등장한다. 보다 더 기술적 기교를 확장한다면 기술은 모양만이 아니라 감각에 이른다.

몸의 건축
포스코센터 / 종로타워

메를로-퐁티는 반성철학의 경색성을 비판하며, 몸의 주체적 성능이 (의미를 넘어) 확장할 것을 말한다. "신화적 또는 정신분열적 분석이 말하고자 하는 바를 아는 것은 우리 안에서, 우리의 현실적 지각 속에서, 일깨우는 방법 이외에 다른 방법을 가지고 있지 않다. 이론적이고 정립적인 사고의 '의미화 작용'에 앞서, '표현적 체험들'을, 그리고 내용이 형태로 포섭되기 전에 형태가 내용에 상징적으로 '잉태되는 것'을 인식하지 않으면 안 된다." _ 메를로-퐁티
『지각의 현상학』, 류의근 옮김, 문학과 지성사, 2002, p.440

말의 결이 질기게 씹히지만, 일단 정신은 형이상학形而上學, metaphysics이며 물상을 하학下學이라고 했던 철학적 구분을 다시 생각해 본다. 메타피직은 자연학physika 뒤에 오는meta 학술이라는 말인데, 상위-하위를 가르는 개념이 되고 말았다. 형이하학과 형이상학은 상대적 관계의 정의가 아니라, 등위의 구조가 아니라, 그냥 덩달아 나온 구분이다. 복잡하게 이야기가 되었지만, 정신의 우월적 가치를 반문하며 몸의 복권을 위한 사유이다.

몸은 단순히 물상이 아니라, 그 자체가 개념적 주체가 된다. 몸은 정신을 담기 위해 형태와 질료와 시스템 등으로 만든 용기容器만이 아니라, 이미 그가 무엇인가를 말한다. 물론 현대건축이 마치 '몸짱'에 몰두하는 것 같은 조형造形주의의 경향도 있다. 건축의 태도에서 단순한 물질 상태물상, 상징과 의미표현, 더 많은 포괄적 의미현상 등 어느 차원에 뜻을 두느냐에 따라 달라진다.

리듬은 우리를 포획하면 내보내지 않는다. 리듬은 우리의 지각을 잡아 두거나, 맴돌거나, 가두거나, 엮어둔다. 제자리걸음이거나, 왔다 갔다 하면서 우리의 지각을 집요하게 자극한다. 그것이 리듬의 마성이다.

서울체

그동안 '조형'이란 '형태를 이루어 만드는' 일이었다. 이를 확장하면 형질形質이면서도 사상事象을 이루는 이중성으로, 동양적 사유에 이어질 수 있다. 곧 형과 질은 구분되는 것이 아니며, 색色과 공空으로 분리되지 않는 관계라는 뜻이다. 이제 건축의 내재적 층위는 잠시 접어 두고 그 형질의 디자인을 찾아가 보기로 한다.

 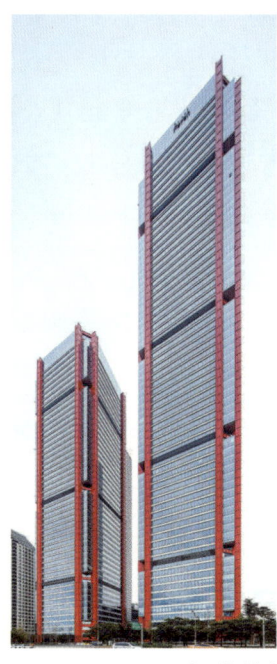 

초고층 빌딩은 키다리의 해부학적 특징을 갖는다.
그러나 이들 높이의 시스템은 빈곤한 개념으로 그냥 부동산이 된다.

빌딩 해부학, 몸의 감각

하이테크, 하이센스

포스코센터 1995 / 원정수 / 강남구 테헤란로 440

포스코POSCO는 박태준1927~2011 초대 회장의 전설적인 철강 산업의 상징이기도 하다. 박태준은 와세다 대학에 입학했다가 광복이 되어 육사6기를 졸업한 엘리트였다. 박정희와 군사정변 동지이며, 이후 중공업 산업사에서 신화를 만든 당사자이다. 당시 경제개발 5개년 계획에서 한국은 경제적 운명을 포항제철에 걸며, 1965년 대일청구권을 제기하고 투자를 받아 1968년 제철소를 만든다. 포항 항만을 건설하고 상상 같던 계획을 실현하며 한국을 세계 굴지의 철강 산업국가로 만든 것이다.

하이테크, 투명 건축

포스코센터는 서울 강남이라는 무위無爲의 공간에서 벌어진 하이센스이며, 강남 개발의 촉매 같은 존재였다. 1990년대만 해도 투명 유리는 현대건축의 코드였다. 그 투명도를 높이기 위해 단면적을 최소화한 철골과 금속의 상세는 향후 가벼운 건축의 전범이 된다.

한국의 빌딩 테크놀로지는 영국의 하이-테크나 미국의 구조-테크에 비해 한 세대 뒤져 있다. 포스코센터가 구사하는 '하이'의 테크놀로지는 소극적이고, '하이' 센스에 있어서도 못 미친다. 그러나 포스코센터는 투명도가 높은 건물을 만들기 위한 기술, 유리 틀의 접합 기술, 철강으로 가능한 가벼움을 구사하는 기술 등으로 한국의 현대건축을 학습시켰다.

투명한 건물은 여름이면 냉방부하가 크고, 겨울이면 춥다는 부담을 안고 있다. 그래서 투명 건축은 특별한 이중막二重膜, double skin 기술을 필요로 한다. 도시에서 투명한 건축이란 시각적 문제만이 아니라 존재의 방법이 된다. 덩치가 큰 빌딩이 투명해지는 것은 자신의 양감量感을 지우는 방법이다. 건물은 어떤 옷을 입는가에 따라 무지하게 무거울 수도 있고 번잡스러울 수도 있지만, 건물이 투명한 물상으로 존재감을 휘발시키는 것은 또 다른 가치이다. '1995 한국건축문화대상 대상', '1996 서울시건축상 금상' 수상작이다.

건축은 포항종합제철이 발주했고, 동아건설이 시공했다.

몸은 빙어처럼 투명하며, 드러나는 내부는 몸의 해부학적 조형이다.

빌딩 해부학, 몸의 감각

종로의 고질라

종로타워 1999 / 라파엘 비뇰리 + 삼우건축 / 종로구 종로 51

삼성그룹의 건축들은 대부분 도전적이다. 아마 한국 최고의 경영이 도모하는 최고 지향은 건축도 마찬가지라는 뜻일 게다. 이번에는 우루과이 출신의 건축가 라파엘 비뇰리Rafael Viñoly이다.

R.비뇰리는 건축의 테크놀로지와 조형을 융합하는 데 능하다. 특히 특수한 구조체를 창발하며 그것이 이루는 독특한 조형을 미학으로 한다. 그래서 교량과 같이 스펙터클한 과제에서 발군의 조형력을 발휘한다. 가까이는 일본의 '도쿄국제포럼Tokyo International Forum, 1996'에서 하이테크 구조로 강렬한 내부 공간의 인상을 만들었다. 그의 현대적 감각은 기술적이기도 하지만 도쿄의 전통적 정서와도 결합된다고 본다. 어떻든 이 건축가의 구법 조형은 바로크 건축처럼 과시적이다.

이러한 기대로 종로 네거리에 선 종로타워가 한국의 전통적 도심에서 어떻게 드러나는가의 관심은 당연하다. 그 관심은 두 가지 안경을 통해 보았다. 하나는 이곳이 한국 최초의 자본 거점이었던 '화신백화점1937'의 자리라는 것이다. 두 번째는 길 건너에 있는 보신각이다.

결과는 기대만큼 석연치 않다. 화신백화점의 파사드를 새 건물 전면에 새기자는 제안이 있었지만, 억지로 한다는 느낌으로 거부되었다. 보신각 건축과의 관계는 그리 직접적이지 않으니 처음부터 중요하지도 않았다. 그렇다 하더라도 서울의 구도심에서 이렇듯 '고질라' 스케일의 물상은 거북하다.

맨 상층에 올려놓은 '탑 클라우드'와 공중 정원의 기술은 인상적이다. 건물 양쪽 두 개의 원형 코어를 지주로 하여 트러스로 짜인 머리를 서서히 끌어 올려놓는 기술이었다. 탑 클라우드는 길이 64미터의 단일 공간으로, 철골의 무게로 치면 4,300톤쯤 된다고 한다.

탑 클라우드는 고급 레스토랑이기에 방문이 부담스럽고, 공중 정원은 언제부터인가 접근이 차단되었다. 보통 이 건물을 33층이라고 하지만, 공중 공원을 빼고 순 내부층만 보면 24층이다. 저층부는 완전한 투명의 커튼월인데

종로타워의 전경과 보신각.
총 132미터 높이에서, 전체적으로 1~2층 지층부 – 중간 하단부 곡면 – 중간 수평 트러스 띠 – 중간 상단 평탄면 – 23~30층 사이 공백 – 최상단 탑 클라우드의 다단계 구성이다. 특이하기는 하지만, 사랑할 대상 같지는 않은 모양이다. 최상층의 탑 클라우드는 무주 공간으로 만들었다.

30밀리미터 접합 유리로 된 수직 블레이드가 지지한다. 창의 횡력을 받는 구조이며, 남서향의 일조를 완화한다.

지하철 종각역과 연결되는 지하에는 종로서적이 문화 공간을 만들고, 음료 서비스업들이 대중적 장소를 만든다. '2000 서울시건축상 금상' 수상작이다.

기술과 건축, 구분되지 않는 뜻
서울월드컵경기장 / 부띠크모나코

모더니즘 건축을 형태가 지배하면서 구조는 속에 묻혔다. 설비는 건축의 생태를 유지하기 위한 내장일 뿐이었다. 결코 기술이 먼저 나서는 법은 없었다. 구조이거나, 쾌적한 환경을 위한 설비이거나, 기능이 유지되기 위한 어떤 생태적인 기술도 형태 앞에 있지 않았다.

그러다 1970년대 이후부터 기술이 건축의 표면에 나서기 시작했다. 소위 '레이트 모더니즘Late modernism'이라는 경향에서 재료와 구법이 조형을 선점하기 시작한다. 기술과 건축의 관계는 하나의 뜻이 되어 1980년대 이후의 '하이테크high-tech'를 열었다. 기술은 건축의 개념 자체이며, 형태와 의미가 기술에서 시작되었다. 가히 건축과 기술이 위상을 바꾸는 것이다. 건축가가 기술적이어야 기술은 미학을 말할 수 있다.

재료는 건축을 만들기 위한 수단이 아니라 표질表質로서 조형을 결정한다. 건축가는 그 물성物性의 이해를 넓히는 일이 형태의 솜씨보다 중요해진다. 구조는 안전하게 서 있기 위한 기술이 아니라, 건축이 구사할 수 있는 몸과 센스의 세계이다. 그렇게 건축과 기술은 한뜻이거나, 최소한 동조적이게 된다.

기술로 전통하기

서울월드컵경기장 2001 / 류춘수 + 정림건축 / 마포구 월드컵로 240

2002년 한일 월드컵을 위해 한국과 일본에서 수많은 축구장이 일거에 이루어졌다. 한국에서 10개, 일본에서 10개의 경기장을 만들었다. 그것은 1988년 서울에 집중된 올림픽경기 시설보다도 더 큰 프로젝트였다.

현대 기술과 전통 감성

보통 '하이테크'와 '전통적 감각'은 상충되는 것으로 안다. 테크놀로지는 기술 또는 수단이고 전통은 관념 또는 감성이니 서로를 부정하여야 성립하는 관계이다. 서울월드컵경기장의 현상설계에서 이러한 의식은 반전되었다. 건축가 류춘수는 방패연과 소반을 표현에서 서슴지 않고 드러낸다. 연지붕은 가볍고 소반객석에는 사람을 얹어 놓는다.

이 건축이 방패연이나 소반으로 보일 기회는 하늘에서 내려다본 장면뿐이다. 실제에서는 장대한 캐노피의 가볍고 반투명한 사실이다. 반투막은 특별한 질료이며, 가볍게 만드는 것은 기술이다. 이미 1998년 프랑스 월드컵의 생드니 경기장 이후 이 기술은 흔해졌지만, 통념적으로 운동장 캐노피의 육중한 무게를 생각하면 특별해 보인다.

기둥을 객석 뒤에 두는데, 지주는 앞으로 자빠지려는 지붕을 잡아당겨 버텨야 한다. 이를 단면 2차 모멘트 또는 관성 모멘트 moment of inertia라고 한다. 휨 또는 처짐에 대해 저항하는 물리이다. 옛 한옥에서는 처마가 그렇고, 고급 기술에서는 항공기의 날개도 그러하다. 물론 앞으로 뻗쳐 나간 길이가 길수록 앞으로 처지려는 힘 moment은 커진다.

이 경기장에서는 현수懸垂 구조로 외관을 이루며 막 구성이 기술의 결판이다. 지주mast를 세우고 입체 강관 트러스를 수평 구조로 만들어, 이들이 주저앉으려는 것을 스테이 케이블stay cable과 가이 케이블guy cable이 잡아당긴다. 그리고 박쥐가 날개를 편 것처럼 테프론 멤브레인Tefron membrane이 객석 위

원경에서 포스트(지주)와 케이블, 막(지붕)의 얼개를 볼 수 있다.

캐노피 내부, 가벼움의 기술과 심미는 축제의 현상 같다.

서울체

에 막을 치는 것이다.

이러한 막 구조 기술은 일찍이 류춘수가 공간건축 시절 설계했던 잠실의 올림픽 체조경기장에서부터 익힌 것이다. 류춘수의 한국적 정서가 현대적 테크놀로지와 융합하는 것은 모더니즘의 이지와 낭만주의의 미소이다.

월드컵 개최를 위한 축구 전용 구장은 사후 경영 문제 때문에 고민이 많았다. 경기장은 현재 FC서울의 홈구장이며, 실내 쇼핑몰과 영화관, 피트니스 클럽 등을 통해 경영에 성공했다. 더군다나 주변의 상암공원, 문화비축기지, 상암 DMC 등과 연계된 지원을 받는다. 규모 66,800석의 축구 전용 구장은 월드컵 이후 사후 관리에 자신을 얻었다. 경기장 투어에서는 2002년 월드컵의 기억과 함께 경영 시스템을 볼 수 있다.

뭐니 뭐니 해도 경기 시설의 미학은 장쾌한 스케일이다. 그리고 빈 경기장을 채우는 내적 충만, 운동경기의 현상학적 체험일 것이니 축구 경기가 열릴 때에 가 볼 일이다. '2002 서울시건축상 금상' 수상작이다.

큐빅 매트릭스

부띠크모나코 2008 / 조민석 / 서초구 서초대로 397

서울성을 말하고 있는데 하필 건물 이름이 모나코이다.

모나코라면 프랑스 남동부, 지중해를 앞에 보고 경사 지형에 만든 작은 도시국가이다. 도박으로 재정이 짭짤한 소비의 도시이나, 그보다는 모나코의 대공 레니에 3세와 결혼한 할리우드 배우 그레이스 켈리의 이미지가 깊다. 도시의 건축은 낭만풍으로 별 볼일 없고 특색 있는 문화도 없으나 기후 하나만은 끝내준다. 부띠크 모나코라는 빌딩 이름은 이국풍 취향이겠지만, 서울 강남에서도 또 차별하고 싶은 부동산 문화일 것 같다.

직립한 입방체에 층층이 쌓인 기능적 복합성은 강남 스타일이기도 하겠다. 지반층을 필로티로 비우고 그 위에 상업 기능의 저층부를 얹고, 23개의 거주층을 수직으로 쌓았다. 건축가는 이를 수직적 생활vertical life이라 한다.

'ㄷ'자 평면의 건물 볼륨이 그대로 대지를 점유하니, 세미 코트의 오픈스페이스가 공개되었다. 워낙 건물이 높아 코트라기보다는 광정光井이겠다. 그래서 겨울에는 영구 음영 속에 있지만, 여름에는 대류의 굴뚝 효과와 함께 시원할 것이다.

오픈 공간인 1층은 가로 접면을 비우기 위해 기둥의 숫자를 줄이고 층고를 높여 흐름을 활달하게 하였다. 2~4층 저층부의 트러스 브리지는 좀 느닷없어 보이는 특수 구법을 취했다. 필로티로 지반층을 비우고 3개 층의 상업 공간을 얹어 놓는데, 이때 상층에서 내려오는 직압을 모아서 정리trans하여야 한다. 그러니까 2~4층이 역학적 트랜스 층이다. 사선 부재의 굵기가 여러 가지인데, 굵은 것이 압축재이고 가는 것이 인장재이다. 이 두 가지 힘의 거동을 시각적으로 가려볼 수 있을 것이다. 그 위에 모듈로 짜인 거주층 타워가 선다.

수직으로 짜는 공간의 직조는 거주 공간, 브리지, 넉넉한 발코니, 하늘, 바람 등을 모아 씨줄-날줄로 엮는다. 이 직조는 하늘로 치솟고 강남의 밀도 경제에 부응한다. 마침 대지가 3개의 도로에 면하면서 꽤 높이 올라간다.

거주층은 여러 유형의 주거 단위가 매트릭스를 이루지만 빈 공간을 간헐적으로 삽입하여 공간의 빛과 호흡을 돕는다. 단위 세대의 유형을 다채롭게 하자면 설계가 복잡해지는데, 여기에 공중 오픈스페이스와 공적 영역의 접촉 방법이 또 변수가 되니 그 조합이 더욱 복잡해진다. 거주층인 타워는 4~5개 층마다 볼륨을 저며 내어 건물의 속살을 드러낸다.

사람들이 옷을 욕망하듯 건축도 피복을 고른다. 부띠크 모나코의 외장 재료인 유리, 비철금속은 너무 윤택하여 현휘眩輝가 심한 질료이다.

위의 거주와 아래의 상업을 외관에서 구분하는 사선의 조합으로 이루어진 구체構體의 난이도는 비용을 전제로 할 것인데, 이 부분이 도로에서 사람들의 주 시선에 걸리니 그 인상은 투자해 볼만할지 모른다. 새로운 자본재의

직립한 타워 중에서 저층부 포디움은 구법과 표장이 다르다.
그 부분이 도시 시선의 레벨이고, 상층부는 원경에서 만난다.
주거 부분은 오픈된 매트릭스를 삽입하여 거주와 천공天孔과 바람을 섞었다.

빌딩 해부학, 몸의 감각

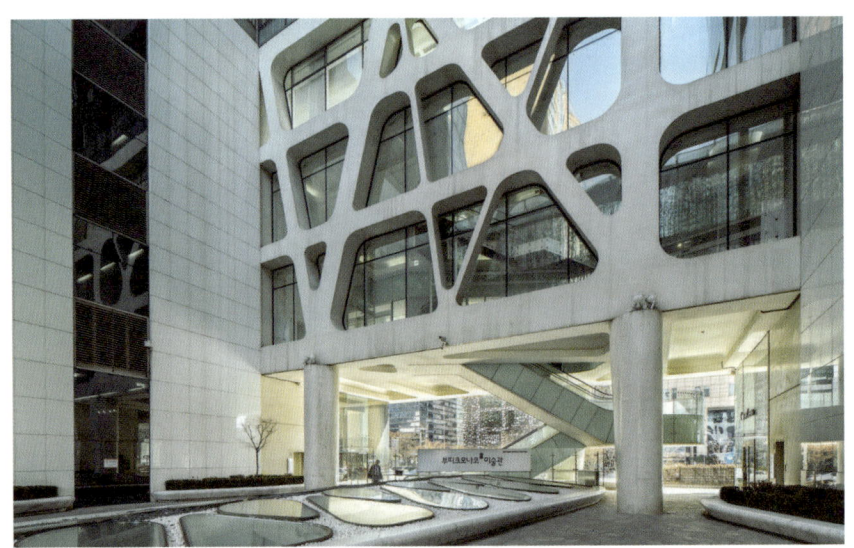
빌딩의 평면은 크게 ㄷ자 모양이고, 그 중심에 중정을 두어 하늘을 틔었다.

가치는 단순히 면적을 나누어 파는 것이 아니라, 디자인의 부가가치를 우려내는 일이다. 꼭 그러지 않아도 될 비싼 건축술은 분양가에서 묻지 않는다.

지반층의 필로티, 공중 정원 등 건축은 개방된 구조처럼 보이지만, 그것은 또 다른 고립이다. 지반층은 오픈된 모습이지만 그 위에는 공중 고립의 삶들이 열매처럼 열려 있다.

비틀리는 바벨탑

GT타워 이스트 / SK T-타워 / 에스트레뉴

빌딩은 대개 수직적 비례가 월등한 구체의 기술로 이루어진다. 물론 수직적 높이가 높아질수록 비례도 세장細長해진다. 높이 짓는 것이 어려운 것은 바람 또는 지진과 같이 옆으로 미는 횡압이 커지기 때문이다. 우선 형태적으로 안정적인 입체를 만들어야 하며, 초고층의 경우에는 특수한 구조법을 구사하여야 한다.

빌딩 밑동은 지하의 기초에 묻혀 있으니 고정단이지만, 윗부분은 휘청거리는 자유단이다. 그런데 가뜩이나 큰 키를 비틀고 꼬며 균형을 잡느라고 기술이 힘들어한다. 왜 현대건축이 문제를 어렵게 하고 그에 따른 비용을 지불하는지가 서울성의 이해이다.

아마 중동의 초고층 도시 건축들이 취하는 휘돌기, 배뱅이, 꿈틀대기 등 이상 형태를 자본재가 본 것이다. 아부다비, 두바이 또는 중국 신흥도시의 건축 자본주의를 따라해 보는 모양이다. 여하튼 그것은 만유인력에 도전하는 것이며, 역학의 보편적 해석을 넘어서야 하는 일이기에 용기가 필요하다.

몸부림 치는 높이

GT타워 이스트 2011 / 아키텍튼 콘소트 + 한길건축 / 서초구 서초대로 411

GT타워 이스트는 괜히 몸을 비꼬며 S 라인을 과장한다. 건물이 막대한 비용을 들이면서 몸부림치는 이유는 자태를 뽐내는 일 말고 더 말할 게 없다. 빌딩을 설계한 아키텍튼 콘소트는 네덜란드 로테르담에 본사를 둔 설계 회사이다. 그들은 고층 빌딩에서 비트는 수직 변형의 습성을 여러 가지로 보였다.

GT타워 이스트는 24개 층, 130미터 높이를 선큰 광장 바닥에서부터 몸부림치면서 솟는다. 아니면 출렁이는 물결처럼 하늘에서 흘러내려 땅에 박힌다. 외벽 면은 흑청색 유리와 흑색 멀리언이 빛과 함께 운동한다.

상업 공간을 지하층에 두어 도시의 소음으로부터 안정된 자신의 광장을 만들고, 사무소 공간이 기준층을 이룬다. 그러나 수직면이 굽이치면 각 층의 평면이 일정하지 않을 것이다. 3번 몸짓을 하니 48미터마다 한 번 꿈틀대는 것이다.

굽이치는 몸매는 보는 위치에 따라서 자꾸 달라진다.

수직을 못 참는

SK T-타워 2004 / RAD + 정림건축 + 진아건축 / 중구 을지로 65

SK T-타워는 정하중靜荷重을 동하중動荷重처럼 몸짓한다. 사람들은 허리가 굽어진 형태를 '휴대 전화'의 직유라고 하거나, '인사하는 빌딩'이라고 한다. 그 밑을 지나가는 게 '불편'하다고도 한다. 그가 고개를 숙이며 따로 에너지를 소모함을 알기 때문이다. 그러나 이 인상을 위해 건축주는 돈을 들이는데, SK의 진보적 경영을 표현하는 대가이다. 신장 150미터의 33층 중 27층 위치에서 15도쯤 허리를 굽히니까 4/5 쯤이 굴절선이다.

평면은 장방형에 편심 코어인데, 이 구성 역시 날씬한 자태를 위한 선택이다. 몸집이 세장細長해야 굽힌 행동이 잘 드러난다. 측단에 몰린 코어는 남북 방향으로 터진 실내를 만들고 빛의 관류가 보장된다. 외장의 유리 커튼월은 기울기가 다른 창 모듈로 비늘처럼 반짝이며, 기우뚱한 몸짓에 미세한 동태를 지원한다. 그래서 보는 위치에 따라 색의 계조階調가 달라진다. 하늘도 분절되고, 구름은 산산조각이 난다.

1999년에 발표된 초기 디자인은 직립한 직방형의 볼륨이 최상부에서 대칭으로 줄어드는 것이었다. 국내 최고의 정보 통신 회사 이미지로는 너무 평범했다. 지금 우리가 보는 꺾어진 몸짓은 RAD Research Architecture Design에 의뢰된 것이다.

설계 그룹 RAD는 1994년 아론 탄Aaron Tan을 중심으로 설립된 젊은 조직으로 도시-건축-실내디자인의 영역에서 통합적으로 작업한다. OMA Office for Metropolitan Architecture의 방계 조직으로서, 아마 렘 쿨하스와 청년 건축가들의 생각을 통섭한 모습일 것이다. 홍콩에 기반을 둔 사무소는 클라이언트와 프로그램과 대지의 통합synthesis을 중요시한다고 한다. SK T-타워에서도 도시, 조경, 건축, 실내디자인, 정보 디자인의 통합적 디자인을 알아볼 수 있다.

빌딩은 한정적인 투어이지만 IT와 미래 통신 세계를 전하는 체험관 티움

평면이 동서로 길며, 날씬한 몸매를 남쪽으로 굽힌다.

유리 비늘 같은 표장. 창은 수평으로 열린다.

T.um을 가지고 있다. 최첨단의 정보 기술을 최신의 전시 기법으로 볼 수 있다.

에스라인 몸매

에스트레뉴 2009 / 조민석 / 영등포구 국제금융로2길 37

패션모델이 런웨이에 나서 포즈를 잡는데 똑바로 서 있는 것을 못 본다. 다리를 꼬거나 허리를 기울인다. 그런데 건물은 조금만 다리를 꼬아도 엄청난 모멘트 응력을 부담한다. 직압을 받는 일반적인 입방체보다 수직적 변형은 심각한 횡압이 발생하며 특별한 구법을 요구한다.

조민석이 매스를 스터디하면서 만든 몸짱은 여럿인데, 에스트레뉴는 여의도의 보수적인 빌딩 디자인 사이에서 자태를 뽐낸다. 그렇게 크지 않은 볼륨임에도 불구하고 비꼬는 몸짓은 키가 훌쩍하여 여의도 전경에서 자주 존재

36층, 152미터의 높이를 코어와 양쪽 볼륨이 샌드위치를 만들며 버틴다.
가운데 터진 공간으로 도시와 사람을 펌핑-업한다.

감을 드러낸다. 아마 그가 눈에 잘 뜨이는 것은 다른 대부분의 건축들이 똑바로 서 있기 때문일 것이다.

저층부에 상업 기능을 두고 고층부는 임대 업무 공간이지만, 기능의 구분이 형태에서 나타나지 않는다. 오히려 몸은 수직으로 세 쪽을 내어 사이를 벌리고 비틀었다. 그래서 다리足가 세 개인데, 다리 사이로 앞뒤의 관류貫流가 생긴다.

지반에서 L자 모양으로 치솟는 높이 36층154미터의 타워는 수직적 볼륨을 세 개로 쪼개고 다시 이를 묶어서 번들 매트릭스Bundle Matrix라 한다. 쪼개진 수직선은 통짜 볼륨보다 더 늘씬한 시각적 효과를 거두며, 내부 공간의 빛 환경이 좋아진다. 가운데 코어는 철근콘크리트 구조이고 양쪽의 볼륨은 철골조이다. 세 조각에게 각각 몸짓을 다르게 시키고 있다.

지반층에서 4층까지 연속 에스컬레이터를 두어 도시 가로의 흐름을 흡입한다. 지반에서 다리를 벌리고 선 건물은 23층에서 모아졌다가 29층에 가서 다시 벌어져 만세를 부른다. 그중 14~15층은 수평적 변형을 방지하기 위해 밸트 트러스belt truss를 허리띠처럼 매었다. 이 공간은 설비실과 기계실로 쓴다.

그렇게 허리가 굽어진 볼륨과 직립한 코어 사이에는 공중 발코니가 생겨 고층부가 더 큰 숨을 쉬게 한다. 각 층은 모두 다른 평면으로 유니트의 선택이 다채로워진다. 건축은 그의 구조 조형을 평가하여 '2010 한국건축가협회상'을 수상했다.

09

낯선 것에 대한 자유로움

보편성에 대한 의심

낯선 건축술

낯선 과거, 레트로스펙티브

시간의 해후

서울은 진보적인 자극이 크고, 문화 교차의 지리가 넓고, 낯선 것조차 포섭하는 소질이 있다. 낯선 것은 기성 문화를 자극하며, 새로운 동기들은 혁명을 충동질한다.

 한동안 우리의 건축은 다분히 낯설음을 낯설어 하면서 보수화되어 왔다. 문제는 보수성을 보편성으로 아는 것인데, 그것은 익숙함에 안심하면서 생긴 버릇이다. 낯선 것에 대한 경외감이 조선을 쇄국했고, 반대로 열린 통치의 시대정신이 메이지유신明治維新을 이루기도 했다. 낯선 것과의 조섭調攝은 문화 교차를 의미하고, 익숙한 것의 편안함은 문화 수구守舊가 되기 쉽다. 그것은 국가 문화에서도 그렇고, 시대 문화에서도 그렇고, 건축가 개인의 정신에서는 더욱 그러하다. 건축 역시 끊임없이 개별화하면서 차이를 만들고 새로움을 창의한다.

보편성에 대한 의심

웰콤시티 / 크링 / 예화랑 / 플랫폼엘 컨템포러리 아트센터

통념을 버리는 것은 낯선 것에 서슴없을 첫 번째 일이다. 보편적인 것을 의심하는 만큼 낯선 것을 잘 받는다. 건축은 낯섦이란 새로운 사실을 자꾸 만든다. 후기구조주의 이후 새로운 것에 대한 욕구로 창발創發하는 것은 구법에서, 재료 조형에서보다도 원천적인 이해에서부터 달라질 프로그램에서 중요해진다.

원칙이라고 믿었던 것, 당연한 이치, 그러해 왔기에 믿는 것은 지나쳐야 한다. 그렇다고 하여 낯선 것이 우리들 상황 밖에 있는 것은 아니다. 낯섦이란 없던 것이 아니라 가려져 있던 것을 거두어 내는 것이다.

지방은 새로움에 대한 적극성이 덜한가? 서울은 새로움을 위해 고유성을 더 잘 버리는가? 꼭 그러하지 않은 것이 낡은 것을 새롭게 하는 의지가 확대되고 있기 때문이다.

새롭게 그리고 함께하기

웰콤시티 2000 / 승효상 + 플로리안 베이겔 / 중구 동호로 272

보통 덩이를 나누면 표면적이 커지니, 재료가 더 들고 단열 면적이 늘어난다. 그래서 공사비가 커지며 공정도 늘어진다. 그러함에도 그보다 중요한 것은 채를 나누어서 각 공간이 숨을 잘 쉬게 하는 일이다. 전통 한옥에서도 그러하지만, 채 나눔은 시각이 넓어지고 포착할 풍경이 풍부해진다.

웰콤 사옥은 장충동의 조금 한적한 곳에서 남산을 원경에 둔다. 뒤는 오래된 주거지역이고 앞은 동국대학교이며, 전면 도로는 장충체육관에서 퇴계로로 흐른다. 땅은 경사지고 주변은 반듯하지 않다. '좋은 커뮤니케이션' 웰콤인데, 의외로 건축은 완강한 방어 요새 같다. 광고 회사이기에 내향적인지 모른다.

건축은 길가에 방치되듯 서 있다. 건물 밑 보행자의 시선도 그렇고 원경에서는 더욱 그러하다. 괴체와 빈 공간을 반복하면서 오래전부터 거기 있던 것처럼 서 있다. 우선 시각을 장악하는 건축의 물성物性, 콘크리트와 코르텐 스틸, 거친 피부, 건성乾性, 중성색, 심각한 표정의 건축은 낯설다. 이처럼 건축을 수사하는 어휘들은 외관에서부터 떠오른다. 녹이 슬었으니 꽤 나이가 된 것 같고, 콘크리트는 워낙 무거우니 요지부동이다. 건축가는 그즈음 '문화풍경Culturescape'을 만든다고 했다.

건축에 있어서 조형은 이미 쇠멸되었고, 오히려 어떤 사회 문화에 건축이 조영照映 되면서 다른 경관을 그려 가는 일이다.
"기존의 전지전능한 질서는 이미 환상으로 남게 되며, 모든 것이 또 다른 가능성을 탐색하는 공간으로 전환된다. 건축에서는 모든 가능성에 대한 잠재력을 가진 장소가 절실하다. 이를 건축적 조경이라고 하는데 요즘 내가 즐겨 쓰는 문화풍경은 새로운 땅이며 새로운 장소이자 건축이고 새로운 질서이다." _ 승효상, 2001

낯선 것에 대한 자유로움

건너편 동국대학교에서 본 웰콤시티 전경. 동네 건축의 공간 구조를 본다.

가로에서 입구. 완강하던 콘크리트 벽이 공간을 풀기 시작한다.
자기 영역 안에 마당, 테라스, 선큰 등의 내향적 공간이 넉넉하다.

서울체

헌 땅을 새롭게 하기

복잡성을 푸는 방법은 이해를 단순화시키는 것이 아니라 버리는 것이다. 건축은 지반층을 콘크리트 벽으로 치고, 상부에 코르텐 스틸의 볼륨 네 개를 올려놓았다. 여기에서 문화풍경이라는, 허리를 비워 도시의 장면을 트게 하는 또는 흡수하는 건축적 의외성이 벌어진다. 이러한 공간적 포맷은 이 과제가 대지와 함께 주어진 '짓다만 기존 건축'에 연유한다.

원래 대지에는 지하층까지 짓다가 만 빌딩이 있었는데, 승효상은 지하층과 기초를 걷어내고 다시 하기보다는 그 위에 축조하기로 한다. 그래서 1층 이하는 완강한 콘크리트 구조가 된다. 지상층은 이야기가 많지만 한 켜 안에 감추어져 있다. 원래 도시 건축이라면 전면으로 개방되기 마련이어서 이 장면은 낯설다.

남산에서 흘러내린 대지는 아직도 언덕의 여운을 가지며, 대지 뒤로 좀 높아지는 언덕바지에 단독 주택가를 형성하고 있다. 오래된 주택지는 도시적으로 여리고 약하다. 웰콤시티 앞에는 거친 옹벽 위로 동국대학교가 있고, 좀 더 원경으로는 남산이 있다. 건축은 자신의 몸을 썰어 내고 덩이마다 간격을 벌려 널찍한 틈을 낸다. 그 간격은 뒤편 주택의 남향 전경을 막지 않으려고 애쓴 결과이다.

이 틈은 자신에게도 숨 쉬는 공간으로 유효하다. 긴장과 폐색감의 광고 회사 직원들에게 이완과 내향적 개방의 공간일 것이다. 보통 연다는 것은 밖으로 열림을 의미하지만, 안으로 여는 일이 더 중요할지 모른다. 그러함에도 도시 건축의 양태로는 생소하다.

꽤 장대한 콘크리트 벽체와 보도 위의 주차장을 지나는 보행자는 편안하지 않다. 지나가던 사람들이 걱정이다. '아이고, 이 집 다 녹슬었으니 어째.' 안에서 벌어지고 있는 도시적 수사에도 불구하고, 47미터 가로측 길이는 무위롭다.

웰콤시티 뒤에는 승효상이 설계한 갤러리 '파라다이스 집ZIP'이 있다. 기존 양옥의 구조를 그대로 두고 최소한의 변조와 백색 도장만으로 손을 댄 모양이다. 인근에 있는 파라다이스그룹이 사회 문화를 위해 공여한 것인데, 바로 승효상이 웰콤의 몸체가 앞 풍경을 가릴까 봐 자기를 베어 내게 한 대상이다.

낯선 음파

크링 〉써밋갤러리 2008 개관, 2015년 재개관 / 장윤규, 신창훈 / 강남구 영동대로 337

원래는 금호건설이 만든 복합 문화 공간으로, 아파트 사업을 홍보하는 모델하우스였다. 보통 건설사의 아파트 모델하우스는 임시 시설이고, 영구 건물의 부담감이 없어 건축가에게는 조형의 솜씨를 뽐낼 기회가 된다. 말하자면 짧지만 환상적인 낮잠 같다. 건설사도 대중의 시선을 끌어야 하기 때문에 건축가에게 인상적인 개념을 부추긴다. 시한부 모델하우스는 살아 있는 동안 힘껏 목청을 돋우어 분양 시장의 경제를 책임진다.

이 건물도 그렇게 탄생했는데, 만들어지고 나서 디자인계의 주목을 부르고 상도 여럿 받으니 '임시의 시한'이 아까워졌다. 금호는 건물을 유지하기로 하고, 패션쇼, 음악 공연, 미술 전시, 컨퍼런스 등의 컨벤션 기능으로 전향했다. '크링 시네마'의 독립 영화 기획전, 디지털 아트 기획전 등이 기억된다.

현상학적 건축

'크링kring'은 네덜란드어로 '원'이라는 의미이지만, 그냥 보아도 금호기업의 '어울림', '울림'이라는 모티브가 곧장 시형식을 이룬다. 전면을 장악하고 있는 원의 파상들이 그것을 말한다. 아마 건물이 음원音原이 되어 강남 지역에 문화 예술을 일깨우는, '도시를 향해 발산하는 울림통 혹은 스피커'인 모양이다. 건축가는 이를 '문화 공명共鳴'이라고 했다. 곧 현상학적現象學的 디자인이다.

서울체

원은 동심원으로 서로 공영하며 확산한다. 외관의 인상은 반입체 건축으로 하나의 큰 울림통이다.

내부 공간의 다이내믹한 구성도 사람들을 흡입하고 유동시키며 흥겹게 머물게 한다. LED 조명으로 현란한 실내는 지나칠 만큼 관능적이었다. 조명 디자인은 야간에도 빛나기를 그치지 않아 건축의 표장이기도 하다.

크링은 한동안 소리 없는 모습으로 비어 있다가 다행히 새 주인을 찾았다. 금호건설이 대우 푸르지오에게 매각하며 써밋갤러리로 다시 열렸다. 아파트 쇼룸 신세가 된 건축은 생명을 보전했지만 할 일 없이 늙어 간다. 강남에서 그 잔존 수명이 얼마나 될지는 모른다.

수직으로 치는 파도

예화랑 2005 / 장윤규, 신창훈 / 강남구 압구정로12길 18

보통 갤러리는 접근이 상점만큼 쉽고, 수평적 연속으로 동선을 짠다. 전시할 내부 공간이 문제이기에 한 통의 화이트 박스로 만들어진다. 그러한 속성을 거슬러 하면 관리가 어렵거나 방

겉옷을 몸체에서 거리를 부풀려 두고 입었다. 콘크리트 표면은 캔버스라고 하기도 하고, 흐느적거리는 옷으로 보이기도 하고, 숨 쉬는 몸이기도 하다.

문객이 불편하다. 그런데 예화랑은 공간을 수직적으로 쌓고 수직면의 표장이 건축 표현을 웅변하며 다중체多重體처럼 만들어졌다. 이러한 건축을 스킨스케이프라 한다.

예화랑은 1978년 종로구 인사동에서 창설되어, 1982년 강남구 신사동으로 이전하였다. 지금은 '가로수길'로 유명해진 위치이지만, 건물은 큰길인 압구정로에서 한 블록 안쪽으로 들어와 있다. 이숙영 관장은 여기에서 인상적인 건축을 필요로 하고 청년 장윤규에게 설계를 의뢰했다. 그즈음 꿈을 그리던 건축가 장윤규로서는 처음 자신의 건축 개념을 풀어 본 프로젝트이다.

콘크리트를 수직으로 널기

캔버스를 세워 그리는 것을 포트레이트portrait라 한다. 수평의 비례는 랜드스케이프landscape이다. 보통 전원에서 그리는 풍경화는 횡으로 뉘어서 그리지만, 도시는 수직으로 그리는 경우가 많다. 그것은 마치 일으켜 세워진 공간 같다. 여기서는 대지의 여유가 없어 수직화할 수밖에 없지만, 건축은 수직체를 더욱 조장했다.

예화랑은 널어 늘린 천, 수직으로 세운 캔버스, 옷의 깃이다. 몸체와 떼어 공간을 유지하는 콘크리트 면은 부풀어진 겉옷인데 옷깃을 들어 몸이 숨 쉬기 때문이다.

모두 7층의 건물 중에서 1~2층이 전시 공간이고, 그 상부는 미술 컨설팅, 기획 등의 작업 공간이다. 2010년 이숙영 관장이 별세하고, 갤러리는 집안의 김방은 대표 체제로 운영된다. 김 관장은 한때 미술가였지만, 미술 경영을 전공한 후 전문적인 갤러리스트로 활동 중이다. 건축은 '2006 한국건축가협회상' 수상작이다.

옷자락 뒤에 감춘 것

플랫폼엘 컨템포러리 아트센터 2016 / 이정훈
/ 강남구 언주로133길 11

강남구 언주로 큰길에서 한 켜 들어간 대지의 주변은 주택과 소상업 공간이 얽힌 그저 그런 도시의 뒷면이다. 건물은 도로 3개를 접하고 있어 여러 각도로 몸매를 노출한다. 거기에서 건축의 포즈는 뭔가를 단단히 벼른 것처럼 견고하다.

  프로그램은 지하의 이벤트 공간, 1층의 문화 상업과 카페, 2~3층의 갤러리, 4층의 세미나실 등으로 복합적이다. 그래서 어떤 합목적에 따르기보다는 전체를 한 껍질로 싸버린다. 공간을 길게 늘려 ㄷ자처럼 만드는데, 양측 변은 실공간이지만 가운데 헛면은 양변을 잇는 역할뿐이다. 변의 길이를 엿가락처럼 연장하여 중정을 가슴 안에 묻는 공간을 만들었다.

시뮬라크르

건축은 끊임없이 고형 물질의 세계를 벗어나 보려고 한다. 유동체로서 형태라든가 젤리 같은 물성도 흉내 낸다. 건축의 의장을 실타래처럼 감으면 어떨까.

  플랫폼엘은 공간이 크게 두 덩이로 나뉘어 있는데, 그 사이를 코트로 벌려 놓고 두 덩이를 금속 실로 감았다. 인상은 소프트해 보이지만, 실제 재료는 금속판을 구부려 입힌 것이다. 그 사이에 LED가 삽입되어 금속을 더 가볍게 한다.

  사물을 보는 방법에서 시뮬라크르simulacre는 단순하게는 허위, 가상, 모사 등으로 말하여지지만, 더 캐어 보면 존재하지 않지만 존재하는 것, 또는 실재하는 것보다 더 생생하게 인식되는 것들에 이른다. 그러나 이 물상은 눈을 조금 흐릿하게 하고 볼 필요가 있다. 예리한 눈에는 우겨 집어넣은 외장 디테일이 보이기 때문이다.

코너를 조명과 함께 감싸는 수평선들이 힘차다. 금속을 구부려 연성軟性을 표현한다.

지반층의 철문을 열면 마당은 가로로 열린다.

낯선 것에 대한 자유로움

낯선 건축술
플래툰쿤스트할레 / 커먼그라운드 / 파이빌99

공간을 만드는 방법은 크게 두 가지로 구분한다고 앞서 언급했다. 하나는 가구적 구법으로 텍토닉이라고도 한다. 한옥처럼 부재의 적절한 짜임과 맞춤으로 공간과 형태를 세우는 것이다. 두 번째는 파내기 방법으로 덩이를 깎고 저미어 동굴과 같은 공간을 만드는 것이다. 스테레오툼이라고도 한다.

현대건축에는 이외에도 만드는 낯선 방법이 창발성을 이룬다. 고도의 테크놀로지가 아니면서도 개념적인 건축술, 상식적이지 않은 재료, 통념을 벗어난 구조 방법, 공간을 만드는 역발상도 많다.

우선 통념적인 구법을 선택하는 것이 아니라, 텍토닉이 스테레오툼이 되고 짜임과 파내기가 복합되기도 한다. 보통은 구축하고 나서 공간을 만들지만 구축법과 공간법이 한꺼번에 이루어지기도 한다. 특히 컨테이너가 그렇게 만든다. 사실 컨테이너는 임시 건물에서 잘 취급되었다. 그만큼 유동적인 속성이며 재활용이 쉽기 때문이다.

건축가 위진복은 2012년 서울시가 시행한 영등포 쪽방촌의 개수 사업에서 임시 거주 시설 36호를 컨테이너 구법으로 공여한 바 있다. 여기에서 컨테이너는 단위 주거가 되고, 박스 사이를 발코니 등 공용의 공간으로 삼았다. 쪽방촌 개수 사업이 종료되며, 이 건축은 철거되고 없다.

임시 건축은 고가도로 밑에서 밝고 경쾌하게 거주민을 맞았다.

**몸을
쌓다**

플래툰쿤스트할레 〉에스제이쿤스트할레 2009 / 백지원
/ 강남구 언주로148길 5

플래툰은 2000년 독일 베를린에서 설립한 '비주류 문화 운동체'이다. 서울에서 그들은 오픈 예술, 그래픽아트, 패션, 비디오아트, 클럽 음악 등을 사회운동과 결합한다. 그만큼 그들에게는 소통의 공간 구조가 필요했다.

건축을 쌓아 만드는 방법은 가장 간단하지만, 그만큼 낯설다. 그렇게 해보지 않았기 때문이다. 쿤스트할레는 28개의 컨테이너 박스를 쌓아 몸을 만들고 그 안에 실험적 예술을 담았다. 이 예술 수용체는 강남의 고급문화와 값싼 구법의 동거이다. 보통 컨테이너 건물은 임시적이거나 최소 기능용으로, 그동안 고급 건축의 격조로 취급받지는 못했다.

임시성에서 지속 가능성으로

원래 컨테이너의 특기는 '쌓는' 것인데, 놓는 방법에 따라 체적과 공간이 생긴다. 땅에 놓으면 방도 생기고 체적 위에서는 옥상도 만들어진다. 단위 입방체의 속성 때문에 다채롭지 못하지만, 대신 명쾌해지는 것이 장점이다. 단순한 물질을 가지고 난삽難澁하지 않은 방법으로 명료한 건축이 만들어진다.

컨테이너는 20피트와 40피트짜리 두 가지로 대분된다. GD와 HC 타입으로 구분되고 특수형이 있기는 하지만, 그냥 두 가지 크기의 전형성으로 알아보면 다음과 같다. 20피트형은 길이 6.058 × 폭 2.438 × 높이 2.591미터이고, 40피트형은 길이만 12.192미터로 다르다. 폭이 같고 높이가 같기 때문에 쌓기의 기능을 특기로 하는 것이다. 특히 높이 2.6미터는 집이 될 만한 휴먼 스케일로, 천장고 2.3미터, 폭 2.2미터의 실내 공간이 가능하다. 그래서 컨테이너 하우스를 쉽게 만든다. 무엇보다 화물 운송이라는 합목적은 중량-용적-구조의 최적화를 요구하니 체적 디자인에서는 기능주의의 지혜가 통합되었다.

컨테이너 표면은 내식耐蝕 페인트로 도장하는데 강력한 색채 언어가 가능

2009년 녹색 외장은 2015년 백색으로 개칠되었다.

컨테이너의 상세가 건축의 장식이다.

하다. 복잡할 게 없는 디자인이지만, 내부 디테일은 일반 건축보다 까다롭다. 더욱이 건축의 소재가 되면서 컨테이너라는 산업품의 반어적反語的 테제를 이루려 한다. 건축으로서는 박스의 소질에 저항하여 개방성을 얻으려 하는데, 무엇보다 비우고 채우는 반복의 조형이 매력이다.

원래 쿤스트할레는 녹청색이었다가 2015년 백색으로 개칠하였다. 녹청은 산업품으로서 성질이었던 것 같은데, 백색을 바른 컨테이너는 나이브해진다. 이러한 소재로서 건축은 콘텐츠가 활성화되지 않으면 차가워지기 쉽다. 이 금속 무기질의 건축에서는 끊임없는 소프트웨어가 생명이다. 임시성에서 지속가능성으로, 항상성에서 가변성으로 변태시켜야 한다. 그런 시선에서 컨테이너는 현대의 노매드nomad, 유목적遊牧的 상업주의로 보인다. '2009 한국건축가협회상' 수상작이다.

몸을 헤집다

커먼그라운드 2015 / 백지원, 이형석 + 이주은, 고기웅
/ 광진구 아차산로 200

컨테이너를 기재基材로 하는 발상 자체는 '깍쟁이'다. 이미 절반은 만들어진 공정工程으로 시작하니, 일반적인 구법보다 앞서 출발하는 일이다. 시간이 경제적이고 비용이 아껴지는 방법이다. 연면적 5,060제곱미터를 건축하는 데 5개월밖에 걸리지 않았다. 사업주인 코오롱FnC의 팝업 복합 쇼핑몰로서는 적합한 건축술로 보인다.

가볍고 명료하며 모듈로 구축되는 결과는 반듯할 수밖에 없는 도시체이다. 대신 푸근한 수공手工의 맛을 포기하여야 하는데 그것은 지방체가 더 잘할 것이다.

단위의 집적으로 얻는 공간으로, 쌓기에 따라서 3차원 디자인이고 동선이 동태적으로 되며 관계가 중합적이다. 쌓으면 질량이 되고 비우면 공백이 되는데, 그 채움과 비움의 질서가 명쾌하다. 컨테이너 블록 쌓기는 일종의 테트

공간적으로 2층의 구성은 가운데 마당을 둘러쳐 있다.

2호선 철도가 지나가는 다리 옆, 아차산로를 따라 위치한다.

리스처럼 제한적인 운동이지만, 건축이 되면서 새롭게 벌어지는 일이 많다. 여기에 사람과 물건과 소리와 오브제 등을 현상시키는 것이다.

컨테이너 테트리스

커먼그라운드의 프로그램은 패션 상업과 식음 서비스이며, 청년 문화를 담는 것이다. 그래서 커먼그라운드에서 벌어지는 내용은 무겁지 않고 적당히 저가이며 새롭지만 무작정이지는 아니하다. 그래도 제목은 다소 심각하여 'Common Ground'라면 '사회적 이해관계에서 공통적 선의 일치점'쯤 된다.

커먼그라운드는 서울의 지하철이 안이하게 만든 지상 고가 철로 옆에 있다. 서울로서는 놀고 있는 땅을 활용하는 일련의 도심 재생 실험의 결과물이다. 고가 지하철 밑은 시끄럽고 음침하다. 꺼칠한 토목 구조물이 시각을 지배하고 도시의 영구 음영을 만들며 주변을 방해한다. 여기에서 이 생경한 디자인이 빛난다. 블록 기법이면서 색채 디자인은 청색과 적색인데, 엄밀히 보면 저채도 중명도의 색조이고 화물용에서 익숙했던 색채이다. 컨테이너가 원래 갖는 금속 질료의 차가운 촉감을 해소하려는 뜻도 보인다. 이와 함께 천막과 벌룬 구조가 컨테이너의 경색성을 중화시킬 임무를 띠고 동참하였다.

큰 동선은 마켓 홀Market Hall과 스트리트 마켓Street Market으로 구분되는 두 덩이 사이 마당에서 시작되는데, 여기에서 공간적 전개는 사방과 높이로 흐트러진다. 대학 문화와 기능 프로그램과 건축 방법이 '작은 도시'이다.

수학적 또는 구축적

파이빌99 2016 / 위진복 / 성북구 고려대로 99-14

파이π는 수학적이고 미시 경제적이고 화학에 쓰이고 중간자이다. 만약 파이가 학생들의 생활 문화에 끼어든다면 꽤 활달한 중첩 현상을 일으킬 것 같다. 그래서 이 건축은 고려대

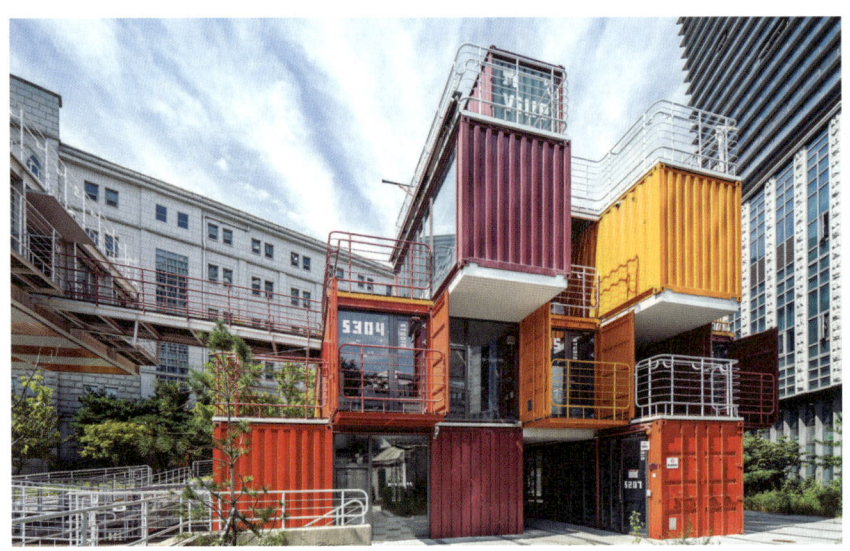

크게 두 덩이로 이루어지며, 허리 부분에 관류 공간을 만들었다.
새로운 구법과 색채는 배후의 석조 건물과 대척한다.

한쪽 덩이는 철골을 외곽 구조로 하여 강력한 캔틸레버를 만들었다.
공간 내부는 수평과 수직의 공간 침투가 활발하다.

학교의 창업, 창발을 위한 육성 기관이다. 사회적 연대감이 중요하고 개척 의지를 강조하기에 독립성과 연대성이라는 양면성이 강조된다. 창업 지원 센터는 대학 자체가 직접적인 소비처로 캠퍼스 안의 인큐베이터인 셈이다.

미국의 실리콘밸리가 창고에서 시작했다고 하여 이를 흉내 낼 것은 아니겠지만, 일단 건축적 통념을 지워야 한다. 콘크리트, 벽돌, 석조를 내려놓고 축조 방법을 달리하며, 동선과 구성의 원리를 버린다. 그러나 컨테이너는 일정한 단위체이기 때문에 변태를 할 수 있어야 한다. 그 엄정한 반복성에서도 번복, 규칙성에서도 변칙이 필요하다.

무엇보다 컨테이너는 고려대학교가 전통적으로 고집하는 유럽 석조 성관 풍城館風에 대척하는 조형이다. 고려대는 창학 시절에 작동시킨 케임브리지의 모델이 박동진1879~1981에 의해 구현되며, 그 고딕 성관 양식보성전문학교 본관, 도서관, 1934~1937을 아직도 애지중지한다. 파이빌 99의 조형은 석조에 상대하는 텍토닉, 화강석에 상대하는 철골, 무거움에 대한 가벼움으로 모든 게 상대적이다. 색채도 적갈색과 주황으로 화강석이 지배하는 기존 환경에서 대비되며 두드러진다. 적갈색crimson은 '활기와 정열을 상징하며 고려대의 학풍과 기질을 상징하는' 교색校色이다.

컨테이너는 장거리 해상 운송 때문에 내화적이고 구조적이다. 그래서 그 구조는 쌓는 것만으로도 텍토닉 구법을 체화할 수 있다. 그러나 파이빌 99에서는 철골을 K트러스로 가세시켜 더 대담한 치수의 캔틸레버를 만들었다. 그래서 공간의 자세가 더 활달하다.

낯선 과거, 레트로스펙티브 retrospective
문화비축기지 / 서서울예술교육센터 / 평화문화진지

과거는 아름답고, 오늘은 과거로부터 위무를 받는다. 한국이 아무리 현대화 되었다 하더라도 과거의 스펙트럼이 훨씬 넓다. 한국이 모던을 시작한 지 60년쯤 되었나, 산업사회가 경과한 지 40년쯤 되었나. 모던의 고물이 쏟아져 나오고 있다. 시설의 생산성이 운영 비용을 따르지 못하고, 고쳐 쓰기보다 버리고 새로 만드는 게 낫다. 한국적 발상인지 모르지만, 새 것을 만드는 것이 투자의 멋이기도 하다.

그래도 그냥 버리는 것은 미안한 일이고 문화 예술을 위해 쓰면 다소의 명분을 얻는다. 생산 시설이 산업 박물관이나 기억의 재활이면 모르겠는데, 느닷없이 예술과 문화를 들고 나온다. 그 극적인 전환 — 생산에서 문화로, 하부 구조에서 지적 구조로, 산업에서 예술로의 전환을 멋있어 한다. 물론 낡거나 오래되거나 늙은 것은 아름다울 수 있지만, 그 미적 쾌감을 문맥으로 생각하는 것 같지는 않다.

지방자치단체가 이런 프로젝트를 부추기고, 4차 산업이라는 뜻에서도 고무된다. 건물이 산업 쓰레기를 면하고 환경을 덜 파괴한다는 뜻도 부가한다. 아무리 그래도 노베르 슐츠의 장소의 혼 Genius Loci은 풍비박산風飛雹散이 되었을 것이다.

특히 1970년대 건설 드라이브를 이끌었던 주역들이 이제 퇴락한 몸을 추스르지 못하고 퇴출되고 있다. 빌딩 타입별로는 창고, 벙커, 공장, 인프라스트럭처 등이 토사구팽兎死狗烹 되는 중이다. 이미 우리의 시간은 급하여지고, 사회적 이해에서 건축은 한 세대를 버리고 가는 것이다. 물론 너무 허술하게 만들었던 우리의 근대주의가 빠른 소멸의 원인이지만, 조급한 소모는 집단적 심리의 결과이다.

　버려졌던 도시가 재생되는 예는 북촌, 서촌, 영등포 등 흔해지는데, 이 상업적 재활은 젠트리피케이션을 염려한다. 지역의 임대료 폭등, 지가 상승이 오히려 재활 세력을 내쫓는 아이러니이다. 낡은 것은 빈티지라는 명분으로 자본재가 된다. 한옥은 그 나이를 드러내고 늙음을 자랑하는 일이 우리 현대에서 선善이다.

　서울만 나이를 먹는 것은 아니지만, 변화의 속도가 급한 큰 도시일수록 시간의 개념도 조급할 것이다. 오래된 것과 낡은 것의 차이를 모르면 멀쩡한 청바지를 찢어 입는 일도 많다. 그것은 느닷없는 회고로도 보이며, 현대가 추억하는 낭만인 것 같기도 하다.

　'레트로retro'는 회상, 추억의 레트로스펙트retrospect, 또는 레트로스펙티브retrospective의 준말이다. 시간을 거슬러 올라가는 뜻이지만, 빈티지vintage가 물상으로 낡고 오래된 것임에 비해, 시간의 현상을 내포하는 의미인 것 같다.

시간의 회유

문화비축기지 2017 / 허서구 + 백상진, 김경도 / 마포구 증산로 87

한참 정신없이 달리다가 문득 너무 빨리 왔다는 느낌이 들었다. 건설, 경제, 사회에 걸린 드라이브를 좇다 보니, 물론 늦은 출발의 탓이겠지만, 오버런 했을지 모른다는 생각이 든 것이다. 비로소 시간이 되돌아 보이기 시작했다. 문화재청이 바빠지며 '유산'을 건사하기 시작한다.

우리나라는 석유가 동이 나서 낭패하던 경험이 여러 번 있어 전국 요소에 석유비축기지를 만들었다. 그중에서 한강변에 만들면 유통에 좋겠고, 마포구 상암동은 한동안 쓰레기 매립지로 버려진 땅이니 숨기기에 좋았다.

1973년 제4차 중동전쟁이 아랍의 패배로 끝나자, 그 보복으로 석유수출국기구OPEC의 석유 감산이 시작되고 1차 석유파동이 세계를 곤란하게 했다. 한국은 특히 중화학공업에 승부를 걸던 시기이니 참담했다. 1979년에는 호메이니가 팔레비 왕조를 전복시킨 뒤, 이란의 석유 생산량이 1/3로 축소됐다. 2차 석유파동에서도 한국 산업은 혼이 빠졌다.

이에 상암동에 석유비축기지가 만들어졌는데, 하필 2002년 한일 월드컵을 위해 짓는 경기장이 코앞이다. 국제적인 행사를 앞두고 별 끔찍한 상황을 다 생각하다가 결국 석유탱크를 비우기로 했다. 그리고 한동안 잊고 있다가 (모르는 척 하다가) 2017년 박원순 시장 시절에 다시 쓸 생각이 났다. 이왕이면 문화 예술에 공여하자는 뜻이 문화비축기지이다. 새 시설은 2014년 현상설계에서 백정열과 허서구의 '땅으로부터 읽어 낸 시간'을 선정하고 친환경 복합 문화 공원을 추진했다.

비축이라는 수사

필자는 소년 시절에 6·25 동란을 겪었다. 그래서 어렸을 때부터 '있을 때 먹어 두자'라는 소신이 확실하다. 그러니까 '비축備蓄'이란 여유가 있어 하는 것이 아니라, 절체절명의 상황을 미리 아는 것이다.

쓰레기 매립으로 생긴 난지도공원에 묻혔던 문화비축기지의 파노라마

석유야 그렇다고 치더라도 써서 없어지는 게 아닌 문화를 '비축'하겠다는 것은 비장해 보인다. 현재 문화비축기지에서 운영하는 프로그램은 통상적인 콘텐츠들이다. 전시도 그렇고 이벤트도 굳이 비장하게 비축할 일은 아니다. 6,900만 리터의 비축 용량을 문화로 채우면 얼마큼이나 될까. 그러니까 이러한 비축의 의식은 한국의 불안정한 현재성에서 비어져 나오는 것 같다. 여하튼 '석유'에서 '문화'라는 수사는 상대적으로 작용한다. 석유는 개발 시대 국가 경제의 상징이고, 문화는 문민으로 이루어진다.

비축 탱크를 (문화적으로) 개조하지만, 동시에 그 기억을 남기는 방법이 중요할 것이다. 만약 기름과 문화라는 모순을 받아들인다면 일반적인 풍경화를 여기 전시실에 걸 이유가 없으며, 시 낭독을 탱크 안에서 할 미학적 필연이 없다. 다시 말해 이 특별한 지각 환경에서 가능한 문화 행위는 더 사회적이거나, 더 환경적이거나, 더 패러독스의 뜻일 것이다. 그것은 다소 억지스러운 진보 문화의 프로파간다이다. 단도직입적으로 말하여 판도라의 탱크를 문화의 이름으로 건드리는 것은 공공의 패티시 습속이라는 것이다.

낯선 것에 대한 자유로움

땅으로부터 시간 찾기에서

그렇다 하더라도 개조 작업에서 원형의 정형整形수술이 너무 심하다는 느낌이다. 원형을 오해할 만큼 손을 보면 곡해가 되며 기억을 방해한다. 작가는 최대한 보전한다고 하지만, 그것은 자기 창의와 끊임없이 타협하는 일일 것이다.

5개의 기존 탱크와 신축 탱크 하나가 주제 공간인데, 각기 6개의 '주제에 의한 변주'이다. 유적을 고고학처럼 발굴하여 화장을 시킨 다음 순로로 이끈 것 같다. 기본적으로 탱크는 원형 평면의 직립체로서 실린더의 기하인데, 최소의 재료로 최대의 용적을 만드는 방법이다. 비축장이란 원천적으로 감추어 두는 성질이며 사람들과 관계하지 않는다. 검은 공간이며 물질을 담지만, 내부에는 우물처럼 울림이 가득할 수도 있다.

이러한 성질에서 탱크 1T1은 생각을 역전시켜 투명한 실린더를 내포시켰다. 이 의외성은 콘크리트 속의 가벼움, 매스의 질량에서 빈 느낌, 묵음의 공간에서 밝게 말하는 유리 우산은 사회적이기도 하다. 곧 개발 드라이브에서 후기 자본주의를 담는 반전이다.

탱크 2T2는 좀 더 해체하여 공연장을 만들고 옥상에 야외극장을 올려놓았다. 지상의 공간과 볼륨은 지워지고 바닥만 남아 무대와 객석을 이루지만, 산자락을 파고 넣으니 콘크리트와 자연의 골짜기谷를 파고든 설정이다. 그 역시 극적인데 하늘이 열리고 바람이 훔쳐 들고 숲이 공연을 넘겨다본다.

탱크 3T3은 있었던 흔적의 궁금증을 풀게 한다. 가장 손이 덜 간 개조이다. 내부를 보고 싶지만 상상하고 유추할 수밖에 없다.

탱크 4T4는 복합 문화 공간으로 애매하고 추상적이다. 공간은 어둡고 프로그램은 폐색감에서 할 일이다.

탱크 5T5는 이야기를 담는데 가장 무거운 변주이다. 뭔가 오랫동안 담고 있던 것을 비우고 새로운 콘텐츠를 담는데, 그것이 이번에는 물질이 아니고 이미저리이다.

탱크 6T6은 커뮤니티센터라 하며 전시, 편의 시설이다. 새로 만들었기에

T1은 무거운 탱크가 가벼움이 된 패러독스이다. T2는 탱크가 야외극장으로 변주되었다.

T3는 원형을 볼 수 있으나 제한적이다. T4는 원형의 축제장처럼 온갖 퍼포먼스를 중심에 둔다.

T5는 탱크 안 공간을 콘텐츠로 극화한다. T6는 다목적 전시 공간 및 카페이다.

낯선 것에 대한 자유로움

기존 구체로부터 자유롭지만, 디자이너는 일부러 있었던 것처럼 조형을 구속한다. 실린더로 좀 더 큰 곡률을 만들고 먼저 탱크에서 떼어 낸 철판을 비늘처럼 붙였다.

벙커를 카페로 만드는 일은 합목적 개념을 지워 버린다. 기름을 비축하는 일과 문화를 비축하는 일이 마찬가지라니, 구조주의자들로서는 건축을 합목적성으로 말하는 것이 무색하다. 그러하려면 물건의 향수가 작동하여야 한다. 심지어 문화비축기지에서는 새 건물을 하나 더 추가하면서 헌 집 껍질을 벗겨 내서 지었다. 차라리 표장이 유리나 반사체 크롬이었으면 어떨까 하는 기대보다는 한국이 노스탤지어를 희구하는 만큼 나이를 먹었는지 모른다.

내부가 더 극적인데, 큰 경사로로 회유하는 공간에 전시와 이벤트를 담는다. 길이가 필요하거나 이야기가 전개되는 프로그램에 적합할 것 같다. 옥상에는 가운데를 비워 하늘을 담으니 이 역시 원융圓融이다. 원형 아트리움 또는 하늘을 새삼스럽게 보는 방법인 셈이다. 지하의 카페에서 비로소 긴장을 풀고 끽다의 안식 다음 앞마당으로 흘러나온다.

저수조에 문화 예술 담기

서서울예술교육센터 2016 / 정현아 / 양천구 남부순환로64길 2

서울 서남 지역을 서비스하던 김포가압장은 도시의 하부구조이니 존재도 없이 일을 해왔다. 이 시설을 리모델링하여 문화 예술 공간으로 만든 것이 서서울예술교육센터이다. 가압장은 2003년 기능을 정지하고 10년 동안 방치되다가, 2014년에 현상설계로 회생되었다. 마침 인접한 서서울호수공원2009으로 두 공간은 '공원+문화'로 한 장소를 만든다.

교육센터는 연면적 1,190제곱미터에 지하 1층, 지상 2층의 공간이지만, 앞마당이 된 외부 수조는 2,688제곱미터의 공간으로 더 압도적이다. 1개 층

전면에 수조 공간을 두고 뒤에 관리 공간이 있었다.

옛 수조는 다목적 이벤트 공간이 되었고, 내부는 1~2층을 개방하여 도서실로 꾸몄다.

낯선 것에 대한 자유로움

높이에 지붕이 없는 공간은 감정이 묘하다. 기둥과 벽과 브리지 아래에서 묵은 시간이 옛날이야기를 중얼거리거나, 물때가 찬찬한 시간의 구조를 새긴다.

도시의 하부구조는 당연히 거칠고 메마르고 늙었다. 건축가는 거친 야성을 순화시키지 않고 오히려 조장한다. 버짐 핀 콘크리트 위에 그래픽과 소프트웨어가 아동의 미술로 덧발라진다.

주된 프로그램은 작은 도서관이고, 공연 예술을 연출할 수 있고, 외부 수조 공간은 이벤트를 담아낸다. 서울문화재단이 운영하는 프로그램은 주로 초등학생-중학생을 위한 예술 교육이지만, 아직 갈피를 잡은 것 같지는 않다.

전쟁의 레트로스펙티브

평화문화진지 2017 / 유종수 / 도봉구 마들로 932

> 성곽을 등지고 있는 명산이라고 하면 꼭 도봉산과 삼각산을 말하는데 그 계곡과 수석水石이 아름답기로는 영국동潁國洞과 중흥동衆興洞이 가장 뛰어나다. _ 월사 이정구月沙 李廷龜, 1564-1635, 유도봉서원기遊道峰書院記

1950년 도봉산 자락은 의정부에서 서울로 향하는 3번 도로 근처에 있어 북한 전차 부대의 침략 루트가 되었다. 1968년 북한 무장간첩이 청와대 근처까지 침투한 '김신조 사건'이 발생하고, 긴장한 서울은 방어 구조를 강화한다. 1970년 대전차 방호시설을 세우며, 유사시 건물을 폭파하여 북한군 탱크를 저지한다는 생각이다. 동시에 주거 문제의 해결로서 이 시설을 시민 아파트로 건설하는데, 아파트는 군사시설의 가면이기도 하다. 1층은 군사시설, 2~4층은 아파트로 만들어졌고, 2004년 시민 아파트를 철거하며 대전차 방호시설만 남았다.

거친 폐허는 목판을 발라 순화시켰다.

낯선 것에 대한 자유로움

구조체의 속내는 콘크리트인데, 이를 해체하여 더욱 거칠게 했다.

장소는 도봉산서쪽과 수락산동쪽이 서로 내려다보는 장소이다. 지금 '평화로'가 남북으로 흐르고 그 옆에 중랑천이 흐르니, 그야말로 이 통로는 군사적 요충이다. 1980년대 이후 벌판을 아파트가 점유하기 시작하지만, 서울창포원이 마침 보전되었고 문화진지는 그 끄트머리에 위치한다.

2017년 민간-도봉구-군 관계자의 협의로 평화문화진지를 만들었다. 프로그램은 복합 문화 공간으로서 예술 창작 지원과 전시를 주 기능으로 한다. 그러나 무엇보다 이 장소가 갖는 상징이 주제일 것이다. 상징성은 거친 야성과 예술의 순화가 대척하는 효과이다. 그 대척성 중에서도 가장 극렬할 군사기지와 문화 예술의 상대성은 모던 한국을 뒷바라지하다 남은 전범典範이다. '대결과 분단의 상징에서 문화와 창조의 공간으로', 그야말로 'Guns N' Roses'이다.

시간의 해후邂逅

젠틀몬스터 북촌 플래그십스토어 / 젠틀몬스터 홍대 플래그십스토어 / 성수동 대림창고 갤러리컬럼

시간은 묵은 것에 익숙하다. 더 오래되면 전통이나 박물적 사실이 되면서 친숙함에서 멀어진다. 그리 오래되지 않은 것이라 해도 버려졌다고 생각하던 시간과 갑자기 회유回遊하면 이상하게 낯설어진다. 오래된 시간이 낯설어진다는 것은 오래된 가치에 익숙하지 않기 때문이다. 건축이 시간을 인식하는 방법은 보통 뒤를 돌아보는 일이거나, 반대로 미래를 예지하는 일이다. 사실상 현재는 없고 끊임없이 과거와 미래의 경계를 타고 있을 뿐이다. 또한 건축은 사실이기에 미래적일 수는 있지만 미래는 없다. 어떤 경우에도 미래보다는 이미 사실이었던 과거가 더 분명한 시간성이다.

서울에서는 잊었던 시간을 다시 만나는 일이 많아진다. 서울은 시간의 속도가 축시법縮時法처럼 빠르니 곧 어제의 조선이 되기도 한다. 서울의 건축 중에 강남에서는 도저히 일어날 수 없는 일이 있다. 오래된 기억의 회복 또는 묵은 상처의 흔적 같은 일이다. 2020년을 기준으로 보아도 강남의 나이는 40년에 지나지 않는다. 이에 비해 강북에서 60년은 나이도 아니다. 북촌北村에서 자주 만나는 오래된 기억들은 한옥만이 아니라 근대적 유산에서도 다분하고, 일상의 기억 속에도 시간은 녹녹하다.

1960년대 한국 건축에는 문화적 통속성이 있었다. 대체로 일제 때의 잔재이거나 값싸게 급히 만들다 생긴 조악함이 노스탤지어로 다시 등장한다. 상업화를 위한 자극으로 빈티지가 수단이 되는 경우도 많다. 모던의 단순하고도 명징한 성질과 불확실성을 한꺼번에 뒤집는 것이 과거의 무시간적인 오브제이다. 그즈음에서 경계하여야 할 것은 지난 것에 대한 막연한 그리움이다. 북촌과 서촌이 그러하다.

낡은 것의 표현력

젠틀몬스터 북촌 플래그십 스토어 2015 / 종로구 계동길 92

종로구 계동이 가지고 있는 시간은 아주 먼 조선이거나, 조금 먼 식민지 시대이거나, 가까워 봤자 재건 시대이다. 계동에 '있는' 2층짜리 대중목욕탕은 그 위에 있는 중앙고등학교의 이름에 기대어 중앙탕이라고 했나 보다. 이 북촌의 목욕탕이 2014년 기능을 잇지 못하고, 안경 브랜드 젠틀몬스터의 쇼룸이 되었다. 아마 대중탕이라는 통념을 네 번쯤 뒤집으면 패션 안경의 문화에 이를지 모르겠다. 점잖은 괴물gentle monster이라는 모순어도 그렇다.

점잖은 괴물은 세계적인 브랜드가 되면서 플래그십 스토어를 여럿 만들었다. 그 역시 어떤 창업의 모험인데, 일단 그는 과격해지기로 한다. 어차피 자본 시장에서는 '인상적'이라는 선제공격이 유효할 것이다.

중앙고등학교에서 내려오는 계동길에 중앙탕이 있었다. 타일 마감 외관이 목욕탕의 전형이었다.

괴물의 미시적 감각

북촌에서 오래되어 안 쓰는 목욕탕을 얻어 반은 헐고 반은 남겨 디스플레이를 했다. 목욕탕은 이미 앤티크가 되었고, 젠틀몬스터의 안경은 하이패션이다. 목욕탕의 세로로 긴 간판은 사라졌으나, 파란 자기질 타일은 그대로이다. 그즈음 세라믹 타일이 내장이 되는 것은 나름대로 고급 마감이기도 했지만 특히 목욕탕의 청결감 때문에 의당宜當 재료처럼 사용되었다. 디자이너에게 넘겨진 목욕탕의 실

이른 근대 시기의 동네 목욕탕이었던 중앙탕은 공간과 구조가 대부분 보전되지만, 내부는 디스플레이로 환골한다.

내는 손질이 너무 많이 된 것 같다. 그나마 욕탕 설비나 욕조 등 기억의 소자素子를 찾아보는 즐거움이 있다. 디자인 전략은 극섬세의 안경 공예와 거친 목욕탕 잔해의 대립감이다. 그 대척에서 금속공예 수준의 안경테가 빛난다. 외연과 내연의 성향은 충돌하지만, 부딪쳐 열이 나면 점잖은 괴물의 모험은 성공이다.

이 브랜드에 호감이 가는 것은 고급품이면서도 귀족적 으스댐이 없다는 것이다. 오히려 창의적 노력을 '공예'처럼 다룬다.

젠틀몬스터의 모험

젠틀몬스터 홍대 플래그쉽 스토어 2014
/ 마포구 독막로7길 54

대부분의 리노베이션 작업은 시간과 상대적으로 관계한다. 이미 있던 것과의 타협이냐 대척이냐 부정이냐, 디자이너의 선택을 시간이 지시한다. 멀쩡한 새 청바지를 인위적인 고물로 끌어내기도 한다. 젊음을 늙어 보이게 하는 아이러니이다. 경로敬老 사상도 아니면서 '겉늙어 보이기'는 묵은 시간의 가치가 있는 모양이다.

공간 마케팅 space marketing

플래그십 스토어flagship store는 시장에서 브랜드의 성격과 이미지를 극대화하면서 기업의 경영을 선도한다. 그러기 위해서는 돌발도 서슴지 않고 과격할 수도 있다. 그러나 이 점잖은 괴물의 브랜드 전략은 남다르다.

첫째 유머이다. 유머는 고객 친화를 위한 최고의 수단일 것 같다. 이를 위해 점잖은 자기 몸을 부수기 시작했다. 둘째 다이내믹하다. 디스플레이는 상품의 정보보다 인상이 중요한 설치 미술이다. 키네틱 아트에 이끌린 인상은 우리를 상점 깊숙이 이끌고 들어가는데, 거기에서부터 손님은 상품과 가족 거리에 이른다. 셋째 고급이다. 궁극적으로는 부가가치를 해학과 예술로 포장하는 것이다. 그러니까 모든 쇼핑은 즐겁지만, 젠틀몬스터는 돈을 예술적으로 소모케 한다. 일반적으로 상술에서 디자인이 마케팅이며 광고술은 필연이지만, 젠틀몬스터는 공간이 마케팅의 요체가 되는 일을 아는 것이다.

쇼핑의 대세가 온라인on-line으로 기울어져 간다. 게으른 소비자는 클릭으로 물건을 사고, 재빠른 소비는 한 푼이라도 싼 가격에 몰리고, 무엇보다 개인체가 편하다. 오프라인off-line 상점이 위기인데, 해결을 찾는 것이 감성 마케팅이다. IT 세계에 있지 않은 쇼핑의 행태는 비교적 여러 가지이다. 감정 휘두르기를 하지만 제품을 먼저 강요하지 않는다. 현장에서의 체험이 중요하며 엔터테인먼트, 미술적 감성, 로봇과 사물 인터넷 등이 오프라인 상업의 문제

젠틀몬스터의 홍대 앞 플래그십 스토어 역시 거친 야성과 미묘한 세공의 대립을 본다. 홍대 앞에서는 '새 집을 헌 집 또는 망가진 집'처럼 지었다. 현대의 모습을 다시 리노베이션 하면서 어색한 늙음을 회춘시켰다.

를 뛰어 넘고 있다. 그 얼굴을 쇼윈도 미술이 그린다고 하자. 설치는 자꾸 바뀌며 끊임없이 유인의 인상을 도모하여야 한다.

낡은 것의 낯섦

성수동 대림창고 갤러리컬럼 2016 / 홍동희
/ 성동구 성수이로 78

낯선 것이란 보통 새롭기 때문이 아니라 생소하기 때문이다. 생소生疎는 새로운 것도 있으나 오히려 '낡아서 낯선' 경험도 많다. 나이의 헤테로토피아 작용이다. 그것이 위치하여 있을 것 같지 않은 유곽遊廓 속의 신사神社, 공장 지대에서 극장, 기차역의 미술관 등이 그러하다. 이러한 위상적 번의는 창고의 변신에서 자주 보이는데, 그것은 원래 창고가 워낙 빈 공간을 갖기에 변태變態가 쉽기 때문일 것이다.

서울이 나이를 먹다 보니까 낡은 것과 새 것이 구분되기 시작한다. 이러한 시간 현상은 아직 강북, 특히 변두리에서 선명하여지기 시작한다. 시간적 사실을 찾아 닦아 내고, 최소한의 정형整形으로 생명을 지속시키면 작품이 된다.

성동구 성수동

동네에서 가죽 냄새가 나기 시작하면 구두 공방 지대에 들어선 것이다. 구두와 가죽 제품을 생산하다가, 점포를 만들어 부가가치를 높이면서 가로의 풍경이 바뀌기 시작했다. 대림창고는 뚝섬 지역의 물류 창고였는데, 쓸모가 없어지자 이를 목재 미술가 홍동희가 사들여 갤러리로 만들었다.

대림창고는 창고로만 53년을 지냈다. 이미 정미소도 해 보았고, 제지 물류로서 한창 시절도 있었지만, 개발 시대 이후에는 한동안 숨죽이고 있었다. 이제 갤러리로 얼마 더 살지는 모른다.

공간은 갤러리와 카페로 쓰이는데, 영역의 구분이 없이 섞여 있다. 갤러리

근대 서울의 성수동에는 생산 기능과 창고가 병존하였다.

주 기능은 레스토랑-카페이지만, 가구와 오브제 전시가 함께한다.
지붕을 털어 내는 것은 낡은 건물이 허용한 권리이다.

는 자유롭고 미술관 같은 관람 피로가 없다. 긴장하지 않고 관람을 강요받지도 않는다. 미술인지 장식인지 재료인지 설치인지 건축의 부분인지, 아니면 그들 모두의 총화처럼 있다.

실내디자인도 시간을 만드는 일이다. 최소한의 손질이 할 수 있는 작업이라고 전제하고 허물다 만 벽체는 놔두고, 붉은 소화전은 그냥 쓸 수 있고, 빨간 비상벨도 전구만 갈아 끼우면 되고, 철골 트러스는 노출하여 천장의 성깔을 만든다. 다만 천창을 위해 정상부를 들어 올렸다. 원래 철골 트러스는 최소 부재로 최대 응력을 발휘하도록 디자인된다. 지금도 이 트러스 부재의 가벼운 얼개를 보면 그 최적화가 경이롭다.

바닥 역시 오랫동안 짐차의 바퀴가 짓누르던 무게를 문신처럼 새기고 있으며, 일부는 흙으로 내어 나무를 심었다. 나무는 확실히 자신만이 아니라 장소를 기운생동시킨다.

나무를 다루는 데는 귀신같은 홍동희가 가구를 만들면 마른 나무가 환생한다. 홍동희는 홍익대학교 미술대학에서 회화를 전공하였다. 싱아처럼 많던 화가의 꿈은 배고픔으로, 기회의 빈곤으로, 구조적 모순으로 접었다. 그러나 길은 바로 옆에 있었다. 나무에 집착하면서 목재의 시詩를 공예工藝하며, 인테리어와 가구 디자인으로 (성공)했다. 아마 그에게는 순수 미술에의 회한이 남아 있는지 모른다. 그가 성수동에 미술의 자유 장소를 만드는 이유로 보았다.

최근 성수동 대림창고가 경영에 성공하며 비슷한 포맷으로 확장하여 간다. 바이산BAESAN은 대림창고와 나란한 번지수이다. 대림창고가 목재 기반의 오브제가 중심이라면 바이산은 철제가 지배한다. 그래서 내부에서는 아직도 철공의 내음이 나는 것 같다.

홍동희의 가구 디테일. 인테리어 디자인과 공예와 미술의 경계가 없다.

10

국경을 넘는 문화,
문화 교차

용감한 외래종

서울 건축의 국제 패션

대부분 수도首都는 외래 문물과 먼저 접속되는 위치에 있다. 우리는 1876년 조선의 개항부터 서양 문화에 대문을 열지만, 한동안 척화斥和라는 저항이 거셌다. 나라 문을 열자, 문화 교차라기보다는 거의 일방적인 외교-통상-교육-선교가 통합적으로 왔다. 서양 문물은 기독교의 미션, 식민지 개척의 수단과 함께 조선에 들어왔다.

근대건축의 이입도 개항과 조계租界에서 주로 형성되었지만, 한성에서는 정동貞洞이 그 선단先端이었다. 한국의 근대성은, 문화 교차로 활발해지는 것이 분명하더라도, 식민 지배와 전쟁의 부대낌과 함께 온다는 것이 특별하다.

일본은 대륙의 전진기지로 조선의 공간을 쓰는데, 그 시간이 오래되니 일본의 근대성이 뿌리를 내려 버렸다. 그러나 일본이 가지고 온 초기 근대성은 불완전한 것이었고, 이를 들이는 구한말의 근대성은 왜곡된 점이 많다. 그 후 일본의 근대적 성숙과 조선의 식민지 경영은 병행되어 간다.

해방 공간은 소련, 미국으로 양분되고, 분리된 문화를 고착시킨다. 한국전쟁은 소련과 미국의 군사와 원조 문화를 쑥스러운 손으로 받아들인다. 소설 『꺼삐딴 리』전광용, 1962의 이인국은 친일-친소-친미의 행각으로 자신의 생존을 도모한다. 그의 존재법은 한국의 문화 교차법과 다르지 않다. 한반도의 근대건축도 일본의 제국 양식-소련식 인터내셔널과 국가주의-미국적 모더니즘으로 다분히 그러하다.

용감한 외래종

삼성미술관 리움 / 이화여자대학교 캠퍼스 콤플렉스 / 동대문디자인플라자

20세기 들어 외국 건축의 이입은 정치와 경제에 업혀 들어오기에 자의적 문화 교차는 아니었다. 우월적 문물을 가진 구미歐美와 이를 보습하려는 한국 사이에서 교환이 이루어지는 대문간이 서울이었다. 이를테면 미국이 능한 '시스템으로서 디자인', 네덜란드의 '이지적 정서', 일본의 '정치精緻함' 등과 같은 것이 우리 학습의 준거가 된다.

외래종이라 하지만 그렇게 고른 교환은 아니어서, 일본과 미국의 문물이 기저를 이루었다. 교차의 세계는 지리적 세계처럼 넓은 것이 아니며, 미국의 편재가 심했다. 그렇다 하더라도 왜 외래종이 한국에서 더 용감한지는 되씹어 볼 문제이다. 그것은 상대적으로 재래종이 새로운 도전에 대해 소극적으로 보이기 때문이다. 조선의 성리학을 탓하지 않는다 하더라도 몇 가지 가설이 가능하다.

월경을 한 유전자는 이미 있던 것에 비해 더 과감해진다. 보통 다른 영역에 들어가면 멈칫거리기 쉽지만, 어차피 구입된 문화이니 건축가도 머뭇거릴 게 없다. 로컬의 건축가가 너무 많은 현실적 조건을 따지는 것에 비해 외래종은 몰라서 용감할 수도 있다. 외래문화는 재래 문화에 비해 자유로울 기회를 만날 확률이 높거나 운이 더 좋다. 그리고 원래 한국은 외래에 대해 너그럽다. 사대주의도 그렇고, 아직도 서구를 상대적 우월감으로 안다.

서울체

3인 3색 건축

삼성미술관 리움 2004 / 마리오 보타, 장 누벨, 렘 쿨하스 + 삼우건축 / 용산구 이태원로55길 60-16

한국은 역사시대 동안 수많은 비극을 딛고 일어선 나라이다. 그래서 특히 국가 문화 사이에서 '매개와 사이'의 능력을 갖는다고 한다. _ 마이클 고번Michael Govan, LA 카운티미술관장

삼성그룹은 창업주 이병철 회장의 풍부한 미술 컬렉션으로 용인에 호암미술관을 가지고 있었다. 이 회장은 '최고'의 기업 패러다임에 걸맞은 미술관 건축을 숙원으로 한다. 이건희 회장삼성문화재단 이사장은 가족들이 살던 한남동 땅에 장소를 정하고, 1990년부터 미술관 기획과 함께 여러 건축가와 접촉을 시도하였다.

초기의 프로그램은 한남동 일대를 미술촌으로 만들만큼 야심찬 것이었지만, 쉽게 의사 결정이 나지 않았다. 1992~1994년 미술관 기획에서 우규승과 프랭크 게리의 대안을 얻었다. 그러나 실천에 옮기는 데에 실패하고 건축설계를 공모하기로 한다. 1995년 3인의 건축가를 초대하여 3색의 잔칫상

삼성미술관 리움의 전경. 왼쪽의 렘 쿨하스, 가운데 마리오 보타, 오른쪽의 장 누벨이 파노라마를 그린다.

이 벌어졌다. 실시설계는 삼우건축[박승]에 맡겨졌다. 건축가 렘 쿨하스[네덜란드], 장 누벨[프랑스], 마리오 보타[스위스], 이 3명의 유럽 건축가가 한 미술관을 만든 사실을 리움은 '역사상 드문 사건'이라고 했다. 그렇다 하더라도 꼭 그래야 했는가는 아직도 의문이다. 최고의 예술가 셋이 모이면 3배[倍]나 3승[乘]의 최고가 될 것인가.

가문의 미술관

세계적인 '가문의 미술관'은 많다. 르네상스는 놓아두더라도, 루이지애나 현대미술관[덴마크], 구겐하임 미술관, 프리더 부르다 미술관[독일] 등 세계 미술관 문화의 꽃들이다.

'리움'이라는 이름은 삼성그룹 이씨 가문의 'Lee'와 뮤지엄의 'um'이 합성된 것이다. 그룹이 '최고의 가치'를 기업의 이념으로 하는 것처럼 미술관도 최고의 것을 만들고자 했다. 우선 미술관은 국보급 전통 미술과 현대미술을 가지고 있었다. 이를 담을 미술관 건축을 한 작가에게 의뢰하지 못하는 것에는 짐작되는 바가 있다. 여럿이 합작할 규모는 아니지만, 딱히 누구라고 결심이 어려운 망설임의 결과인지 모른다. 아니면 어차피 미술관 프로그램을 몇 개의 영역으로 나눌 것이기에 3색의 건축을 모아 두는 것도 괜찮을지 모른다. 말하자면 미술관이 현대건축 3개를 컬렉션한 것이다.

조형에서 타협할 의사가 전혀 없는 3인의 건축은 공간 형식도 독립적이며, 개념은 상반되고, 재료의 구성에서도 맥락적일 생각이 없다. 일종의 분동형 미술관인데, 마당을 공유하며 독립된 자태로 있지만 내부 동선은 3개의 시퀀스로 이어진다. 동선을 따라 1관 렘 쿨하스의 기획 전시[어린이 미술관] — 2관 마리오 보타의 한국 전통 미술 — 3관 장 누벨의 근현대 미술로 이어진다.

3색

미술관에서 먼저 만나는 렘 쿨하스의 공간은 '블랙 박스'를 품고 있는 다목적 기능이다. 높이 17미터는 3개의 레벨로 구성되는 자유 공간처럼 활달하

렘 쿨하스의 삼성아동교육문화센터

마리오 보타의 뮤지엄 1은 한국 고미술 전시관이고, 장 누벨의 뮤지엄 2는 현대미술을 전시한다.

국경을 넘는 문화, 문화 교차

삼성아동교육문화센터의 블랙 박스는 다목적 공간으로 기획 전시에 쓰인다.

뮤지엄 1의 로툰다는 지하 공간을 하늘 밑의 공간으로 만든다. 뮤지엄 2는 미술과 도시 풍경을 병치한다.

서울체

다. 이 비정형 공간을 기획 전시로 쓰기 위해서는 전시 디자인이 면밀하여야 할 것 같다. 공간은 3차원으로 변형을 거듭하며 이어진다. 그 안에 건축 속의 건축 같은 블랙 박스가 주체인데, 흑색 콘크리트로 만든 큰 상자이다. 해체된 공간과 검정의 공간을 왜 어린이 미술 공간으로 하는지는 모르겠지만, 아동교육문화센터라 했다. '아동'을 '교육'하는 '문화'라는 좀 경색된 개념은 나중에 추가된 프로그램 같다. 원래 프로그램은 미디어 아트 전시 공간으로 비물질 미술의 장르를 수용한다.

검정 콘크리트는 칠을 한 것이 아니라, 콘크리트를 타설할 때 검정 안료를 섞어 만든 것이다. 독특한 물성은 흑색 안료를 얼마나 넣느냐에 따라 껌정의 정도가 달라진다. 여러 각도로 이어지는 에스컬레이터, 경사로, 계단을 통해 지하 2층부터 지상 2층까지 산책하며, 공간의 스케일은 6미터 이상의 대형 미술을 설치할 수 있다.

마리오 보타의 뮤지엄 1은 다분히 고전적이다. 적갈색 테라코타로 옷을 입었는데, 이는 렘 쿨하스의 차가운 북구적北歐的 정서와 상반되는 프로방스의 따뜻한 감성으로 보인다. 붉은 매스는 단순하지만, 성관의 총안銃眼 같은 구성이 옥상 난간을 꾸민다. 간혹 한국의 도자기를 닮은 형태라고 하지만 믿고 싶지가 않다. 도형적으로 보면 직방형 공간에 역추逆錘의 실린더를 삽입한 형식인데, 이 원통 공간이 빛을 빨아들여 미술관 로비인 웰컴 센터를 밝힌다. 전시는 전형적인 쇼케이스 전시인데, 이 안에 한국 최고의 고미술 컬렉션이 있다.

장 누벨의 뮤지엄 2는 좀 파격적이다. 검은 기하학적 형태가 마리오 보타와 상반된다. 깊은 처마는 창의 채광을 관리하기 위한 수단이기도 하지만 건축 외관의 3부 형식, 지붕–몸–기단을 형식적으로 구분하는 고전적 태도이기도 하다. 건축은 경사 지형 안에 깊이 박혀 있는데, 지하를 파고 구조 벽을 그대로 드러낸 선큰 공간이다.

지하 공간의 압박감은 어쩔 수 없지만 베어진 땅의 자국을 그대로 표현의 소재로 한다. 그 땅에 살던 돌은 파쇄하여 철망에 담긴 게비언gabion으로 석축이 되었다. 전시 공간은 홀과 벽을 따라 알코브 형식으로 구성된다. 외곽을 따라 형성한 이 벽감壁龕 공간은 한 작가의 작품 또는 한 주제를 모아 놓은 쇼 박스 같은 효과가 있다. 알코브 사이에는 큰 유리창을 두어 한남동의 풍경을 그림같이 잡았다. 이는 J. 누벨이 놀라고 감탄한 서울의 장소적 장면을 프레임으로 가둔 것이다.

개성이 다른 3개의 건축은, 비록 한 대지 안에 엮어진 동선으로 있지만, 서로 모른 체하며 건너다본다. 대단히 다변이며 섞이지 않는 헤테로토피아이다.

초기 구상에 비해 전체 규모는 상당히 축소되었지만, 김홍남은 이 결과를 '간결하고도 우아하며 내면적인 아름다움이 있는 렘 쿨하스, 지적이며 관조적인 내부의 장 누벨, 고전적 낭만성의 마리오 보타'라고 하였다. _「리움 10주년 기념 앤솔러지」, 2014

그래도 3개의 가치가 왜 함께 있는가는 여전히 알지 못한다. 다른 언어, 화술, 수사의 모둠 요리상은 뷔페 같은 다원성이라 하겠다. '2005 한국건축가협회상' 수상작이다.

이화의 새로운 지형

이화여자대학교 캠퍼스 콤플렉스 ECC 2008 / 도미니크 페로 + 범건축 / 서대문구 이화여대길 52

이화여자대학교의 캠퍼스 풍경은 서대문구 대현大峴동의 큰 언덕을 배경으로 다층적인 파노라마를 만든다. 교문에서 보아 왼쪽부터 박물관1991, 정림건축, 대강당1958/1965, 강윤, 대학원관1935, 케이스홀, 본관1935, 강윤+보리스 등의 석조 건물이 층층이 장면이다. 그동안 정림건축이 캠퍼스 확충을 작업하여 왔는데, 개념은 석조의 맥락을 존중하는 낭만적 조형이었다. 말하자면 낭만풍의 석조 건물에 정림건축도 그 맥락을 크게 깨지 않는 조심스런 근대성이었다. 물론 전통과 마찬가지로 맥락주의는 보수적이기 쉽고 새로운 기운에 대해 노파심이 심하다. 그러다가 ECC라는 외래종을 맞은 것이다. 따지고 보면 이화학당의 당시 석조 건물은 모두 외래종이었다. 한옥 학교에서 석조 교사는 얼마나 경이로운 전이였을까. 마찬가지로 ECC는 다시 새롭고도 용감한 외래종이다.

  2008년 준공된 ECC가 교문 공간을 대체하며, 캠퍼스가 열리고 관광객이 몰려들었다. 방문자들은 건축 앞에서 하강하는 장면을 맞는다. 물론 캠퍼스 진입을 위해 이 선큰을 통과하지는 않는데 내려갔던 높이를 다시 올라가는 바보는 없기 때문이다. 캠퍼스 진입은 좌우로 비껴 경사로로 올라가고, ECC의 선큰은 커뮤니티 시설의 '벌어진 큰 입'이다. 그로써 캠퍼스는 강력한 진입축을 얻었지만, 원래 진입 경로가 가졌던 질서가 산만해지는 것은 불가피하다. 선큰에 들어서는 과정에서는 그 압도적 장면 앞에서 생각이 착잡해진다. 자기 몸에 칼을 대어 멋을 만든 것 같기 때문이다.

반맥락反脈絡

2004년 현상설계에서 도미니크 페로의 안을 선택했는데, 참가작 중에서는 그중 온건한 대안으로 보였다. 같이 참가한 자하 하디드의 해체는 더 과격했고, FOA는 산만하고 더 개방된 공간이었다. 문제는 모두가 기존의 '이화'라는 정서와 충돌하는 것이다.

  당선작을 만들어 놓고도 준공까지 시간이 꽤 걸렸다. 안팎에서 비평도 심각했는데, 학교는 합목적이지 않다고 보았고 외부의 비평은 100년 처녀 이화의 가슴이 난도질 당했다고도 했다. 무엇보다 학교의 전면을 열어 놓는 일을 염려했지만, 여러 대학들이 공간을 지역에 개방하는 게 대세이듯, 친시민 장소가 되는 것도 좋은 현상이다.

  ECC는 도서관, 공연장, 강연장 등 대학의 공동 시설과 함께 식당, 영화관, 피트니스클럽, 학생 편의 시설 등으로 이화의 문화 활동을 지원한다. 선큰 공간에서 보면 130여 계단이 흘러내리는 계곡인데 안에서는 지하 4층에 해당한다. 여기에 커뮤니티 기능이 채워지고, 지하 5~6층은 주차장이다.

캠퍼스 안에서 하강하는 전개와 그 주변의 맥락적 준거들

캠퍼스 안에서 진입로를 향한 장면
기울어지는 땅에서 알루미늄 멀리언의 수직적 리듬이 내부 공간을 양명하게 한다.

그러니까 6층 만한 볼륨을 지하에 묻어 '차 없는 캠퍼스'를 만들었다. 연면적 68,657제곱미터의 건물을 지하에 숨겼다는 것은 지상을 그만큼 개활시키는 것이다.

통상적으로 지하 공간은 컴컴하기 마련인데, 단애斷崖를 만드는 뜻이 여기에 있다. 건축의 지하 공간은 자연스러운 진입과 빛과 공기가 긴요하다. 땅을 베어 만든 선큰 계단은 공공 공간이기도 하지만, 거기에서 여러 레벨의 접근층이 생긴다. 깊어졌다가 다시 높아지는 리듬으로 절개 면에서 아침에 동쪽 빛이 그늘을 만들고, 점심때 지웠다가 저녁에는 서쪽 벽이 그늘을 만든다. U자 모양의 평면에서 두 변이 평행한데 줄곧 선큰 광장을 시선의 한쪽에 둔다. 그 사이 절애絶崖에 입힌 스테인리스 스틸의 프레임이 빛을 반사하고 증폭하며 내부를 양명하게 만든다.

원래 도미니크 페로의 디자인이 그렇듯이, 여기에서도 날카로운 예지가 유럽적 합리주의 속에 빛난다. 이 외래종의 선택은 아마 이화의 보수적 아카데미즘을 꽤 밀어 놓았을 것이다.

동대문 옆에서

동대문디자인플라자 DDP 2014 / 자하 하디드 + 삼우건축 / 중구 을지로 281

동대문 일대가 전국-국제적 패션 산업의 장소가 된 기원은 그렇게 유쾌하지 않다. 원래 이 장소는 구한말 하도감下都監이 있던 군인 거류지였다. 오군영의 군사가 대부분 '병농일치'의 원칙에 따라 한양에 올라와 일정 기간 군인 노릇을 하던 농민이었던 바에 비해, 훈련도감의 군인은 그나마 봉급을 받는 직업군인이었다. 군인 봉급이 쌀과 필목疋木이었는데, 그 환금을 위해 정부는 옷과 장식을 만들어 팔 수 있는 시장을 허용하였다. 병사의 부인들이 바느질 솜씨를 발휘하여 패션 상품을 만들어 시장에 내다 파는 것이다. 그러니까 지금 동대문 패션의 원조는 구한말 병사의 부인들이 만든 좌판이라는 것이다.

　일제강점기에는 일본 자본을 근거로 하는 남대문시장에 상대하여 국민 자본이 동대문시장을 형성한다. 동대문시장은 청계천변을 끼고 있는데 한국전쟁 이후 서울의 대표적인 슬럼이었다. 2003~2005년 청계천 고가도로를 철거하고 상가아파트를 재정비하여 청계천이 공공 공간으로 돌아왔다. 서울시는 내처 동대문운동장을 철거하고 재개발을 서두른다.

　그러니까 DDP의 기획은 청계천 재개발-동대문운동장 철거-의류 시장 활성 등 일련의 도시 개조에 걸려 추진된 것이다. 시장은 아주 작은 세포들이 만든 아나토미로서 거대 집단이다. 작은 다양성이 엮여 슈퍼 스케일의 몸집을 만드는 생리를 가지고 있다. 거기에 거대한 DDP가 물음표처럼 비집고 들어선 것이다.

　2007년 국제 현상설계로 조성룡, 유걸, 승효상 등과의 승부에서 자하 하디드가 우승하였다. 대체로 응모안들은 땅에 기반하는 도시 공원을 개념으로 하면서 공간을 지하에 묻는 것이 공통된 생각이었다. 아마 심사에서 4개 대안 중 자하 하디드의 기술이 도전해 볼 만한 충동을 일군 모양이다.

백상어의 꿈

DDP는 한국 현대건축 중에서 평가가 극과 극으로 갈린다. 많은 비평가는 혐오감을 드러내지만, 관광객은 좋아한다. 관광객은 한국의 전통이라는 선입감이 없고, 비평가는 동대문에서 보기 시작하기 때문이다. 여하튼 백상어 같이 생긴 건축은 21세기 한국 건축의 기술적 도전이었다. 이러한 유체流體 형태는 한국의 건설 기술이 처음 겪는 것은 아니다. 인천 트라이볼Tri-Bowl, 2010, 유걸과 부산 영화의전당2012, 쿱 힘멜브라우 등의 3차 곡면 조형이 있지만, DDP에 비하면 소규모이다.

　이를 파라메트릭parametric 표장 설계라 하는데, 자하 하디드가 스케치 하고 파트너인 패트릭 슈마허Patrick Schumacher가 실제화했다. 설계도 어렵지만 시공의 능력도 문제이다. 전체 45,000여 장의 타공 패널을 BIMBuilding

비정형 3차 곡면의 조형은 파라메트릭parametric으로 유기체를 닮았다.
피부는 비늘 같고, 유체는 물에서 더 잘 뜰 것 같다.

국경을 넘는 문화, 문화 교차

DDP가 의식하여야 할 주변의 맥락은 흥인문인가, 상업 건축들인가, 평화시장인가. 사실상 애매하다.

율동하는 공간의 생리는 내부 공간으로 이어진다.
바닥-벽-천장의 경계가 애매한 백색의 공간에서 멀미를 느낀다는 사람들이 있다.

Information Modeling으로 설계하면, 로봇 거푸집이 다른 곡률과 크기의 패널을 찍어 낸다. 하이브리드한 표면에 비해 골조의 해결은 재래적인 초절교超絶巧로 만든다. 대단한 캔틸레버로 보이지만 내부를 보면 철골로 우격다짐한 것이나 마찬가지이다.

부정형 거푸집에 콘크리트도 어려운 일이었다. 수직면의 타설도 기울기에 따라 적당한 슬럼프 값과 경화 기술이 필요한데, 여러 시행착오 끝에 매끈한 콘크리트 표면을 얻었다.

2009년 착공한 건축은 역사 유적 발굴로 1년이 지체되어 2014년 문을 열었다. 동대문운동장의 기억은 한낱 생색내기 같은 전시실로 들어갔다. 운동장의 조명 타워 몇 개를 남기는 것으로 위무될 스케일은 아니다.

만들어진 건축은 언뜻 상어shark를 닮았다. 상어는 연골 구조이기에 물에 잘 뜰 수 있고 탄성 연골은 유연한 유영이 가능하다. 유선형의 피부는 은회색으로 매끄럽다. 입을 벌리면 엄청난 양을 흡입할 수 있어 도시를 빨아들인다. 상어 피부의 비늘은 특히 순린楯鱗이라 하는데 결을 따라 조각 판을 덧댄 구성이다. 상어의 피부는 미세한 돌기 피치皮齒를 가지고 있고, DDP는 펀칭 메탈이다. 미시적으로 이 질감은 매끈한 것보다 공기나 물을 더 촉감한다.

유기적인 형태의 승리이지만, 동대문에 올라온 상어는 조금 생뚱맞아 보인다. 그래서 얻은 비평이 심하다. '5000억 원짜리 유지방 살덩이'.

그렇다 하더라도 '상어'라는 비유는 통념적인 건축의 인상, 무겁고 딱딱하고 직선이며 입방체라는 인상을 뒤집는다. 그래서 이 건축 앞에 오면 통념과 상대하는 통렬한 카타르시스를 느낀다. 그러니까 이 건축은 한국 현대건축을 가로지르는 이빨 자국이다. 우리는 엄청난 상어의 입안으로 들어가 위와 장에서 논다.

이 건축에 대한 비판은 기본적으로 낯섦이다. 단순히 이색적이라는 뜻이 아니라, 이 지역의 맥락에서 어색하다는 것이다. 그런데 을지로6가라는 특수한 상황에서 DDP의 맥락적 준거라고 할 대상을 따져 볼 필요가 있다. 동대문과 조선의 역사인가, 이미 시간의 꼬리를 잃은 지 오래이다. 동대문운동장의 낭만인가. DDP 안에 운동장 박물관을 만들었지만 이미 도시의 상업성이 내버렸다. 아니면 평화시장과 주변의 아웃렛 상가인가, 그들을 새 DDP가 따르기에는 추레하다.

자하 하디드는 2016년 지병을 이기지 못하고 떠나며 이 작업은 그의 유작처럼 되었다. 건축은 그렇듯 유명해진 장소이지만, 아무런 건축상을 받지 못했다. 세계적인 건축상인 프리츠커 상에 빛나는 자하 하디드도 서울에서는 가치가 달라진다. 오히려 시공 기간 동안 임시 건물이었던 DDP홍보관2009, 류재은은 '2009 서울시건축상 우수상'을 받았다.

내부의 비정형 구성이 시각적 멀미를 일으키며, 전체를 백색으로 도장하여 사람들은 위치를 잃기 쉽다.

서울 건축의 국제 패션

선타워 / 다이코그램 / 현대아이파크타워

건물이 옷을 차려입는 일은 그중 쉬운 건축의 조형술이다. 좀 조잡하거나 생각 없이 만든 몸집이라도 옷을 잘 입혀 시각적 표장으로 성공하는 경우는 많다. 건축도 때깔이 좋으면 몸도 근사해지고 마음도 좋을 것 같다. 여기에서 건축의 옷이라는 것은 마냥 표장이 아니라, 특별히 몸체와 분리된 겉 레이어layer를 갖추는 경우이다. 특히 인공 재료의 개발이 다양해지고, 전자적 기법이 품새를 활발하게 한다. 건축가는 그 물성物性이나 물상物象으로도 많은 말을 한다.

  서울의 옷은 자꾸 서구화되면서 '팬시fancy'하고 '댄디dandy'하고 유행에 민감하다. 아직까지 서구에서 도래한 패션이, '명품'이 그러하듯, 현대의 시장을 지배한다. 건축이 본질적 가치보다는 멋쟁이로서 브랜드 가치를 얻고, 그것이 건축주의 투자를 망설이지 않게 한다. 아마 후기 자본주의에 들어 자주 일어나는 일일 것이다.

복잡성 또는 번잡성

선타워 1996 / 톰 메인 / 서대문구 이화여대길 79

패션, 요식업 등 다양한 상업으로 혼잡, 혼돈, 아우성이 극단적인 대학가의 아이러니 속에 선타워가 있다. 대학의 지성보다 도시의 상업이 지배하는 대학가의 문화는 시대의 무거운 문제이다. 그러나 미국의 건축가는 복잡성을 복잡성으로 푼다.

미국의 설계회사 모포시스Morphosis는 1972년 설립되어 세계 건축의 후기구조주의를 리드하여 왔다. 모포시스는 기본적으로 '물질로서 건축' 조형에 능하다. 가능한 복합적 재료를 구사하되 각 물성을 얼버무리지 않은 채 겹으로, 구성으로, 직조의 수법으로 구축시키는 것이다.

원래 두 개의 대지를 합쳐 짓지만 통합이 안 되어, 건축가는 볼륨을 두 쪽을 내고 다시 한 건물로 합쳤다. 건물 중앙에서 보면 양쪽 볼륨에 중심 코어를 삽입하고 있다. 거기에서 외관은 내용에 따르지 않고, 부분의 의장을 자꾸 만들면서 더 복잡해졌다.

건축이란 원천적으로 공간이라는 몸에 옷을 입히는 것이다. 그 옷은 두껍거나 얇거나 혹은 아무 것도 입지 않은 누드일 수도 있지만, 여러 겹을 겹쳐 입을 수도 있다. 선타워의 시스루see-through는, 패션에서도 그러하듯이, 관능적 효과를 만든다.

이 건물에서 유리를 피부라 하면, 철망은 속옷이고, 가끔 콘크리트를 내보이는 것은 관절이 삐져나온 모양이다. 소위 다중 겹multi layer 구조이다. 부풀린 옷을 입어 실제 건물의 체적보다 외관은 더 커 보인다. 실내의 전체적인 인상도 메탈로 마감하는 것이 톰 메인이 생각하는 한국의 대학 문화이다.

조금 멀리 떨어져 보면 건축은 관을 썼는데 삼국시대 금관 안의 투관 같다. 건축가가 '선타워'라 했으면 아마 건축에 빛의 번짐을 망사로 표현하려 했을 것이다. 건축은 북향의 배치인데, 빛을 역광으로 받는 시간이 많다. 저녁노을을 배경으로 할 때면 더 두드러지는 장면이다. 밤이면 내부의 빛이 '색즉공色卽空'에서 색이다. 아마 낮에는 자태가 반전될 것이다.

서울체

선타워의 옷은 금속 망으로 만든 일종의 '시스루'이다.
옥상의 가설은 외모에서 머리 위에 쓴 밀짚모자이다.

난해한 근린생활시설

다이코그램 2005 / 김헌 / 마포구 연남로3길 65

김헌의 건축은 다분히 해체적이고 던지는 언어는 현학적이다. 그의 사무소 이름 어싸일럼asylum은 도피나 망명 또는 피난의 뜻이거나 이 모두의 포괄 같다. 김헌은 건축의 뜻을 일찍이 한국에서 찾지 못하고, 미국 유학에서도 건지지 못하고 돌아왔다. 그는 여전히 망명 중인지, 서울에서 찾는 문화 교차는 난해하다.

건축의 이름 '다이코그램dichogram'은 사전에도 나오지 않는다. 굳이 추리하자면 'echogram'이 음향 측심測深 기록도나 의학에서의 에코 그림이니 앞에 'di-'를 둘로 더하지 않든가 아니면 분리한다는 짐작을 하지만, 여전히 모르겠다.

건축의 위치가 강북의 전형적인 저밀 주거지 안에 있으니, 이 동네의 맥락에서 그의 개념이 찾아질 리 없다. 동네는 4~5층으로 재건축이 이루어진 그저 그렇고 그런 주택가로서, 아직 전깃줄이 지중화되지 않아 골목의 하늘을 덮고 있다.

그는 설계에 앞서 영감의 단서를 동원하여 건물의 이름부터 짓는다. 이름이 설계의 단서이기 때문이다. 이번에는 건축가에게 가장 진부한 과제일 근린생활시설로, 자신의 언어 사전에서 개념을 발굴할 일이다.

건축도 옷을 입는데, 정복 같은 대칭도 있고 한복 같은 헐렁함도 있지만, 김헌의 옷은 빳빳한 옷감부식 동판으로 기울어지고 터지고 갈라진 해체이다. 전체 층이 통짜이니 원피스이다. 장신구발코니는 날카롭고 비틀어지며 전체 패션과 공조한다. 일반적인 건물과 달리, 이 건축은 골격과 창과 문을 겉옷 안에 감춘다. 그래서 덩어리처럼 보이는데 그 안을 비웠으니 패각貝殼이다. 껍질 안은 공간과 생태가 있고 숨을 쉰다. 동쪽 뒤 수직 계단은 갑각甲殼의 벌어진 틈이고, 여기에서 각 층의 동선이 이루어진다. 건물이 외창을 제한하니 실내 공간에서 조망의 욕구를 어떻게 하는지 모르겠다. 업무에 더 열중하게 될지, 인공적인 장면으로 대체되는지 의문이다. 어차피 내다 봤자 적당

원피스 동판 옷은 해체적이다.
찢어서 낸 계단으로 각 층을 별도로 진입시킨다.

국경을 넘는 문화, 문화 교차

한 풍경이 있는 것은 아니지만, 여기가 연남延南이니 하늘과 바람이라도 각별할 것이다.

리베스킨트의 장신구

현대아이파크타워 2004 / 다니엘 리베스킨트 + 힘마건축 + 하우드엔지니어링 / 강남구 영동대로 520

다니엘 리베스킨트Daniel Libeskind는 해체 조형을 하지만, 이와 같은 2차원의 대상보다는 입체상에서 하던 일이다. 아이파크타워는 기준층 평면을 쌓은 일반적인 사무소 빌딩이다. 그러나 그 표장을 디자인하여 인상적인 파사드를 '미술'했다. 러시아 구성주의를 연상케 하는 기하학적 패턴, 시각적 차원은 도시적 스케일로 확장된다.

15층 높이의 건축 표면을 청색조 유리 커튼월로 하고, 지름 62미터의 큰 원을 그린 다음 추상적 패턴을 얹어 놓는다. 표면 유리는 원호 안과 밖을 반사도에서 차이를 두어 투톤으로 보인다.

크게 두 가지 기하학적 언어로 표현하는데, 건물 옆구리를 관통하는 알루미늄 막대는 벡터vector라 하고, 큰 원을 탄젠트tangent라 한다. 이들 기하학적 언어가 순화하는 자연과 상대성, 한 방향으로 뻗는 기술의 종합이라 설명한다. 큰 스케일에서 장신구같이 덧댄 붉은 색과 바탕 유리의 청색은 보색補色 관계이기에 시각적 인상을 강하게 한다.

그러나 구성주의constructivism가 그랬듯이 이러한 미술적 경향은 절대미 또는 추상주의여서, 섣부른 의미 부여보다는 미적 쾌감 자체로 받아들일 일이다.

영동대로에서 오브제 같은 건축이다. 지름 62미터의 원 안에서 벌어지는 구성의 주제는 시간이거나 지도이거나 텍스트이거나 추상이다.

착한 건축

아름다운 종교

착한 기업 문화

도서관의 현대적 개념

도시 건축의 윤리

공공이 착하기

서울 사람을 '깍쟁이'라 하여 왔는데, 원래부터 착한 심성과는 거리가 먼 모양이다. 이기적이고 인색하며 얄미운 행동을 일삼아 그렇다.

요즈음 건축 관련 책에서도 '나쁜', '없는', '구겨진' 등 부정의 구름이 유난히 짙게 떠돈다. 어떤 가치가 '있음'을 드러내는 것보다 '없다'는 정의가 쉬운 것을 이해할 수 없다. '있는 것'보다 '없는 것'이 더 잘 보이는가? 물론 '없다'는 비판이 곧 긍정으로의 다른 길이라는 반어적 뜻을 모르는 것은 아니다. 그 모두가 '좋은 것'을 위한 사회적 방법이기를 바란다.

건축은 사회적 이유에서 만들어진다. 사회적이란 삶의 목적 안 공동의 선善이며, 이타利他의 가치를 아는 것이다. 그래도 정작 공간이 사회적이기 어려운 것은 어느 한 번도 아니고 가끔도 아닌, 영원의 책무를 지기 때문이다.

건축가에게 착한 사회적 의지는 항상恒常으로 강조된다. 이는 미학적 가치보다 우선될 수 있고, 경제적 가치 앞에 있기에 건축적 선善이라 했다. 원천적으로 종교 건축은 착하기 위해 태어나지만, (대부분) 현실은 그러하지 못하다. 놀부의 사찰이나 샤일록의 교회당은 너무 많고, 종교 건축이 욕망의 덩어리로 보이거나, 치졸한 비지니스로 모양할 때도 있다. 공공 건축이 착한 것은 그 천성이어야 하지만, 반드시 그러하지는 않다. 행정 관서가 쓸데없이 권위적이거나, 심지어 겁박을 주는 사법 건축은 아직도 여전하다.

도시 건축에서 주목할 것은 착한 자본이다. 자본은 서울을 만들며 도시 경관과 생태를 이루는 필연 조건이기도 하다. 착한 자본이 있어 착한 건축을 이룬다면 도시는 더 행복해질 것이다. 생존이 절실한 자본주의에게는 선善보다 더 지고의 가치가 있겠지만, 착함을 경영 전략으로 삼는 기업도 많다.

아름다운 종교
가회동성당 / 밀알학교

보편적으로 종교의 첫 번째 덕목은 선善이다. 그러나 이 착한 의지가 어떻게 건축을 이루는가는 헤아리기 어렵다. 아마 건축가가 착하여 종교를 인간적 뜻으로 확장할 때 건축이 착해지는 것 같다. 그 예를 혜화동성당천주교 서울대교구 혜화동교회, 1960, 이희태, 종로구 창경궁로 288으로 설명해 본다.

혜화동성당은 구한말 '백동栢洞의 성 베네딕트'라고도 하였다. 조선대목구장 뮈텔Gustave Charles Marie Mutel, 1854~1933 대주교가 한국 교회 사업을 요청하며 독일 베네딕트 수도회Benedictine Order가 지원했다. 앞장을 선 상트 오틸리엔Sankt Ottilien은 외방 선교를 위한 수도원의 연합체이다. 한국에 진출한 상트 오틸리엔의 베네딕트 수도회가 1909년 백동지금의 혜화동에 땅 10만여 제곱미터를 구입해 수도원을 세운 것이다.

1881년 조선에 온 뮈텔 대주교는 친일 부역자이며 종교적 권세자로 말하여지기도 하지만, 이는 식민지 가톨릭의 일반적인 행태로도 보인다. 여하튼 뮈텔 또는 민덕효閔德孝는 조선 천주교의 틀을 만든 인물이며 종현성당현 명동성당도 그의 업적이다. 이후 1927년 베네딕트회가 함경도 덕원으로 옮겨 가 고후에 경상북도 왜관에 정착 서울대목구는 이 수도원 터에 대신학교와 혜화동성당, 동성고를 세웠다.

성당 건축은 당시 장발루도비코, 1901~2001 서울대 미대 학장의 지휘로 이뤄졌다. 건축을 맡은 이는 요한 이희태1925~1981다. 그리고 작업을 지원하는 가톨릭 미술가들도 여럿이다. 성당의 정면을 장식하는 〈최후의 심판도〉 화강석 부조는 1961년 김세중프란치스코, 1928~1986 서울대 교수가 원도를 작성하고 장기은이 함께 조각하였다. 이종상요셉 화백이 1994년에 제작한 성수대와 그

서울체

위에 임영선이 만든 예수 부활상은 연계된 작품이다. 무엇보다 실내 장식에서 이남규루카, 1931~1993의 스테인드글라스1989~1991가 빛난다. 제대 뒤의 도자 벽화인 권순형프란치스코, 1929~2017의 〈성사〉1979는 대작 성화이다. 제대 오른쪽에 1958년에 설치된 김세중의 청녹색 대리석 제대가 있고, 제대 오른쪽의 〈103위 순교 성인화〉1976, 285×330cm는 문학진토마스의 작품이다.

성당에서 미술은 '보는 성서'이며 성심이고, 이제는 통념이 된 수사이다. 문제는 교회의 열린 사회성이다. 매주 일요일 혜화동성당은 동남아시아 사람들의 차지가 된다. 주일 오후 1시 30분부터 3시까지 타갈로그어를 사용하는 미사가 열리며, 일요일 성당 앞 혜화동 로터리에는 필리피노와 동남아 사람들의 커뮤니티 장터가 생긴다.

혜화동성당은 이러한 미술과 건축의 협동, 단아한 한국적 모더니즘, 교회의 사회적 뜻을 기려 2006년 등록문화재 제230호로 지정되었다. 그러니까 '착한 성전'이란 건축 공간, 상징 조형 그리고 열린 프로그램으로 이루어진다는 것이다.

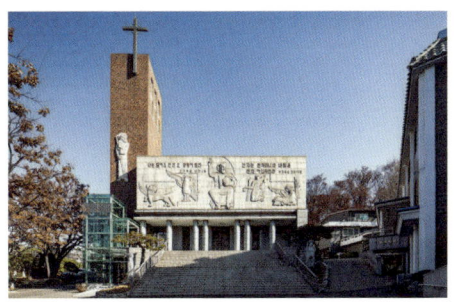

혜화동성당은 일요일에 필리피노에게 하루를 개방한다.

착한 건축

열린 성당

가회동성당 2014 / 우대성, 조성기, 김형종 / 종로구 북촌로 57

1795년 북촌의 한 개인 집에서 중국인 주문모周文謨, 야고보, 1752~1801 신부가 첫 미사를 드렸다고 한다. 이후 종교적 커뮤니티를 이루었지만, 종교 탄압 시절이었기에 지하 예배였다. 그러다가 광복을 맞아 새로운 성전 건립 계획이 세워진다. 지금의 가회동성당 위치에 있던 전길헌全吉憲, 마리아이 자신의 집을 공여하여 터를 얻었다. 한국전쟁까지도 한옥 성당이 유지되다가, 주한미군민간원조단AFAK의 원조로 신축 성당을 3층으로 만들었다. 1954년 노기남盧基南, 바오로 대주교의 집전으로 축성미사를 봉헌하고, 이후 성당은 지속적으로 보전, 증축하며 유지되어 왔지만 2006년 안전에 문제가 제기되었다.

2010년 송차선宋次善, 세례자 요한 신부가 재건축의 소임을 받고 부임하였다. 가회동성당으로서는 축복이듯, 송 신부는 건축과 출신의 사제였다.

북촌에서 가톨릭과 한옥의 타협

북촌길에 면하는 '천주교 서울대교구 가회동성당'의 경내에 들면 먼저 한옥과 만난다. 마치 대문채 같은 한옥은 성당이 도시로 열리는 프로그램이다. 성당의 커뮤니티 기능을 맡지만, 사랑방같이 모든 방문객을 반긴다. ㄱ자 모양의 한옥은 마당 공간을 한정하고 동선을 본당으로 유도한다. 그러니까 마당은 전통적인 교회 양식에서 변형된 아트리움이다.

건축은 사회적 공간한옥과 본당모던이 양식을 따로 취한다. 전통과 근대 또는 한식과 양식을 적당히 혼성시키지 않고, 독자적인 성격으로 상대시키는 것이다. 한옥은 전통 원형에 충실하고, 본당은 철저히 모던한 채 함께 있다. 본당은 한 층 높은 레벨에 있어 옥외 계단을 올라야 하는데, 건축이 우리의 발걸음을 자꾸 지연시키는 것 같다.

본당은 나르텍스를 거쳐 네이브에 들며, 단순한 직방체의 바실리카 양식이다. 비교적 넉넉한 공간적 볼륨에 실내에는 빛과 목질木質이 혼합되어 있

본당은 대지 안에 깊숙이 있다.

한옥 사랑방이 전면에 있다. 사랑방은 커뮤니티 공간이지만, 관광객이 다리를 쉬는 곳으로도 개방한다.
본당은 근대적인 회중석으로 간결하다.

다. 성당에서 또 하나 강조할 것은 옥상 테라스이다. 본당 옥상에 오르면 북악산 아래 북촌 마을이 파노라마를 그린다.

이 성당을 특별히 착한 건축이라 하는 것은 관광객조차 반기는 열린 공간 형식과 시간이 적당하면 사랑방에서 대접받는 신부님의 차 한 잔 때문이다. 건축은 '2014 서울시건축상', '2014 한국건축문화대상 본상' 수상작이다.

아름다운 학교

밀알학교 1997 개교, 2002 증축 / 유걸 / 강남구 일원로 90

강남구 일원동, 서울치고는 변두리이지만 여기에도 장애인 학교가 들어서는 일은 힘들었다. 대지 앞에 아파트 단지가 있는데, 장애아 학교가 들어선다고 하자 '결사반대'이다. 발달 장애아 특수학교 하나 들어서는 데 주민들이 죽음을 걸고 반대하는 일이 이상하지만, 사법재판이 나서서야 진정되었다. 학교 설계는 앞 단지와 거리를 두기 위해 최대한 뒤로 물러앉는 배치로 타협하였다. 지금은 지역 주민이 커뮤니티의 장소로 학교 안 교회 공간을 이용한다고 한다. 남서울 은혜교회의 노고이다.

학교의 외관은 그렇게 대단할 것 없다. 재료도 철판과 유리로 무덤덤하다. 이 건축의 진정한 모습은 안에 있다. 아트리움에 들어서면 그야말로 파현破顯, durchbruch●으로, 가두어 두었던 것을 한꺼번에 퍼트려 내보인다.

이러한 광대한 실내 공간이 필요한 이유는 여럿이다. 우선 이웃 주민들이 장애 아동을 보기 꺼려 한다. 운동장에 노출시킬 수 없는 아이들은 실내 광장이 차라리 편하다. 그러지 않아도 한여름 덥거나 한겨울 추울 때는 실내 공

● 꿰뚫음, 열고 부숨, 타개, 갑작스러운 출현, 분노 등의 돌발적 상황, 째지고 갈라지고 터진 틈, 무너진 형상 등을 나타내는 독일어

건축 외관의 조형에는 큰 의사가 없는 듯하다. 외형은 단지 공간을 얻기 위한 구축일 뿐이다.

학교 프로그램과 공간의 합일을 행태 디자인으로 얻는다.
램프가 만드는 지그재그의 운동감은 장애아들에 대한 당부이다.

착한 건축

간이 적절할 것이다. 두 번째는 위축되어 있는 아동들의 공간 지각을 일깨우는 것이다. 공간은 지그재그를 자꾸 그으며 올라가는 램프를 두고 3층 높이이다. 이 램프는 장애인의 교통을 위한 것이지만, 엘리베이터가 따로 있으니 걷는 또는 오르는 체험을 유혹할 것이다. 오를수록 시야가 넓어지는 공간감은 장쾌하며, 그 왼쪽에 마련된 학습 영역으로 연결된다.

    대안 학교로서 시설은 특별하지만, 아이들의 학습, 지각, 공감 능력을 위한 공간 디자인을 알아볼 수 있다. 밀알학교는 건축가 유걸의 뜻과 소통이 잘되었는지 두 번째 확장 설계를 다시 그에게 맡겼다. '1998 한국건축가협회상' 수상작이다.

착한 기업 문화
현대카드 영등포사옥 / 국립현대미술관 젊은건축가프로그램

자본주의가 착할 수 있을까? '부자가 천당 가기'란 밧줄로 바늘구멍 꿰기 같다. 자본주의는 부의 축적을 욕망하고, 그 순환으로 우리의 오른쪽 사회가 유지된다. 돈을 벌자면 착한 자들의 서열에서는 뒤처져도 할 수 없던 경제 드라이브 시절이 있었다. 수많은 CEO들이 감옥을 들락날락거려도 대수롭지 않게 여겼다.

그러나 경영 윤리를 어떤 수단보다 앞세우는 기업이 없는 것은 아니다. 보통 착한 기업의 행태는 기부나 사회적 기여로 나타나지만, 여기에서는 기업의 건축이 착한가를 가려볼 것이다. 재벌이 자본의 욕망으로 집을 짓는 데 상대하여 사회 문화의 뜻을 찾아볼 것이다.

2001년 한국의 신용카드 금융이 팽창하던 즈음 현대카드가 시장에 나왔다. 카드 금융회사들이 피 튀기는 경쟁에 몰입할 때, 현대카드는 한 발자국 물러선 전략을 짠다. 문화이다. 현대카드 CEO 정태영은 그들의 문화 투자가 사회 문화를 위한 소모적인 자본이 아니라, 기업의 순익으로 돌아온다는 믿음이 있다. 그의 문화 경영은 스포츠에서도 현대캐피탈 배구단 '스카이워커스'가 보인 발군의 실력에 전이된다. 그 힘이 훈련장이자 숙소인 '캐슬 오브 스카이워커스'2013, 황두진, 천안의 진보적 디자인 때문으로 안다.

현대카드는 2007년 슈퍼콘서트를 시작으로 음악 연예를 기획하고 지원하였다. 2011년부터는 프로그램을 확장하여 '현대카드 컬처프로젝트'를 추진한다. 그 15회 프로젝트가 '2014 젊은 건축가 프로그램YAP'이며, 제18회 2015 YAP, 제22회 2016 YAP로 이어졌다.

영등포 늪에 핀 꽃

현대카드 영등포사옥 2012 / 최욱 / 영등포구 영등포로 188

무릇 기업 문화는 자본의 경영 안에서 논다. 건축은 그 자본 논리를 등에 지고 구현된다. 현대카드의 스마트한 기업 문화가 건축가 최욱의 이지적 감성과 만나면 현대카드 영등포사옥 같은 건축이 만들어진다.

건축은 강남도 아니고 종로도 아닌 영등포, 그중에서도 가장 산만한 영등포 시장통에 비석처럼 서 있다. '비석처럼'이란 완강하다는 태도이고 항상 그렇게 있으리라는 태세이다. 건축은 무조적無調的 인상, 중성적이지만 밝고 흰 색조, 반듯한 형태로 현대카드의 CI와 겹쳐 보인다. 곧 현대카드의 브랜드 이미지이다.

건축가 최욱은 도시 건축을 플랫폼platform 또는 기단基壇으로 시작한다고 했다. 서양의 건축은 파사드facade를 만드는 데 열중하지만, 한국의 건축은 땅에 그리는 배치와 평면에 열심이라고 본다. 그래서 한국 건축의 유적은 배치도 같은 모습으로 남는다는 것이다. 현대건축에서도 땅과 지반층은 수평적 관계에서 시작한다. 형태가 복잡하거나 고층건축이라 하더라도, 땅에 선을 긋고 플랫폼을 만드는 일이 결정적이다.

한지 창호

건축은 얼핏 무중력의 비석처럼 서 있다. 단순한 만큼 단호한 자태이지만, 유리로 조직한 매스는 시각과 빛이 동조하는 현상체이다. 그래서 건물은 그림자가 없다. 표장은 레이어가 2개인데, 투명 면 위에 반투명 리브가 달린 미묘한 질료는 은밀한 감성이다.

수평재 위에 수직재 레이어를 구분하여 덧대었다. 창문 유리 면에 간격을 두고 유리 멀리언을 덧대어 '떠 있는 그림자'가 생긴다. 이 그림자가 포개지며 만드는 계조는 한지 창호의 겹쳐진 은근함을 닮았다. 또는 안개 낀 날 보았던 흐릿한 풍광이다.

영등포시장의 산만한 가로 환경에서 스마트한 빌딩의 조형이 두드러진다.
형태를 휘발시키는 것은 유리 막의 디테일이다.

현관 이후 로비는 완벽한 투명체이며 후정으로 시각적 관류가 벌어진다.

플랫폼

바닥과 내부 공간의 관계에서 말하듯, 1층 공간은 완전한 허체이니 건축의 볼륨이 마치 공중 부양하는 모습이다. 저철분 유리의 완벽한 '투명', 그 위에 얹힌 '가벼움'은 스마트한 현대카드의 이미지와 연결된다. 내부 공간은 문지방 없이 드나들며, 양단 두 개의 코어가 상층부를 지지하여 무주無柱 공간을 만든다. 무색 무조의 공간을 만들기 위해 유리는 철저히 투명하고, 구조체는 무반사 검정색이다. 심지어 직원들의 유니폼도 검은 슈트이다.

현대카드 컬처프로젝트

국립현대미술관 젊은건축가프로그램 YAP
2014, 2015, 2016, 2017 임시 설치 / 종로구 삼청로 30

현대카드의 예술 지원은 음악, 미술, 공연 등 다채롭다. 건축을 지원하는 '젊은 건축가 프로그램'은 2014년부터 현대카드 컬처프로젝트로 시행하였다.

미국의 뉴욕현대미술관MOMA은 젊은 건축가 프로그램Young Architects Program, YAP을 매년 시행하여 왔다. MOMA는 이를 세계적인 동조로 전파하기 위해 이탈리아 로마 국립21세기미술관MAXXI, 터키 이스탄불 현대미술관, 칠레 산티아고 컨스트럭토Constructo 그리고 우리나라 국립현대미술관MMCA과 YAP를 공유한다.

우리나라에서 2014년 시작된 YAP가 흥미로운 것은 '젊은'이라는 양태가 어떻게 쌓여 가며, 미래의 젊음은 지금과 어떻게 구별되는지를 지켜보는 일이다. 두 번째는 임시적이지만 '그 장소에 실재하는 사실'로서 창발이다. 셋째는 세계적인 현대미술관들이 동시에 실시하니 매년 각국의 차이를 보는 것도 재미있다.

국립현대미술관으로서는 YAP 프로젝트에서 몇 가지를 한꺼번에 기대한다. 건축과 미술의 자유로운 접속, 국립현대미술관의 건축 부분에 대한 더 힘찬 행보 그리고 현대건축의 아포리아를 향한 젊은이의 태도이다.

YAP 2014 : 신선놀음 / 권경민, 박천강, 최장원

국립현대미술관은 매년 초봄이 되면 서울-경복궁 동편-미술관 마당-종친부 앞에서 거기에 있을 디자인을 기다린다.

2014년 YAP 당선작은 문지방이 제작한 〈신선놀음〉이었다. YAP의 첫 번째 성과는 다분히 시적이며, 풍광의 장면으로서 근사하고, 쉼터의 기능이 활발하며, 공간을 즐겁게 한다. 주어진 미술관 마당 공간이 경성硬性인 것에 비해 유연하고 나이브한 벌룬을 대립시킨 것도 인상적이었다. 유머도 있었다. 무엇보다 빛, 바람, 사람의 운동으로 현상現象하는 공간이 멋있다. 신선놀음이 시적 은유를 끌고 가는 것은 뉴욕 MOMA, 로마 MAXXI, 이스탄불, 산티아고에서의 YAP와 동양적 차별성으로도 볼 수 있다.

처음 제안을 보았을 때 염려되었던 설계와 제작 시간의 촉박함, 벌룬이라는 구조의 불확실성, 인조 안개와 바람의 투정, 동태적인 시각적 전개 등 불확정적인 요소를 극복하고 비교적 잘 구현해 내었다.

YAP 2014, 신선놀음은 시적 은유를 풍광으로 전개하며 현상하는 풍경을 만든다.

YAP 2015, 지붕감각의 흐느적거리는 갈대 지붕이 물질의 시이다.

YAP 2015 : 지붕감각 / 강예린, 이치훈

현대 디자인에서 불확정성이란 도전할 만한 명제이지만, 어둠 속을 더듬는 요행수이기도 하다. 흐느적거리는 지붕, 갈대의 막은 바람에 흔들려야 하는데, 흔들리는 구조체는 피로가 축적되면 파괴될 수도 있다. 흔들림은 유연할수록 근사한데, 한여름 태풍이 덮칠지도 모른다. 갈대발의 빛은 겹치면서 계조階調를 만들고, 야간에서 조명은 역조逆調의 현상을 유발한다. 그것을 건축가는 예견하지만, 실제에서는 예측하지 못한 변인도 많다. 그래도 현상을 동반하는 디자인은 우연성, 사건화, 낯설음을 묘미로 한다. 그것이 익숙한 물상에 상대하여 흥분할 만한 기대이며 기다림의 미학이기 때문이다.

미술관 마당이 바라는 합목적성은 대부분 목적에 다다랐다. 연성軟性의 질료가 채워져 바람과 빛에 현상하고, 그늘을 만들어 한여름 잘 지냈다. 특히 자연이 준 재료, 갈대의 두드러진 현상은 시간성이다. 한낮에는 바람을 은유하고, 비오는 날은 축축해지며, 저녁부터는 새로운 빛을 만나면서 다채로운 현상을 만드니, 한번 보고 말 것이 아니었다. 이 동태성動態性에 문학적 메타포가 더해진다면 한국적 또는 전통적 소질이라 하겠다.

YAP 2016 : 템플Temp'L / 신형철

2016 YAP는 프랑스에 주재하는 신형철에게 돌아갔다. 제목 템플Temp'L은 템포러리temporary와 템플temple을 합성하여 만든 단어라 했는데, 그는 프랑스에서의 건축 학습만큼 언어적으로 단련되어 있다.

그동안 YAP의 두 차례 경험은 부드러운 알레고리로 정리되고 있었다. 이에 비해 신형철의 템플은 엄청난 물질이었는데, '이러면 어떻겠어요'가 아니라 '왜 이래야 되는지'를 설득한다. 그것은 의당宜當을 뒤집는 것이었고, 선입감의 뒤통수를 때리는 것이다. 배가 도시에 왔다든지, 무덤에서 캐 온 생명 같은 '모순'이든지, 뒤집으면 다른 형태가 되는 '반전'이었다.

대체로 현대 작가는 이지적이지만 나이브하고, 관념적이지만 차가웠다. 이에 비해 신형철은 아날로그였으며, 힘을 아는 몸의 작가였으며, 생각한 것

YAP 2016, 템플은 옛 선박의 철재가 오브제로 이 장소에 살아났다가 다시 사라진다.

YAP 2017, 원심림의 회전하는 치마가 마당의 하늘을 덮는다.

을 성취하고 만다는 뚝심이 있어 그를 YAP로 선택하는 데 주저하지 않았다.

그것은 가히 하나의 물질이며 공간이며 템플이었다. 나이가 한 35년 먹었다니 온몸이 바다에 끌고 다니다가 얻은 상처투성이고, 버짐 핀 피부는 일 그러지고 꿰맨 외상투성이다. 그가 일을 하던 시기는 우리의 재건再建 시대로, 아마 모래와 자갈을 꽤나 실어 날랐을 것이다. 이제 그는 늙어 마지막 숨을 몰아쉬며 목포에 몸을 뉘었지만, 다시 그 몸의 일부를 잘라 국립현대미술관에 주었다.

YAP 2017 : 원심림Centreefugal Park / 양수인

천이나 막 같은 유연한 물질에 회전이 가해지고 원심력을 더욱 보태면 밖으로 번진다. 그렇게 해서 공간을 만드는 원리는 상상 속에서 가능했지만, 실제 국립현대미술관의 마당에서 여름 쉼터로 만들어졌다. 당연히 원심력은 바람을 일구며, 그것이 녹색이니 바람을 품은 나무가 만들어졌다.

다만 그것이 전기모터의 구동력에 의지하여야 하는 것이 한계이지만, 그 현상성은 인상적이다. 나뭇가지와 잎은 겹쳐질수록 짙어지고, 옅어지면 하늘빛과 동조한다. 나무 자체가 공간이지만, 군식群植 될 때 숲을 이룬다. 여름 한 시절 미술관의 마당이 나무들의 군무群舞로 깨어 있었다. 이러한 큰 치마의 군무로는 터키의 수피댄스Sufi whirling가 있지만 천은 뻣뻣하고 모양은 원추 모양을 벗어나지 않는다. 이에 비해 한국의 전통 무용에서 하늘거리는 치마의 동작은 훨씬 더 현상적이다.

도서관의 현대적 개념

현대카드 디자인 라이브러리 / 현대카드 트래블 라이브러리 / 현대카드 뮤직 라이브러리 / 바이닐앤플라스틱,
스토리지 / 현대카드 쿠킹 라이브러리

현대 사회에서 '도서관'은 진화하며 변이한다. 우리는 언제부터인가 '라이브러리library'를 '그림과 책圖書'이라는 뜻으로 말하였다. 서양의 'Libr-ary'가 'Livre-책의 장소'인 것과 비교하여 '도서'라는 문예로 확장한 개념 같다.

현대카드가 도서관이라 하지 않고 라이브러리라고 한 것은 단지 우리의 영어주의 취향이겠다. 그러나 이들의 실천은 사회 문화로 전진된 생각으로 보인다. 현대카드 라이브러리 연작은 주제별 도서관인 셈인데, 이 프로젝트가 더 지속되면 서울은 지식의 별자리를 가지게 될 것이다.

4개의 도서관이 잇달아 만들어졌는데, 디자인2013-트래블2014-뮤직2015-쿠킹2017의 족보이다. 수많은 주제가 가능하였지만 왜 이런 순서로 결정되었는가는 추측건대, 신세대 문화의 구조로 보인다. 처음 문화디자인에서 시작하지만 유희와 감각을 거쳐 네 번째는 육감쿠킹으로 이어진다. 사실 이들 도서관은 지식 계몽보다도 지적 놀이에 가깝다.

현대카드 라이브러리 시리즈는 접근 층의 공공 영역은 모두에게 개방되지만, 도서 공간에 들려면 현대카드를 챙겨 가야 한다.

북촌의 이중시간

현대카드 디자인 라이브러리 2000, 유태용 (서미갤러리)
/ 2013 개축, 최욱 / 종로구 북촌로 31-18

북촌北村의 정서에서도 특히 북촌로가 가진 기억의 소자들이 뚜렷하다. 통상적인 한옥 마을과 달리 현대적 상황과 전통이 충돌하면서도 피차 의연하기 때문이다. 전통은 시간을 지체시키고, 현대는 시간을 들깨운다. 특히 현대카드 디자인 라이브러리는 형식전통과 내용현대이라는 두 가지 시간으로 엮인다.

원래 이 건축은 2000년 서미갤러리로 지어졌다. 부정적인 운영으로 갤러리가 퇴출되면서 건축을 현대카드가 매입하여 디자인 라이브러리로 리노베이션하였는데, 공간의 얼개는 대부분 유지되었다.

공간은 솟을 대문과 폐쇄적인 담장 구조로 외곽을 이룬다. 한옥이 그랬듯이, 대문을 들어서는 일은 특별한 과정이다. 입구에서 방향을 3번 접어 ㅁ자 마당에 드는데, 전형적인 한옥의 공간 구조이다. 마당은 너무 바라지지도 않고 너무 폐색적이지도 않아 스케일이 적당해 보인다. 들어서면 왼쪽이 카페

북촌로 변의 전위부와 한옥은 서미갤러리 때의 모습을 유지한다.
문간채에서 내부에 이르는 공간적 전개를 본다.

착한 건축

옛 갤러리에서 안마당을 둘러친 공간을 유지하며 리노베이션되었다.
2층의 개가식 도서실. 책은 지식만이 아니라 미술적 오브제이다.

이고 오른쪽이 리셉션이어서, 잠시 쉬다 갈 것인가카페 아니면 지식을 찾을 것인가리셉션를 선택할 수 있다.

  땅과 실내가 수평 구도에 있는 카페에서 마당의 정서를 더 잘 나눌 수 있다. 1층에서 관조적인 마당의 공간은 2층에서 내려다보면서 수다스러워진다. 하기야 전통 한옥에서 내려다보는 마당은 없었다. 그러니까 원래 전통의 마당은 치켜 올려보지도 않고 내리깔고 보지도 않는 것이다.

  도서실은 2층에서 ㄷ자 평면으로 전개된다. 개가식 도서실은 자유로운데 독서에 집중하는 분위기는 아니다. 도서관은 차라리 책의 갤러리 같다. 책은 지식보다도 물질이 되어 누워 있거나 서가에 꽂혀 있는데 모두 화려하게 치장된 오브제이다. 그렇다 하더라고 도서실은 디자인, 건축 서적의 보고이다. 희귀본을 만날 수 있고, 전설적인 고급 도서를 만질 수 있다. 형태에 관심이 없는 듯한 이 건축에서 눈여겨 볼 것은 건축적 디테일의 묘미이다. 요소와 요소를 관계 짓고 모를 접고 끼우거나 엮는 기술에 감성이 작동한다.

여행이라는 지적 유희

현대카드 트래블 라이브러리 2014 / 카타야마 마사미치 / 강남구 선릉로152길 18

현대카드 라이브러리의 두 번째 프로젝트인 트래블 라이브러리는 몇 사람의 여행 도사道士들에 의해 기획-구현-운영된다. 초기 작업에 참여한 큐레이터는 4명으로, 루스비Kevin Rushby는 영국 가디언지의 저널리스트이다. 로우Shawn Low는 론리플래닛 작가이며, 미란다Carolina Miranda는 타임지의 에디터이고, 하바Yoshitaka Haba는 북 컨설턴트이다. 실내 디자인을 감독한 카타야마 마사미치片山正通는 일본 무사시노武蔵野 미술대학 교수이며, 원더월Wonderwall 대표로서 크리에이티브 디렉터이다.

이 화려한 라인업은 라이브러리를 환상의 세계로 만든다. 환상이란 단순한 비유가 아니라, 미지의 세계, 불가촉의 이미지, 지구를 뛰어다니는 사실이다. 더군다나 신용카드는 여행에서 기본적인 에너지원이다. 그래서 카드와 여행이라는 두 주제의 결합은 다시 한번 현대카드의 문화 공략 경영을 알게 한다. 여행에 대한 유혹, 권유, 정보, 성취, 기억, 꿈을 프로그램 하는 것 같다. 그래서 라이브러리는 박물관이며 지적 유희이며 정보를 총합한 것이다.

트래블 라이브러리는 도산대로의 이면, 중소 밀도의 동네에서 근린생활시설의 부분을 쓰고 있으니 형태 조형은 별 볼 일 없다. 접근하면서 쇼윈도와 디테일을 들여다보아야 디자인의 정치성을 알 수 있다. 그러나 내부 공간은 다이내믹하다. 공간을 구름처럼 부유浮遊시키려 오픈과 뜬 계단으로 동적 구성을 하되, 모두가 백색 모노크롬이다. '뜬 구름'은 주제와 이미지와 공간의 통합성이다. 책장册欌은 수직과 수평의 판을 얽어 만들지만, 이것이 천장으로 이어지면 서까래가 되고 보가 된다. 물상과 대상과 구조의 통합성이다.

트래블 라이브러리의 컬렉션은 여행의 영감을 주고 세계를 향한 지적 열쇠가 되며, 추상적이거나 관념적이지 않은 사실물로서 합목적의 정보를 제공한다. 우리가 이 라이브러리에서 만나는 여행은 시간에 구애받지 않으나 '아직'이다. 그러니까 여행을 위한 온갖 정보는 떠날 일의 충동질이다.

프로젝트는 기존 건물의 2개 층을 쓰고 있지만, 내부 공간은 다른 세계를 만든다. 곧 여행의 환상이다.

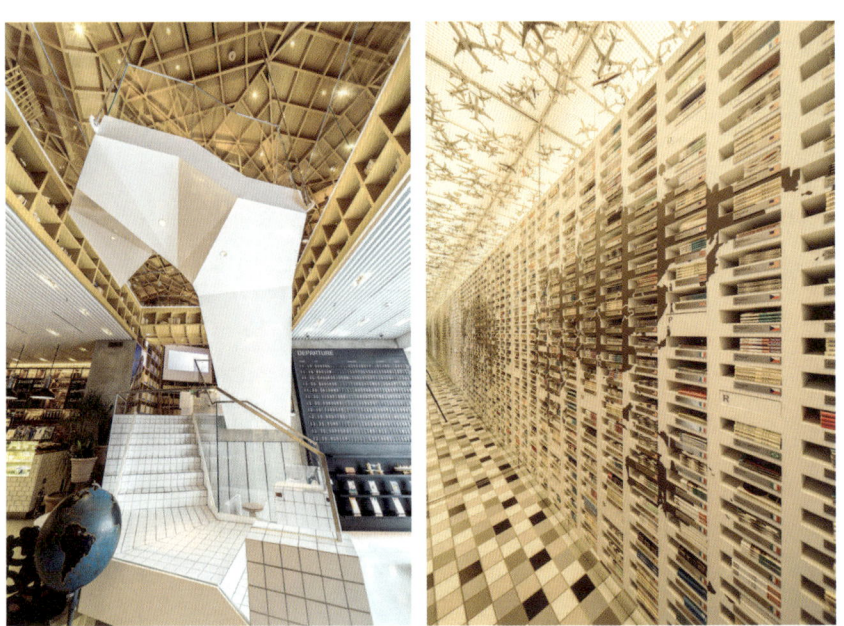

여행이라는 주제와 공간 디자인이 공조한다. 동적이며, 지체시키며, 엇갈리기도 하고, 입체적으로 조망한다. 여행의 이미지를 만드는 소품들을 정렬하며 이야기가 된다.

건축의 음악적 소통

현대카드 뮤직 라이브러리 2015 / 최문규
/ 용산구 이태원로 246

최문규의 작업이 착한 기업 문화와 자주 만나는 것은 우연인지 개연인지 모른다. 다만 이 건축가에게서는 수주 활동에서 양적으로 제한되더라도 건축주를 선별하는 듯이 엿보인다. 이 책에서만 3개의 경우를 본다. 현재 쌈지는 쇠잔되었지만 한동안 키치 문화를 걸고 예술 지원과 경영이 겹쳐 보였다. 숭실대학교는 일신그룹의 재단 참여로 캠퍼스가 쇄신되었다. 그리고 현대카드를 만났다.

'이태원의 동네 건축'은 건축 교과서가 이야기하던 맥락주의로는 설명되지 않는다. 그것은 어떤 문맥 속에 있지만, 그 자신이 새로운 타자他者이면서 그 장소에 대해 또 다른 양태를 획책하기 때문이다. '언제부터인가 늘 거기 있었던 것 같은' 순치馴致보다도, 함께 있어서 더 많아지는 일을 만든다. 그는 배타적이지 않지만, 그렇다고 그렇고 그런 병렬도 아니다. 맥락주의이면서 헤테로토피아란 모순이지만, '둘 다'라는 뜻과 다르지 않다.

이태원은 다국적의, 별로 세련되지는 못했지만 일종의 문화 교차의 현장이다. 세 가지 키워드가 떠오르는데, '이태원이라는 서울의 이소성異所性'에서 '현대카드라는 자본주의'가 '팝뮤직으로 라이브러리'를 만든다. 건축은 처음 세지마 가즈요妹島和世가 기획했으나 작업이 묘연해지고, 최문규가 완성했다.

뮤직 라이브러리의 배치도를 보면 대지 윤곽이 곧 건물의 윤곽선이다. 보통 도시에서는 대지가 건물의 윤곽을 지시하며, 건폐율만큼 주변을 비우고 건축한다. 이에 비해 뮤직 라이브러리는 일단 꽉 채워 놓고 일정 부분을 저며낸다. 뮤직 라이브러리는 이태원로의 난잡함이 불편한 채 공존하여야 하는 갈등에 있다. 그래서 문간채를 만들고 본 공간을 안으로 들어앉힌 형국이다.

문은 전통 건축에서 그러했듯이, 경계에서 시작하는 의식적 기표였다. 사찰의 사천왕문四天王門은 통과하되 안으로 동선을 지시하며, 시각적 휴지이며, 위치 정보이며, 종교적 의미를 이해하여야 한다. 우리는 사천왕문을 대수롭지 않게 통과하지만, 사실은 엄청난 검색마음까지 스캐닝 하는 보안 시스템을 거치는 것이다.

　문 안에 해가 들면 공간 칸間이 되고, 달이 들면 한閒이 되고 나무가 들면 한閑가롭게 된다. 폐閉는 닫는 기호이고 개開는 여는 기호가 되는데 두 글자 모두 가운데 빗장이 기표이다. 도시에서 문을 만들고 닫거나 연다는 것은 안과 밖의 관계체로서 의식이다.

　현대카드 뮤직 라이브러리가 이태원에서 도시의 큰 문을 만드는 것은 두 동네 사이의 관계이다. 그 동네란 남산 기슭에서 한강 쪽, 북쪽에서 남쪽으로 흐른다. 남산 기슭에서부터 상업과 주거, 욕망과 안식, 도시와 동네 등의 복잡한 헤테로토피아이다. 위-이태원 상업과 아래-주거는 공생 관계로서, 한 쪽이 잠에 들 때 다른 쪽은 깨어나고, 한 쪽이 색色이 될 때 다른 쪽은 공空이 된다.

　건축적으로 뮤직 라이브러리의 문틀은 열고-잇는다는 태세를 표시하는데, 그 사이에 차경이 벌어지니 한남동의 풍경이 새삼스러워진다. 차경을 위해 엄청 큰 액자額子를 철골 프레임으로 만든다. 군더더기는 덜어 내고 단면은 최소화하되, 3차원을 만들 공간의 깊이가 필요하다. 게이트의 규모는 가로 17미터, 높이 13미터, 깊이 20미터이다. 이 공간의 아가리에 들어가면 천장그야말로 天障 높이가 휴먼 스케일을 훌쩍 초월하니 도시의 척도이다.

　문간채의 땅바닥은 기울어져 있는데, 바닥에 쓰인 '미끄러짐 주의'가 건축의 문제이다. 바닥이 안쪽으로 경사지는 것은 남산에서 한강으로 흘러내리는 중에 이 위치가 있다는 것이다. 흘러내리는 바닥은 우리 발의 촉감을 1층의 실내로 지시한다. 여기에서 들어감은 그냥 지나가는 것이 아니라, 이벤트가 있는 지연遲延으로 이루어진다. 문간채에서는 남산의 바람을 등지고 쉬었다 가며, 곤돌라가 걸려 있는 공간에서는 스트리트 쇼가 벌어진다. 문간채를 장식하는 그라피티는 포르투갈 작가 빌스Vhils, 또는 알렉산드레 파르토(Alexandre Manuel Dias Farto)의 아트워크이다. 골강판에 붙은 초대형 사진은 오웬스Bill Owens 작품으로, 1969년 알타몬트에서 열린 롤링 스톤스The Rolling Stones 공연의 한 장면이 지각을 압도한다.

이태원로에서 도시의 대문을 만들듯 정면을 비웠다. 정면을 통과하면 한남동으로 풍경이 기울어져 나간다.

오른쪽이 라이브러리 공간이며, 골강판에 붙은 초대형 사진은 빌 오웬스의 작품이다.
라이브러리는 2개 층 통층으로 각종 음악 미디어, 플레이어, 서적을 수장하고 있다.

리셉션 이후 도서 공간은 LP 컬렉션이 차지하고 수많은 음악 서적이 있지만, 이것을 읽을 여유가 있는지는 모르겠다. 왜냐하면 2~3층으로 이어지는 다이내믹한 공간과 창밖의 한남동과 교환하는 시각적 전망에 지배당하기 때문이다. 지하는 공연장으로, 뮤지션을 위한 공방과 퍼포먼스를 위한 무대 공간이 있고, 한남동을 내려다보며 쉬는 라운지가 있다. 지하 부분의 인테리어는 겐슬러Gensler가 하였는데, 그들은 공장 지대를 예술촌으로 바꾸는 일에 익숙한 팀이다.

현대카드 뮤직 라이브러리는 도시 건축의 새로운 창발의 가치에서 '2015 서울시건축상 신축건축부문 최우수상', '2016 한국건축가협회상', '2016 한국건축문화대상 준공건축물부문 우수상' 수상작이다.

물질적 재즈 **바이닐앤플라스틱 / 스토리지** 2016 / 서승모 / 용산구 이태원로 248

현대카드는 뮤직 라이브러리 옆에 음반으로 문화하는 가게를 만들었다. 이 시설은 단순한 상점 건축이 아니라 마니아

유리 옷을 입은 정면은 2개 층으로, 2층 전면의 청음 공간은 가로에 면한다.

의 공간이다. 이름을 바이닐 앤 플라스틱이라고 하는데, 이 역시 현대카드의 작명 버릇이다. 바이닐vinyl은 LPLong Playing Record를 만드는 소재인 폴리염화비닐PVC에서 유래한 것이다.

상업 시설이지만 내용을 보면 구매, 정보, 감상의 복합적인 프로그램이다. 한동안 소상인들의 차지였던 중고 음반 시장을 현대카드가 위협한다는 반발도 있었지만, 여기는 컬렉션과 갤러리로 보는 게 마땅할 것 같다. 누구에게는 생존의 문제이고 누구에게는 문화이다. 어차피 플레이어가 퇴물이 된 상태에서 LP는 더 이상 상품이 아니다.

가로에 오픈된 체제는 2층으로 연속된다. 외관에서 전면 유리 박스였던 가로 쪽은 카페를 포함한 청음 공간으로, 기존 건물에 투명체를 덧붙여 만든 더블 스킨이다. 구조를 최소화하고, 투명하고 가벼운 조형이 되기를 연구했다. 내밀어진 2층의 볼륨 아래에 1층의 캐노피를 만들어 여유 있는 포치 공간이 되었다.

지하의 스토리지는 별도의 전시 공간이다. 디자인은 거친 야성과 디지털의 미묘함을 대립시키는데 좀 과격한 인상이다. 급한 경사지에 얹힌 건물의

착한 건축

2층의 전면을 차지하는 청음 공간은 이태원로를 내려다보는 음악 카페 같다.
이 상점 공간은 단순한 점포가 아니라 음반 디자인이 미술이며, 음향이 매질媒質이다.

속성으로 층을 이룬 내부 공간은 흘러내리면서 다이내믹한 전시를 만든다. 지하실을 개조한 공간이기에 전체적으로 암실인데, 거친 건축의 질감 속에서 전시 디자인이 가볍게 빛난다. 공간은 장르를 가리지 않는 기획 전시와 특별 프로그램을 담는다.

몸과 영감을 채움

현대카드 쿠킹 라이브러리 2017 / 최욱 / 강남구 압구정로46길 46

건축은 압구정동의 도산공원이 지척에 있으니, 이 책에서도 이미 여러 번 등장하는 장소이다. 우경국의 아크로스ACROS 옆에 조병수의 퀸마마마켓이 있고, 그 건너에 현대카드 쿠킹 라이브러리가 있어 삼각관계이다.

넓적한 정면을 도산공원남쪽으로 향하고, 뒤북쪽는 3단의 계단 모양으로 사선제한에 대응했다. 계단형 루프 테라스는 쓸모가 많다. 외관은 '고급재'라 할 수 없는 폴리카보네이트를 입고 있으며 형태 조형에 별다른 생각이 없는 것 같다. 귀퉁이 입구도 억양이 없는데, 이 겸양은 내부 공간의 다이내믹한 인상을 위한 유예이다.

현대카드 라이브러리 시리즈가 '디자인', '음악'이라는 문예의 길을 거쳐 '여행'이 몸의 여정이었다면, 네 번째 주제는 '감각'으로 귀착한다. 현대의 예술은 난삽하고, 철학은 지지부진하며, 인문학은 생산에 묻히는데, 그 사이에 맛이 부흥한다. 십수 년 전만 해도 요리는 문화 축에도 들지 못했었지만, 최근 셰프는 최고의 인기 직업 중의 하나가 되었고 대중매체는 상당한 시간을 요리에 매달린다. 그것은 섹스sex처럼 의미가 불어난다. 원래 종의 보존을 위한 생태는 중세까지 관능의 대상을 거쳐, 현대에는 패션, 미용, 문화적 버릇이 되었다. 맛은 생존을 위한 먹이나 건강의 가치가 아니라, 문화-사피엔스의 문명으로 확대되었다.

4개 층으로 구성되는 쿠킹 라이브러리는 1층 델리, 2~3층 도서관, 3~4층 키친, 4층 온실과 옥상을 프로그램으로 한다. 건축이 솥이고 그릇이며, 거기에서 만들고 먹으면 식당이지만, 이것을 지적으로 포장한다. 이 지식의 요체가 셰프-푸드 라이터chef-food writer의 열매이다. 그러니까 건축도 그러하지만, 책을 쓰는 요리사와 요리만 하는 조리사는 구분되는 모양이다. 나아가서 라이브러리는 지식보다는 체험으로 우리의 감각계를

가각 부분에서 귀퉁이에 현관을 두고, 북쪽은 사선제한에 대응하여 계단 모양으로 짓는다.

2층의 도서실은 활달한 오픈 공간으로 시선의 유통이 입체적이다.
4층의 옥상과 온실은 터진 도시 경관 속에서 하늘을 본다.

확장한다.

여기에서도 최욱의 디자인은 미니멀하거나 차가운 단조短調로 만난다. 외장에 쓰인 폴리카보네이트는 싸구려 재료로 취급되어 왔으나, 물질은 디자이너가 구사하기에 달렸다. 내장에서 흑색 철판이 주조를 이루는 감각은 맛의 감성에 상대하여 메탈릭하다. 소규모 공간임에도 불구하고 철골 구조를 취하는 것은 구조체를 제거하기 위한 선택인 것 같다.

우리의 감각은 1층 델리와 식료품 코너에서 맛과 향을 따라 위층으로 유영遊泳한다. 각 층의 구분이 애매한 오픈된 층고인데, 공간과 후각이 할 수 없이 엮인다. 조리 도구가 부딪히는 소리와 음식 냄새가 공간 전체에 퍼지며, 시각적 미각, 후각적 시각, 촉각적 후각을 함께하므로 공간 전체가 감각체가 된다.

서울체

도시 건축의 윤리

휴머니스트 사옥 / 맥심플랜트 / ZWKM 블록 / 아모레퍼시픽 사옥

건축의 가치는 어떤 미적 쾌감보다도, 어떤 자본의 방법보다도, 착한 윤리에 있다고 하였다. 도시 건축이 공공의 가치를 최고의 선으로 하는 것은 건축의 윤리에서 당연하다. 법제적으로도 건축법 43조 일정 규모가 되면 5,000제곱미터 이상 정해진 공공 공간 대지 면적의 1/10 이하을 내어 놓아야 한다. 서울에서는 큰 빌딩이 땅의 일부를 오픈스페이스로 내놓고 '공개공지'라고 표시한다. 물론 이 윤리를 지키면 집을 더 크게 지을 수 있는 용적률의 보상이 따른다. 용적의 유혹으로라도 땅의 공공 공간을 확보하여야 하는 모양이다. 그러나 이 공개공지가 사람들의 담배 피는 공간이 되고 만 경우를 자주 본다.

가끔 소규모 건축에서 공공에게 자기 몸을 베어 내주는 행실을 본다. 외부 공간만이 아니라 건축 형식 자체가 개방되며, 공공 프로그램을 포용하는 경우도 있다. 이는 제도의 문제가 아니라 건축의 심성이 그러하여야 이루어지는 일이다. 공공에 땅을 내놓는 일보다 중요한 것은 접근성이나 활동성이 마땅하여야 하고, 적절한 시설과 서비스 관리가 중요하다.

이 주제는 우리의 도시 건축에서 공공성이 돋보이는 몇 가지 예증들이다.

도시 건축의 이타성

휴머니스트 사옥 2012 / 김준성 / 마포구 동교로23길 76

건축가 김준성은 사람이 착하다. 한번이라도 그를 만나 본 사람들은 쉽게 공감할 것이다. 잔잔한 눈가의 주름, 사근사근한 말투, 그래서 그를 보면 그의 건축이 보인다.

껍질과 속내

연남동 주택가의 허름하고 고만고만한 주택들 사이에 위치한 출판사 휴머니스트 사옥은 그들처럼 있기 위해 덩치를 쪼게 크게 보이지 않으려 한다. 자신을 분해하기 위해 마치 입체적인 조각보 같이 재료를 구성하고 요철의 부분을 엮는다.

건물은 한여름 땡볕을 온몸으로 받으면서 자기 몸 아래 그늘을 만든다. 또한 한겨울에는 온몸을 웅크려 공개 공지에 드는 바람을 막는다. 건축의 공지는 일차적으로는 용적률 때문에 생긴 여유이지만, 이타적인 생각이 아니면 공유화하기가 어렵다. 그것도 대지의 깊이만큼 앞에서 뒤까지 허리를 비운다. 이렇게 트인 공간에는 바람의 관류가 일어날 것이다. 앞에서 들인 들숨이 뒷담을 따라 상승하며 날숨이 되는데, 이는 한옥의 대청에서 흔히 보았던 것이다.

외각外殼을 단단히 할수록 안의 물성은 여리기 마련이다. 조개도 그렇고 거북이도 그렇다. 이 건축도 밖에 대해 방어적이기 때문에 껍질이 견고하지만, 안은 그 생태 때문에 여리다. 형태는 옹골찬데 그러면서도 흔쾌히 허리를 비웠다. 그 안에 아트리움을 담아 하늘이 지하 2층까지 떨어진다. 또한 건축의 껍질을 이루는 콘크리트와 목재는 중성체로 주변에서 두드러지지 않으려는 선택이다.

공공을 위한 공空

휴머니스트 사옥에서 앞뒤가 터진 공간은 지반층에서 지하 2층에 이른다.

조각보 같은 구성이 3차원을 이룬다. 오른쪽 1층에서 비우기 시작한다.

지하를 향해 계단식으로 비워진 공간은 근린 기능이다.

거기에 거류시킬 여러 가지 행태, 즉 강연회, 콘서트 같은 집체 기능이 계단형 바닥에서 가능하다. 계단형 바닥은 자연스럽게 지반에서 지하로 동선을 유도하는데, 그 과정에 이 건축의 사회적 목적들이 있다. 지상 3~4층이 출판 및 디자인 업무를 위한 기능이고, 2층에 경영 부문과 아카이브를 두었다.

공공을 위한 선善

건축은 단순한 사옥이 아니다. 건축이 자신의 공간을 동네에 개방하는 뜻도 그러하지만, 더하여 문화 프로그램을 담아 주니 우리는 이것을 착한 건축이라고 할 수 있다. 특히 휴머니스트의 인문학 강좌는 정평이 나 있다.

휴머니스트는 회사 규모가 크지 않지만, 인문 사회학 출판 분야에서는 명문이다. 회사 스스로 교양 강좌와 인문학 연구에서 다양한 프로그램을 도모하는 것은 이 조직의 생태로서도 중요하다. 출판사들의 지적 자산이 사무소에 갇히지 않고, 동네로 스멀스멀 스며 나오면 좋겠다. 마치 동네 음식점에서 맛있는 냄새가 길가로 번져 나오듯, 지적 요리도 마찬가지이다.

2001년 휴머니스트를 설립한 김학원 대표는 "홍대 성산마을 공동체의 거점으로 활용될 수 있도록 출판사이자 지역 문화 공간이 됐으면 했다." 우리는 건축의 뜻을 '2013 한국건축가협회상'으로 고마워했다.

커피가 도시 문화하기

맥심플랜트 2018 / 박진 / 용산구 이태원로 250

앞서 이태원에서 들렸던 현대카드 시리즈 바로 옆에 또 하나의 도시 문화가 생성되었다. 1968년에 설립된 동서식품은 맥심 커피를 생산하며 커피의 대중화를 확장하여 왔다. 동서식품이 인스턴트커피의 대중성을 넘어 제품의 고품위를 통한 새로운 경영 패러다임을 맥심 플랜트로 말한다.

이태원 큰길에서 수직적 파사드를 내밀지만, 뒤로는 한남동을 향해 테라스를 만들며 단계적으로 감축된다.
1층 실내 전경. 지반층은 대중의 출입이 가장 빈번한 만큼 개방적이다.

착한 건축

그동안 다양한 카페가 사회 문화를 만들며 소소한 별자리를 이루고 있으나, 커피 기업으로서는 시장점유율 이상을 생각하는 것 같다. 맥심이 이태원에서 새 커피 문화를 제시하려는데, '커피'를 주제로 하는 '사회 문화'이며 '건축'의 기호이면서, 한남동의 경사지에 '작은 도시'를 받아들여야 한다. 다중적인 프로그램을 위해 공간적 연출을 먼저 생각하고 형태는 합목적에 따른다.

지반층에서는 테라스로 개방적이고 대중적인 카페를 만나지만, 그 위와 아래에서 프로그램은 특별해진다. 지하 1층은 라이브러리로 커피의 지식을 공여하며, 3층은 스페셜티를 위한 커피 마니아의 공간이다. 이태원-한남동의 경사지에 축조한 실내 건축, 테라스, 선큰의 공간 구조는 도시적이며 공공적이다. 공간의 경제성 때문에 좁스럽던 보통의 상업건축에 비해 내부의 스케일이 큼직하다.

북향인 이태원로의 정면은 큰 디자인의 제스처 없이 선과 면의 구성으로 무겁다. 그러나 계절을 받아들여, 여름에는 전면 오픈되고 겨울에는 닫혀 실내가 평온하다. 디자인 언어를 자제하면서 에지가 분명한, 기하학적인 선과 회색조의 모노크롬이 맥심의 문화이다.

'국민 커피' 맥심이 경영 전략을 바꿔 '커피 문화'를 소비가 아니라 예술로 끌어안는다. 커피 볶는 기계는 큰 오브제가 되고, 다기茶器 컬렉션은 미시한 오브제가 된다.

서울식 골목, 공유의 공간

ZWKM 블록 2012 / 김영준
/ 강남구 도산대로24길 23/25/29, 논현로145길 19

서울의 골목은 촌락의 골목과 좀 다르다. 밀도가 높으니 복잡해지고, 공유하고 나누어 쓰는 행태가 더 조밀하다. 더군다나 산동네의 지형과 만나면 골목은 입체적인 차원을 갖는다. 낙산駱山 정도면 수평적 시선에 더하여 근경에서는 자기를 내려다보며 원경으로는 파노라마를 전개한다.

서울에서 산동네는 모두 고층 아파트로 점유되고 있으니, 골목의 기억도 얼마 남아 있지 않다. 그래서 현대건축을 산동네 골목처럼 만드는 일도 개념이 된다. 그러지 않아도 건축가 김영준은 천공穿孔이 많은 건축허유재병원, 2004, 일산을 입체상으로 해 본 경험이 많다.

논현동도 대로변 한 켜 뒤로 들어서면 상업성이 현저하게 떨어지고 건축적 질량도 낮아지며, 중층 주거가 부동산 업자들의 통념으로 채워진다. 여기에서 건축가 김영준이 근린생활시설을 설계했다면 어떤 답이 있을 것 같다.

공간은 복잡하게 얽혀 있지만, 원래는 4개의 대지에 따로 서 있을 4개의 빌딩으로 계획되어 있었다. 그 4개 회사가 사진, 영화, 미디어, 광고, 그래픽 디자인 등의 문화이니 지금처럼 연합된 모양이다. 건축가는 개별적인 공간들을 접착하는 '공동성'을 제안하고, 그를 젊은 건축주들이 받아들인 것이다.

전이적 유형학

ZWKM이라는 이름은 무작위 암호처럼 들린다. 반쯤은 그런데, 소유주들 Zoazoa Studio, Wonderboys Films, KKotsbom, Massmessage의 머리글자 모음이며, 건축 개념 자체가 '섞는'왜 영어로 하는지 모르지만 언어적 은유로 보인다.

이들은 대지를 합쳐 1,670제곱미터506평의 땅을 만들고 여기에 6,179제곱미터1,872평의 근린생활시설을 채운다. 층수는 4층이고 들쑥날쑥하니 스카이라인은 애매하지만, 돌발적인 경우는 없다.

보통 건축가는 몇 가지 대안을 만들고 그중에서 최적이라고 생각하는 것을 선택하여 통합적으로 적용하기 마련이다. 그러나 김영준은 있을 수 있는 유형들을 나열하고, 그들을 수습하여 전체를 다채로움으로 채웠다. 그러니까 거주자는 똑같은 여럿 중의 하나에 사느냐, 다른 것들 중 자신의 것을 얻느냐의 선택이다. 도시에서 공간을 소유하는 포스트-모던의 방법으로, 여기

왼쪽의 Z에서 W-K-M 블록이 나란하다. 각 블록은 개별적이면서도 통합적이다.
건축 재료는 몇 가지 거푸집 질감의 콘크리트와 유리를 주조로 하며 모두 중성색이다.

건축은 면, 선, 공간의 퍼즐처럼 복잡하다. 그것은 공중 산책으로 길게 이어진다.
밖의 켜과 안의 켜 사이에 긴 마당이 서비스 접촉을 길게 한다.

서울체

에서 유형학이 유효하다. 전통 한옥처럼 상황에 따라 있을 수 있는 변형들을 몇 가지 모델로 추출해 내는 것이다.

공중 산책

전체적인 재료는 콘크리트로, 노출 거푸집의 패턴과 미장의 기법이 다를 뿐이다. 모두가 무채색이며, 유리의 투명이 있지만 색조를 간섭하지 않는다. 그렇다 하더라도 나무의 녹색과 하늘의 색이 남는다.

보통 다층 건물은 계단을 통한 수직적 연계로 엮이나, 이 경우에는 수평적 관계를 더 강조한다. 단면에서 보면 지하층은 통합되고, 지반층은 열려 있으며, 중간층에서 수평적 연결을 강조한다. 그래서 건축은 마치 면과 공간으로 만들어진 퍼즐 같다. 그것이 3차원이기에 거주자는 공중 산책을 길게 지연할 것이다.

배치 평면으로 보면 전위의 리셉션과 후위의 업무 공간 사이에 마당을 두고 앞뒤가 하늘을 함께 본다. 수직 단면으로는 리셉션과 업무와 주거를 쌓아 올리는데, 복도는 골목이 되고 경사로와 계단이 얽히며 4개 층이 짜인다. 옥상에서 펼쳐지는 논현동의 파노라마는 볼품이 없으나 대신 하늘과 바람이 있다.

물론 이 과정에서 삶의 개별성과 공동성이 알력을 일으킬 수 있으나, 그 느슨한 관계도 유쾌한 간섭으로 받아들일 수 있을 때 '공동적 선'이 익을 것 같다.

자본의 공공성

아모레퍼시픽 사옥 2017 / 데이비드 치퍼필드 / 용산구 한강대로 100

아모레퍼시픽은 오랫동안 사옥으로 쓰던 건물을 헐고 신축하기로 한다. 마침 용산역 앞의 도시 개발에 불이 붙고 부동산 가치도 치솟았다.

 당초 현상설계 기획에서 이 정도의 평면적이라면 30층 정도까지 가능하다고 보았다. 그러나 서경배 사장의 선택은 응모작 가운데 높이가 가장 낮은 22층의 설계안데이비드 치퍼필드이었다. 개발에서 토지이용 효율을 극대화하고자 하는 임원들의 통념을 뒤엎은 결과였다. 서 사장은 무조건 높은 건물보다는 주변의 건물LS용산타워과의 스카이라인을 먼저 보고, 도시의 바람이 남산으로 통하는 설계안이 아모레퍼시픽의 경영 철학과 일치한다고 생각한 것이다. 무릇 아름다운 사옥은 회사가 가두어 두고 혼자 보려고 만드는 것이 아니다.

하얀 다공질多孔質

처음 공모 프로그램은 두 동의 쌍둥이 빌딩을 제시했는데, 치퍼필드는 한 동으로 하되 외부를 흡수하는 다공질을 생각한 것 같다. 그동안 용산의 개발 양태가 그러하듯 고층 타워를 지어서는 아모레퍼시픽의 정체성을 표현하지 못한다는 믿음이다. 보통 사무소 건물은 코어가 중심을 차지하고 사용 공간이 외창변을 형성하는 바에 비해, 여기에서는 코어가 사방의 모서리로 밀려나 있고 공간이 안에 있다. 이것도 다공질을 만들기 위한 구조이다.

 이 엄청 큰 나무에는 남산의 바람이 지나가고 새가 날아들거나, 남산의 용龍이 한강으로 빠져나가는 행로일지 모른다. 이들은 서울이 가지고 있는 자본 이외의 것들이다.

 건축은 전체 볼륨을 만들기

6개 층을 수평 줄눈 사이에 넣어 전체 볼륨이 수평체의 집적처럼 보인다.

밤의 모습이 낮의 인상과 다르지 않다. 보통 밤에 건물은 형태를 지우지만, 이 건물은 스스로 발광한다.

위해 4개의 수평 켜 안에 각 6개 층을 채웠다. 켜켜로 수평체를 쌓는 것이 시루떡 같다. 지반으로부터 첫 번째 켜는 3개 층으로 하고 대단위 아트리움을 만들었다. 이 부분은 공공에 오픈된 공간이다. 아트리움은 3층 높이의 터진 로비로, 옥외 못지않게 빛이 그득하며 용산의 번잡함이 갑자기 정적으로 전환된다.

미술과 건축

빌딩은 아모레퍼시픽 미술관apma을 가지고 있으며, 업무 시설 이상이기를 바라는 아모레퍼시픽의 기업 문화를 담고 있다.

건축은 단아하고 간결한 형태이지만, 백색의 표현에 대해서는 복잡하고 미묘한 디테일을 본다. 건물 외장은 수많은 날줄을 드리워 옷을 입혔는데, 이 세로선들이 빛을 받거나 반사하면서 계조階調를 만든다. 외장 디테일은 백자의 미묘한 빙렬氷裂 같기고 하고, 둥근 몸에 음영을 머금은 조선의 백색과

입면 커튼월의 부분. 건물 표면의 일사를 제어하고, 열기를 감소시킨다. 빛을 머금고 피부가 호흡하는 것 같다.

로비의 아트리움은 도시의 광장만한 스케일이다. 3개 층 높이로 공공에 서비스한다.

닮은 듯하다.

건물은 그동안의 현대건축이 견강하거나 매끄러운 것에 반해, 부드러운 촉감이 있고 피부가 호흡하는 것 같다. 그러니까 어떤 물질을 가지고 초월적 표현에 이르는 네오리얼리즘이리라. 물론 건물 표면의 빛을 조절하고 열기를 감소시키는 성능도 있고, 무엇보다 낮과 밤에 일관된 표정을 만들기 위한 수단이기도 하다.

빌딩이 스스로 키를 낮추었다고 했는데, 이에 더하여 연면적 188,902제곱미터 약 57,150평 볼륨 안에 3개의 공중 정원을 비워 내었다. 5층과 11층과 17층에 삽입한 정원은 어느 곳에서나 자연을 근친에 둔다. 그것은 하늘에 올린 '마당'이거나 '평상平床'이거나 '바람 잡이'이다.

아모레퍼시픽 미술관은 로비와 실내 전시장뿐만 아니라, 야외 정원과 공중 정원까지 확장되어 미술이 건축을 공유하는 개념이다. 컬렉션은 고미술부터 현대미술까지 장르를 폭넓게 보유하고 있다.

지하철 신용산역과 연결되는 지하보도는 이승택, 임미정stpmj이 디자인하고, 공원 관리실은 양수인삶것의 설계이다. 그 밖의 공공시설에서도 '착한 아모레퍼시픽'의 면모를 볼 수 있을 것이다.

공공이 착하기

성동책마루 / 구로청소년문화의집 / 은평구립도서관 / 은평구립 구산동도서관마을 / 내를건너서숲으로도서관 / 한내지혜의숲

공공 건축은 공공을 위해 복무한다. 공공의 건축은 그 존재 이유가 사회적 선善을 위해서이다. 그런데 지위가 높을수록 착하기 어려운 것이 이상하다. (건축적으로는) 청와대가 제일 착하지 않고, 정부 청사가 그 다음 착하지 않다. 국회의사당은 애초부터 착하기와 인연이 없다. 사법 청사들 역시 권위 때문에 착할 생각이 없다.

구청을 구청장들의 공덕비처럼 드세게 만드는 것은 조선조 나리들의 현창顯彰 욕망에 연유하는 것 같다. 한동안 지방자치체들의 과시욕으로 호화 청사를 짓고 단체장들이 쓴소리를 많이 들었다. 그나마 몇몇 동사무소에서 착한 건축을 찾을 수 있다지금은 '주민센터'라 한다. 공공 청사 중에서는 가장 하위의 시설인데, 조선에 있지 않았던 빌딩 타입이기에 착한가 보다.

지역의 공공 청사는 말단 행정처가 아니라 근린에 가장 가까운 문화적 촉수이다. 이 문화의 내용이 공공의 아이디어로 꽃피운다. 그러니까 우리가 직접선거로 뽑는 근린의 자치체는 구청인데, 구청장의 문화적 됨됨이를 투표의 기준으로 삼을 일이다.

서울체

책으로 만나는 구청

성동책마루 2018 / 김현준 + 김태영 + 어반토폴로지 / 성동구 고산자로 270

한때 서울의 구청사들이 과시적 규모로 시민의 비난을 받고 겸연쩍었던 적이 있다. 용산구청, 마포구청, 금천구청 등이 그러했다. 성동구청도 규모가 넉넉했던 모양이다. 청사 1층 로비의 여유를 고쳐 쓰기로 하는데, 구청장의 생각에 문화가 있었다.

종래 도서관에서 서고는 꽁꽁 갇힌 곳간이었다. 근대에 이르러 책은 개가식 서가로까지 불거져 나왔으나, 이제 마지막 탈출을 도모하고 있다. 곧 책이 서고를 벗어나 생활 속에 날아다니는 디지털 도서관을 볼 것이다. 성동책마루가 그 전조前兆인 것 같다.

책의 해방 공간

청사 1층 로비의 유휴 공간과 1~3층 계단 등 778제곱미터235평의 공간이 도서관으로 개조되었다. 로비는 전면 유리의 오픈 홀인데, 철관과 플랜지로 만든 프레임 밖에 유리를 짜 넣어 맑고 밝다.

건축가는 공공 공간에 7가지 색의 연가聯歌처럼 이야기를 만든다.

무지개 아카이브 : 성동책마루의 상징체이다. 여기에 가설되는 서가는 듬성듬성 틈을 많이 하여 빛의 투과를 크게 방해하지 않는다.

계단 마당 : 라운지를 응시하는 계단식 공간은 소규모 강연 등이 가능하나 영역성이 약하고 주변이 산만하다.

북 카페 : 공간 중심에 위치하며, 수준 높은 커피 시설을 코어처럼 두고 서비스한다. 커피는 도서관의 향기가 된다.

북 웨이 : 기존의 높은 천장고에 중간층을 걸어 다락방처럼 만들었다. 어린이 책이 소재인데 아동의 접근은 어려워 보인다.

무지개 라운지 / 비전 갤러리 : 3층 높이의 공간으로, 서가의 책과 비디오 프로젝션을 혼합한 책마루의 주제 공간이다. 기존의 1~3층 계단을 따라 상승할 수 있는 아트리움인데, ㅁ자로 뜬 서가가 책을 오브제로 만든다. 그 밑

계단 마당 앞쪽의 라운지는 오픈되어 있고, 왼쪽으로 무지개 아카이브에 오른다.

무지개 아카이브는 도서관의 상징으로, '지식의 구름' 같다.

은 카페 라운지이며, 벽을 따라 5개의 알코브를 만들어 4인용의 개별 공간을 갖게 했다.

클라우드 서가: 세 가지 크기의 박스들을 퍼즐처럼 쌓아 북 웨이의 아이들을 지켜볼 수 있는 공간이다.

무지개 도서관 계단: 목질의 계단이 책마루를 3층의 무지개 도서관으로 연결한다. 계단은 독서, 담소의 공간이기도 하다.

책은 물질이나 오브제가 되고 서가는 스크린이나 블라인드로 하여 중합하면 '책 구름cloud'으로 현상한다. 이러한 은유가 도서관 설계에서 돋보인다. 그것이 건축가(들)의 독창성이며 성동구청의 착한 혜안이다.

도시 변방의 꽃

구로청소년문화의집 2015 / 이규상, 장기욱 / 구로구 부일로 949

보이드 아키텍트의 포트폴리오를 보면 서울의 '갈현동 청소년 문화의 집', 경상북도의 '영주시 노인복지관' 등 공공 건축의 경력이 여럿이다. 그러니까 공공 건축에 능한 건축가가 따로 있는 모양이다. 그중 구로구의 청소년 문화의 집은 서울에서도 그 위치가 좀 궁색하다. 공공이 대지를 내놓는 데 대체로 인색하다 보니 그렇다. 앞길 건너편에 전철이 지나가며 방음벽으로 가로막혀 있는 것은 도시를 반쪽만 갖고 있는 셈이다. 조금 서쪽으로는 고가도로가 그늘을 만들고, 주변은 전형적인 다세대주택으로 이뤄진 동네이다. 보통 청소년 문화시설이 청소년만이 아니라 지역 주민과 문화 공유를 도모하기에 이 시설의 접근은 너무 안 좋다.

그 속에서 청소년 문화의 집은 백색으로 빛난다. 아마 척박한 주변성에서 의식적인 색조의 선택인 것 같다. 전체적으로 백색이지만, 전면의 루버가 하얀색을 난반사시켜 음영을 머금는다. 빛나는 백색은 시간을 타며, 야간에는 반전되어 여전히 표현적일 수 있다.

서쪽 고가에서 바라본 모습. 건물 전면을 철로가 가로막고 있다.

정남향의 파사드가 맑고 밝다. 수직 루버가 정면의 백색을 부드럽게 한다.

서울의 청소년 문화시설 건축 프로그램

청소년 문화 프로그램이야 개발하면 풍부해지지만, 청소년 시설의 건축이 착해지는 것은 쉽지가 않다. 첫째, 집행 주체인 관료들이 시설을 계몽주의로 하려고 한다강서청소년회관. 보통 수련회관이라는 이름을 갖는데 심신을 단련함修鍊이란 국가주의의 잔재로 보인다. 둘째, 젊은 문화를 유치한 것과 혼동한다. 셋째, 건축 자체에 아무 생각이 없다서울시립 청소년수련관과 대부분의 구청 청소년수련관. 대부분 건물은 공공이 짓고 운영은 종교나 사회단체가 맡는 경우가 많다. 목동청소년수련관은 서울시장이 설치자이고 운영자는 대한불교조계종유지재단이다. 그 운영 개념을 다음과 같이 말한다. '청소년의 건전한 인격 형성과 자아개발을 도모하여 문화시민 육성 및 올바른 여가활동을 위한…….' 공공의 계몽 의식을 앞세운다면 청소년 문화의 사실과는 거리가 멀어 보인다.

구로 청소년 문화의 집은 전체 규모가 1,181제곱미터로 크지 않으나, 공간 프로그램이 다채롭다. 다목적 강당과 시청각실을 하나씩 두고, 교육실, 클럽실, 카운슬링실은 기본이며, 체육 시설 및 북카페를 주민과 공유한다. 오히려 한정된 볼륨 안에 너무 많은 용도를 담은 것 같기도 하다. 건물 안에 코트와 오픈 공간과 공적 공간을 삽입하며 활용도를 높였다.

석양을 보는 도서관

은평구립도서관 2001 / 곽재환 / 은평구 통일로78가길 13-84

은평구립도서관은 불광동의 구불구불한 골목길을 따라 오르는 접근이 복잡하다. 구립도서관이 도시 구조 속에 있는 것이 아니라 산동네에 자리하는 것이다. 아직도 산만한 동네이지만 적어도 북한산을 등진 풍경에 대해서는 자부심이 있다.

은평구가 산동네에 도서관을 짓고자 할 때 건축가 곽재환은 지적인 장소를 만들고 싶었다. 다행히 공모 심사위원들이 이 점을 발견하여 주었고, 은평구가 수긍한 것이다. 무엇보다 서향의 언덕바지 대지에서 석양을 응시하는 건물의 포즈가 절묘하다. 이 뜻을 건축가는 '석양의 신전'이라는 텍스트로 전한다. 구전으로 전해 오는 인디언 누우족의 기도문이란다.

"바람 속에 당신의 목소리가 있고 / 당신의 숨결이 세상 만물에게 생명을 줍니다. / 나는 당신의 많은 자식들 가운데 / 작고 힘없는 아이입니다. / 내게 당신의 힘과 지혜를 주소서. / 나로 하여금 아름다움 안에서 걷게 하시고 / 내 두 눈이 오래도록 석양을 바라볼 수 있게 하소서. / 당신이 만든 물건들을 내 손이 존중하게 하시고 / 당신의 목소리를 들을 수 있도록 내 귀를 예민하게 하소서. ······"

건축가는 이 대지에서 석양을 만나고 그 감성을 서사시로 옮기듯 건축을 하였다. 터를 고르되 언덕의 형상을 받아들이고, 벽과 기둥을 기단 위에 신전처럼 배열하였다. 그리하여 신성한 공간, 지식의 놀이터, 신화를 만드는 석양의 신전과 같은 다채로운 수사를 이룬다.

사유의 의도가 너무 작가를 압박하였는지 건축은 다분히 무겁다. 콘크리트가 지배하는 질량은 묵직하고, 폐색된 내부 공간은 퉁명스러워진다. 도서관이 지나치게 심각해지면 어두워진다.

은평구는 근린 문화를 도서관에 집중하는 모양이다. 은평구는 모두 7개의 공공 도서관을 가지고 있는데, 이후 소개할 '구산동 도서관 마을', '내를 건너서 숲으로 도서관' 등이 있다. 은평구의 도서관 문예부흥은 꽤 구체적이어서 2017년 '도서관 십년지대계'를 세우고 2018년에는 '독서 시민, 은평'으로 공공의 의지를 밝혔다. 마을 도서관과 같은 사업을 정부는 '생활SOC'라 하여 개발 시대의 대규모 토목 SOC와 상대적으로 구분하니, 시대가 21세기이다. 이러한 공공 문화가 이 동네에 살 만한 이유이다.

건축가가 도서관을 신전처럼 만든다고 하였듯이 외관은 다분히 고전적이다. 건축은 언덕 위에 얹혀 불광佛光의 동네를 내려다보는 테라스가 여럿 생겼다.

기능이 없는 중심 홀의 조형도 의전적 공간 같다.

착한 건축

도서관을 마을처럼

은평구립 구산동도서관마을 2015 / 최재원
/ 은평구 연서로13길 29-23

은평구청이 도서관을 짓기로 하고 내놓은 땅이 10개의 주택 필지를 합한 것이다. 거기에는 다세대주택 3채와 단독주택 5채가 있었다. 단독주택은 전형적인 집장사 집이고, 다세대주택은 크게 짓기의 조형이었다. 그래도 헐고 새로 짓기보다는 고쳐 써도 좋은 개념이 될 성 싶었다.

건축가는 기존의 다세대주택 건물을 모아 덩치를 만들고 대대적인 정형수술을 하였다. 규모가 큰 3채를 남기고, 그 사이를 잇고 자르고 끼우고 바르고 펴고 쌓아 새 모습을 만들었다. 그렇게 해서 겉으로는 프랑켄슈타인이 됐지만, 대신 그 속에 다채롭고 아름다운 공간이 생겼다. 무엇보다 동네는 새 건물이 낯설지 않고 예전부터 있던 기억처럼 갖게 되었다. 건축 내부는 얼기설기 산동네 골목처럼 통로의 타래를 만들었다. 통로는 자꾸 다른 길로 빠지고, 오르다가 내리는 계단이 생기고, 옥상과 테라스와 만나게 한다. 현대건축에 복잡성의 개념이 따로 있지만, 여기에서는 있던 것을 엮는 개축의 방법으로 얻었다.

그래서 건축 이름이 그냥 도서관이 아니고 도서관 마을이다. 책의 집, 미디어의 집, 청소년의 집, 동네 이야기, 지적 휴게소, 북카페 등으로 입체적인 마을을 만든 것이다. 따로 공간을 만든 '청소년 힐링 캠프'는 공연, 영화 상영, 강연 등이 가능하고, 좌석을 치우면 파티-댄스장도 되는 컨벤션 기능이다.

건축은 그 기획이 돋보여 '2016 대한민국 공공건축상'을 수상했다. 이 상은 발주자은평구-주민사용자-설계자의 공동의 노력을 평가하는 것이다.

몸체의 조형이 복잡한 것은 기존 건물 여럿을 포용하여 구성한 결과이기도 하지만, 건축가는 그 복잡성이 구산동 마을에 더 적합하다고 생각한다.

1층 입구 홀과 아트리움 사이는 덧붙임 등으로 공간이 활달하다. 공간이 복잡한 만큼 동선도 오르내리면서 산동네 골목길을 닮았다.

착한 건축

동네 지식의 숲

내를건너서숲으로도서관 2018 / 조진만 / 은평구 증산로17길 50

은평구 신사동은 전형적인 강북의 주택가로 이제 허름해질 나이가 되었다. 뭔가 지역의 생기를 위한 동기가 필요하다. 민간보다 공공이 할 일을 찾고, 은평구는 도서관에 착상하였다. 경제적 수익 모델을 먼저 떠올리는 개발에 비교되는 의사 결정이다.

동네가 나이가 들수록 자연과 녹음이 절실하다. 일찍이 신사근린공원을 만들어 둔 게 고맙지만 외져 있는 위치 때문에 주민을 유인할 동기가 있으면 더 좋을 것이다. 그 유인책의 하나가 어린이 놀이 시설이고, 두 번째가 이 도서관이다. 놀이터와 도서관은 궁합이 좋다. 어린이를 도서관에 친화시키고 몸과 마음을 결합하는 프로그램 때문이다.

여하튼 도서관은 이 고마운 공원 녹지에 크게 의존한다. 우선 공원은 도서관을 짓는 데 땅을 베어, 공원 면적 111,650제곱미터 중 1,200제곱미터를 내주었다. 건축은 숲을 닮는데, 주조색을 연두색으로 하고, 형태가 산을 닮으며, 무엇보다 뒷 공간을 산세에 풀어 놓았다.

주출입구가 접근 도로에 있지만, 공원 주변에서 6개의 출입이 이루어진다. 이를 거꾸로 말하면 도서관에서 뒷산의 여러 방향으로 빠져나올 수 있다는 설정이다. 자연으로 개방하기 위해 만든 여러 개의 출입구는 관리 보안의 측면에서 꺼릴 수도 있다. 도서의 유출도 염려스럽고, 정숙성의 문제에서도 쉽지 않은 설정이다.현재 몇 개의 출입구는 통제되어 있다.

아무리 그래도 이 건축의 생명은 산山과 기氣를 나누는 공간 구조이다. 공간을 언덕에 올려놓으면 단이 여럿 생기고 방향도 다각적이다. 그 활발한 각도 구성 때문에 내부의 시각적 인상도 다이내믹하거나 중첩적이다. 선, 각, 면, 요소의 다채로운 구성 모두를 백색 모노크롬으로 통합했다.

앞서 숲을 닮았다고 한 외장의 연두색은 레진을 망網형 몰드로 찍어 낸 것인데, 오래 숙고한 선택인 것 같다. 녹색의 계절에는 건물이 뒷산 녹음에 혼입될 것이다. 녹색이라 하지만 벽면에 칠한 색깔이 아니라, 반투명 플라스틱

앞으로는 주거지가 있고, 배후로는 근린공원이 자리한다.
뒷산에서 보면 도서관이 산을 닮았다.

구릉 위에 얹힌 건축은 자연스럽게 내부에서도 계단 모양의 공간을 만든다.
예각의 조형으로 선과 면과 공간을 만든다.

착한 건축

그릴을 덧붙였다. 망은 빛을 반투과시키기에 햇빛과 동조한다. 그래서 보는 각도와 겹침에 따라 색조가 현상한다. 이러한 외장은 좀 더 면밀한 디테일이 필요해 보이고, 이중 피막의 외관은 지속적인 관리가 걱정이다. 시간을 두고 내용을 확충하면서 도서관이 뒷산으로 연장되기를 기대한다.

지적 커뮤니티

한내지혜의숲 2016 / 장윤규, 신창훈 / 노원구 마들로 86

노원구 월계동의 개발 초기인 1986년에 건설된 미성아파트 단지는 이미 재건축을 재촉하고 있다. 아마 커뮤니티 의식도 휘발되어 버렸을 것이다. 마침 단지 옆으로 중랑천한내이 흐르고 둔치에 근린공원을 만들었는데, 미술과 조경의 정서가 적당하다.

건축법규상 녹지에는 미술관이나 도서관을 지을 수 있지만, 지방자치체의 문화에 대한 생각이 거기에 미쳐야 한다. 보통 커뮤니티 활동은 지역 사회의 욕구에 반응하기 때문에, 시설은 그 동네의 문화를 위한 그릇이며 표시이다. 서울의 한적한 지역에서 공공이 도서관을 갖고자 한다는 뜻이 인상적인 이유이다.

숲을 닮은 조형

도서관이 위치한 근린공원은 적절한 숲으로 자라고 있다. 나무木가 겹치면 수풀森이 되는데, 건축이 이를 닮는다. 근경-중경-원경으로 겹쳐 계속하는 산의 풍경으로도 보인다.

도서관은 정면으로 접근을 받는다. 그래서 청명한 하얀색은 설경으로 빛나거나, 녹음 사이에 있거나, 단풍 사이에서 모두 다 근사하다. 공원과 건축 사이가 일상처럼 있으니, 그야말로 만지면 닿는 촉경觸景이다.

마구리가 오픈된 박공이 파동치듯 겹치면서 빛을 들여 내부는 밝고 명랑

개천가 근린공원과 함께 있다. 시간이 지나면서 점차 숲속의 도서관이 될 것이다.

착한 건축

오픈 공간에 개가식 서가가
자유롭다.

서울체

하다. 덕분에 인공조명을 줄이고도 전체 공간이 균질한 조도 속에 있다. 더군다나 이 빛은 천연의 주광색이니 내부에 들어서도 숲 속 공간 같다. 물결처럼 겹을 이루는 천장의 사선은 자꾸 가지를 치고, 가지 사이의 유리를 통해 하늘을 보면 더욱 그렇다. 그 사이에 두 개의 작은 중정을 만들었는데 이 역시 광정光井의 역할이지만, 특히 여름에는 소용이 크게 될 것이다.

도서관의 프로그램도 열려 보인다. 카페가 한 축을 차지하는데 차를 마시고 책을 읽고 마음을 식히는 일에 경계가 없다. 보통 카페를 만들어도 차를 마시는 곳과 책을 읽는 곳을 엄격히 구분하는 데 비해 여기에서는 '하지 마시오!'의 사인이 없다.

건축은 정갈하다. 시간이 지나면서 책이 쌓이고 자연이 도서관을 숙성시킬 것이다. 그에 따라 건축의 착한 심성도 깊어갈 것이다. 건축은 '2017 한국건축가협회상' 수상작이다.

맺음말

〈서울체〉를 마무리하며

이 기획은 한국 현대건축의 지방색을 찾는 기행이다. 먼저 출간된 『제주체』의 결과로 스스로를 고무한 후 두 번째 작업이다. 향후 십리를 더 가서도 발병이 나지 않는다면, 남도, 관동, 경상, 경기를 마저 돌아볼 생각이다.

   아무리 근대화를 경과했다 하더라도, 지역성은 여전히 유전자로 잠겨 있고, 지방성은 그 실증을 말할 수 있다는 믿음이 있다. 서울의 지역성을 말하자는 것도 문화적 다양성을 위한 기대이다.

   서울의 지역성은 몇 가지 증거를 가지고 있다. 한국의 전통은 모호한 불확정성을 특성으로 한다. 그러나 비교적 서울은 그 모호함이 덜하다. 서울은 전통을 전형으로 받아들이기보다는 해석하려는 노력 때문이다. 이제 모두가 공유하는 생각이지만, 서울은 한성적인 것과 경성적인 것과 서울적인 것이 공존하는 도시이다. 그리고 이들은 얼버무리려는 일보다는 같이 섞여 있는 하이브리드로 근사해 보인다.

   도시는 자본의 볼모가 되고 개발은 모두가 할 수 있다. 그러는 사이에 지

방은 차이를 흐린다. 여기에서 궁극적으로 서울이 달라야 하는지를 '서울은 생각하는가.'

전체를 엮어 놓고 보니, 솔직히 말하여 '곰이 가재 잡듯 여기저기 뒤져내어서' 책이 만들어진 느낌이다. 이러한 출판 기획의 또 다른 문제점은 '흘러가는 현대'라는 시점이다. 아마 이 책을 인쇄하고 있는 동안에도 수많은 건축들이 생산되고 있을 것이다. 물론 지속적인 업데이트가 필요하겠지만, 여전히 문제는 책을 쓰는 사람은 하나이고 건축을 만드는 사람은 불특정 다수라는 점이다.

'서울체'가 꼭 서울에서만 그러하다는 믿음도 흐려진다. 처음의 확신과 자존적 이해가 흔들린다 하더라도, 어차피 논리적 증거를 제시하기 위해 이 책을 쓰는 것은 아니다. 단지 이 시대의 안경으로 '서울에 있는' 건축을 정리한다는 뜻으로 물러서도 좋다.

〈서울체〉를 마무리하며

색 인

작품명

ABC사옥　　강남구 / 2012 / 장영철, 전숙희　　258
EG소울리더　　강남구 / 2012 / 조민석　　325
GT타워 이스트　　서초구 / 2011 / 아키텍튼 콘소트 + 한길건축　　344
KH바텍 사옥　　서초구 / 2013 / 김찬중　　316
LG 트윈타워　　영등포구 / 1987 / SOM + 창조건축　　301
SK 서린빌딩　　종로구 / 1999 / 김종성　　303
SK T-타워　　중구 / 2004 / RAD + 정림건축 + 진아건축　　345
ZWKM 블록　　강남구 / 2012 / 김영준　　448
가나아트센터　　종로구 / 1998 / 장 미셸 빌모트　　165
가회동성당　　종로구 / 2014 / 우대성, 조성기, 김형종　　416
가회헌　　종로구 / 2006 / 황두진　　046
갤러리현대　　종로구 / 1995 / 배병길　　029
갤러리아백화점명품관 서관　　강남구 / 2004 / 벤 판 베르켈　　245
공간 사옥　　종로구 / 1971-1977 / 김수근　　020
공간 아넥스　　종로구 / 1997 / 장세양　　022
광화문광장　　종로구 / 2009 / 대림산업 컨소시엄　　135
교보타워　　서초구 / 2003 / 마리오 보타 + 창조건축　　309
구로청소년문화의집　　구로구 / 2015 / 이규상, 장기욱　　459
국립중앙박물관　　용산구 / 2005 / 박승홍　　176
국립한글박물관　　용산구 / 2014 / 한대진　　183
국립현대미술관 서울관　　종로구 / 2013 / 민현준　　037
국립현대미술관 젊은건축가프로그램　　종로구 / 2014, 2015, 2016, 2017 임시 설치　　424
국제갤러리 K1　　종로구 / 1991 / 배병길　　033
국제갤러리 K3　　종로구 / 2012 / SO–IL Architects　　035
국제빌딩 〉LS용산타워　　용산구 / 1984 / CRS　　299
금호미술관　　종로구 / 1996 / 김태수　　031
김종영미술관　　종로구 / 불각재 _ 2002, 류재은 / 사미루 _ 2010, 최유종　　168
꼰벤뚜알프란치스코수도회 교육관　　용산구 / 1992 / 강석원　　239

난지 수변생태학습센터/한강야생탐사센터　　마포구 / 2009 / 곽희수　　219
내를건너서숲으로도서관　　은평구 / 2018 / 조진만　　466
노들섬 오페라하우스 프로젝트　　용산구　　213
다시·세운 프로젝트　　종로구 / 2017 / 장용순 + 이_스케이프건축　　159
다이코그램　　마포구 / 2005 / 김헌　　408
당인리 문화창작발전소　　마포구 / 2022 (개관 예정) / 조민석　　220
대학로 문화공간 〉 TOM　　종로구 / 1996 / 승효상　　091
대한출판문화회관　　종로구 / 1975 / 홍순인　　028
돈의문박물관마을　　종로구 / 2017 / 민현식 + 노바건축　　072
동대문디자인플라자 DDP　　중구 / 2014 / 자하 하디드 + 삼우건축　　399
동숭교회　　종로구 / 2006 / 민현식　　095
뚝섬 전망복합문화시설　　광진구 / 2010 / 권문성　　216
마로니에공원　　종로구 / 2013 / 이종호　　087
맥심플랜트　　용산구 / 2018 / 박진　　446
메밀꽃 필 무렵　　종로구 / 2018 / 이도은, 임현진　　060
메이크어스 〉 젠지 이스포츠　　강남구 / 2014 / 김동진　　263
문화비축기지　　마포구 / 2017 / 허서구 + 백상진, 김경도　　372
밀알학교　　강남구 / 1997 개교, 2002 증축 / 유걸　　418
바이닐앤플라스틱/스토리지　　용산구 / 2016 / 서승모　　438
바티_리을　　강남구 / 2008 / 김동진　　261
부띠크모나코　　서초구 / 2008 / 조민석　　339
북촌마을안내소　　종로구 / 2016 / 윤승현, 이지선　　048
삼성미술관 리움　　용산구 / 2004 / 마리오 보타, 장 누벨, 렘 쿨하스 + 삼우건축　　391
서서울예술교육센터　　양천구 / 2016 / 정현아　　376
서소문성지역사박물관　　중구 / 2019 / 윤승현 + 이규상 + 우준승　　109
서울광장　　중구　　137
서울대학교 39동 (건축학과)　　관악구 / 2006 / 장윤규 + 정림건축　　268
서울대학교 IBK커뮤니케이션센터　　관악구 / 2014 / 이규상, 장기욱　　275
서울대학교 관정도서관　　관악구 / 2014 / 유태용　　273
서울대학교 미술관　　관악구 / 2006 / 렘 쿨하스 + 삼우건축　　270
서울대학교 야외공연장　　관악구 / 2015 / 이규상, 장기욱　　278
서울도시건축전시관　　중구 / 2018 / 조경찬 + 안종환　　142
서울로7017　　중구 / 2017 / 비니 마스　　144
서울문화재단　　동대문구 / 2005 / 최정화 + 오우근, 함은주　　156
서울시립대학교 100주년기념관　　동대문구 / 2018 / 최문규　　287

색 인

서울시립대학교 조형관　　동대문구 / 2004 / 주대관, 홍성천 + 목대상　　286
서울시립미술관　　중구 / 2002 / 박승, 한종률　　068
서울시청사　　중구 / 2012 / 유걸 + 삼우건축　　139
서울식물원　　강서구 / 2019 / 김찬중　　195
서울월드컵경기장　　마포구 / 2001 / 류춘수 + 정림건축　　337
선벽원　　동대문구 / 2013 개축 / 이충기 + 명원건축　　282
선유도공원　　영등포구 / 2002 / 조성룡 + 정영선　　211
선타워　　서대문구 / 1996 / 톰 메인　　406
성동책마루　　성동구 / 2018 / 김현준 + 김태영 + 어반토폴로지　　457
성수동 대림창고 갤러리컬럼　　성동구 / 2016 / 홍동희　　385
성수문화복지회관　　성동구 / 2013 / 장윤규, 신창훈　　200
세계평화의문　　송파구 / 1988 / 김중업　　188
소마미술관　　송파구 / 2004 / 조성룡　　189
송원아트센터　　종로구 / 2014 / 조민석　　051
쇳대박물관　　종로구 / 2003 / 승효상　　093
숭실대학교 조만식기념관/웨스트민스터홀　　동작구 / 2007 / 이성관　　289
숭실대학교 학생회관　　동작구 / 2011 / 최문규　　291
쌈지길　　종로구 / 2004 / 최문규 + 가브리엘 크로이츠　　078
아라리오뮤지엄 인 스페이스　　종로구 / 2014　　024
아르코 미술관/예술극장　　종로구 / 1976 / 김수근　　083
아름지기　　종로구 / 2013 / 김종규 + 김봉렬　　055
아모레퍼시픽 사옥　　용산구 / 2017 / 데이비드 치퍼필드　　451
아크로스　　강남구 / 2003 / 우경국　　255
아트선재센터　　종로구 / 1998 개관, 2016 개조 / 김종성　　042
안중근의사기념관　　중구 / 2010 / 임영환, 김선현　　120
양화진 외국인선교사묘원　　마포구　　101
어반하이브　　강남구 / 2008 / 김인철　　311
에스트레뉴　　영등포구 / 2009 / 조민석　　347
예화랑　　강남구 / 2005 / 장윤규, 신창훈　　357
온그라운드 갤러리　　종로구 / 2013 / 조병수　　064
우란문화재단　　성동구 / 2018 / 김찬중　　202
원앤원 63.5　　강남구 / 2015 / 황두진　　314
웰콤시티　　중구 / 2000 / 승효상 + 플로리안 베이겔　　353
윤동주문학관　　종로구 / 2012 / 이소진　　124
윤슬: 서울을 비추는 만리동　　중구 / 2017 / 강예린, 이재원, 이치훈　　147

은평구립 구산동도서관마을	은평구 / 2015 / 최재원	464
은평구립도서관	은평구 / 2001 / 곽재환	461
이상봉타워	강남구 / 2018 / 장윤규, 신창훈 + 한길환	252
이상의 집	종로구 / 2014 증개축 / 이지은	062
이화100주년기념관	중구 / 2004 / 이종호	070
이화여자대학교 캠퍼스 콤플렉스 ECC	서대문구 / 2008 / 도미니크 페로 + 범건축	396
일신홀	용산구 / 2010 / 우시용	240
전쟁기념관	용산구 / 1994 / 이성관 + 양재현, 곽홍길	174
절두산 순교기념관	마포구 / 1967 / 이희태	104
절두산 순교자기념탑	마포구 / 2001 / 이춘만 (조각)	107
젠틀몬스터 북촌 플래그십스토어	종로구 / 2015	382
젠틀몬스터 홍대 플래그십스토어	마포구 / 2014	383
종로타워	종로구 / 1999 / 라파엘 비뇰리 + 삼우건축	334
질모서리	서초구 / 2012 / 김인철	323
청계천박물관	성동구 / 2005 / 박승홍	154
커먼그라운드	광진구 / 2015 / 백지원, 이형석 + 이주은, 고기웅	365
퀸마마마켓	강남구 / 2015 / 조병수	256
크링 〉써밋갤러리	강남구 / 2008 개관, 2015년 재개관 / 장윤규, 신창훈	356
탄허기념박물관	강남구 / 2010 / 이성관	118
토탈미술관	종로구 / 1992 / 문신규	164
통의동 보안여관, 보안 1942	종로구 / 2017 개축 및 신축 / 민현식 (신관)	058
파이빌99	성북구 / 2016 / 위진복	367
평화문화진지	도봉구 / 2017 / 유종수	378
포스코센터	강남구 / 1995 / 원정수	332
플래툰쿤스트할레 〉에스제이쿤스트할레	강남구 / 2009 / 백지원	363
플랫폼엘 컨템포러리 아트센터	강남구 / 2016 / 이정훈	360
플레이스원	강남구 / 2017 / 김찬중	319
학고재갤러리 〉갤러리이즈	종로구 / 2004 / 이타미 준	080
한내지혜의숲	노원구 / 2016 / 장윤규, 신창훈	468
핸즈코퍼레이션 사옥	용산구 / 2014 / 김찬중	241
현대아이파크타워	강남구 / 2004 / 다니엘 리베스킨트 + 힘마건축 + 하우드엔지니어링	410
현대카드 디자인라이브러리	종로구 / 2000, 유태용 (서미갤러리) / 2013, 최욱 (개축)	431
현대카드 뮤직라이브러리	용산구 / 2015 / 최문규	435
현대카드 영등포사옥	영등포구 / 2012 / 최욱	422
현대카드 쿠킹라이브러리	강남구 / 2017 / 최욱	440

현대카드 트래블라이브러리　강남구 / 2014 / 카타야마 마사미치　433
환기미술관　종로구 / 1992 / 우규승　114
휴머니스트 사옥　마포구 / 2012 / 김준성　444

건 축 가

CRS　국제빌딩　299
RAD　SK T-타워　345
SO-IL Architects　국제갤러리 K3　035
SOM　LG 트윈타워　301
가브리엘 크로이츠 Gabrial Kroiz　쌈지길　078
강석원 그룹가　꼰벤뚜알프란치스코수도회 교육관　239
강예린 SoA　윤슬: 서울을 비추는 만리동　147
고기웅 53427건축　커먼그라운드　365
곽재환 건축그룹 칸　은평구립도서관　461
곽홍길 건원건축　전쟁기념관　174
곽희수 이뎀도시건축　난지 수변생태학습센터/한강야생탐사센터　219
권문성 아뜰리에17　뚝섬 전망복합문화시설　216
김경도 RoA건축　문화비축기지　372
김동진 L'EAU Design　메이크어스　263　바티_리을　261
김봉렬 한국예술종합학교　아름지기　055
김선현 다림건축　안중근의사기념관　120
김수근 공간건축　공간 사옥　020　아르코 미술관/예술극장　083
김영준 김영준도시건축　ZWKM 블록　448
김인철 중앙대, 아르키움　어반하이브　311　질모서리　323
김종규 한국예술종합학교, M.A.R.U.　아름지기　055
김종성 서울건축　SK 서린빌딩　303　아트선재센터　042
김준성 건국대건축전문대학원, hANd　휴머니스트 사옥　444
김중업　세계평화의문　188
김찬중 더_시스템 랩　KH바텍 사옥　316　서울식물원　195　우란문화재단　202
　　　　　　　　　　플레이스원　319　핸즈코퍼레이션 사옥　241
김태수 T.S.K건축　금호미술관　031
김태영 한국예술종합학교　성동책마루　457

색 인
478

김헌 어싸일럼　　다이코그램　408

김현준 강원대　　성동책마루　457

김형종 오퍼스건축　　가회동성당　416

노바건축　　돈의문박물관마을　072

다니엘 리베스킨트 Daniel Libeskind　　현대아이파크타워　410

대림산업 컨소시엄 건축_삼우건축 + 조경_서안조경 + 토목_한국종합기술　　광화문광장　135

데이비드 치퍼필드 David Chipperfield　　아모레퍼시픽 사옥　451

도미니크 페로 Dominique Perrault　　이화여자대학교 캠퍼스 콤플렉스　396

라파엘 비뇰리 Rafael Viñoly　　종로타워　334

렘 쿨하스 Rem Koolhaas, OMA　　서울대학교 미술관　270　　삼성미술관 리움　391

류재은 시건축　　김종영미술관 불각재　168

류춘수 이공건축　　서울월드컵경기장　337

마리오 보타 Mario Botta　　교보타워　309　　삼성미술관 리움　391

장 누벨 Jean Nouvel　　삼성미술관 리움　391

명원건축　　선벽원　282

목대상 상화건축　　서울시립대학교 조형관　286

문신규 토탈디자인　　토탈미술관　164

민현식 한국예술종합학교, 기오헌　　돈의문박물관마을　072　　동숭교회　095　　보안 1942　058

민현준 홍익대, 엠피아트　　국립현대미술관 서울관　037

박승 삼우건축　　서울시립미술관　068

박승홍 정림건축　　국립중앙박물관　176　　청계천박물관　154

박진 애이아이건축　　맥심플랜트　446

배병길 배병길건축연구소　　갤러리현대　029　　국제갤러리 K1　033

백상진 RoA건축　　문화비축기지　372

백지원 열반테이너　　커먼그라운드　365　　플래툰쿤스트할레　363

범건축　　이화여자대학교 캠퍼스 콤플렉스　396

벤 판 베르켈 Ben van Berkel, UN Studio　　갤러리아백화점명품관 서관　245

비니 마스 Winy Mass, MVRDV　　서울로7017　144

삼우건축　　동대문디자인플라자　399　　삼성미술관 리움　391　　서울대학교 미술관　270
　　서울시청사　139　　종로타워　334

서승모 사무소효자동　　바이닐앤플라스틱/스토리지　438

승효상 이로재　　대학로 문화공간　091　　쇳대박물관　093　　웰콤시티　353

신창훈 운생동　　성수문화복지회관　200　　예화랑　357　　이상봉타워　252　　크링　356
　　한내지혜의숲　468

아키텍튼 콘소트 Architecten Consort　　GT타워 이스트　344

안종환 안건축　서울도시건축전시관　142
양재현 건원건축　전쟁기념관　174
어반토폴로지　성동책마루　457
오우근 지음아키씬건축　서울문화재단　156
우경국 예공건축　아크로스　255
우규승 우규승건축　환기미술관　114
우대성 오퍼스건축　가회동성당　416
우시용 시공건축　일신홀　240
우준승 레스건축　서소문성지역사박물관　109
원정수 간삼건축　포스코센터　332
위진복 UIA건축　파이빌99　367
유걸 아이아크　밀알학교　418　서울시청사　139
유종수 코어건축　평화문화진지　378
유태용 테제건축　서울대학교 관정도서관　273
윤승현 인터커드　북촌마을안내소　048　서소문성지역사박물관　109
이규상 보이드아키텍트　구로청소년문화의집　459　서소문성지역사박물관　109
　　　　　서울대학교 IBK커뮤니케이션센터　275　서울대학교 야외공연장　278
이도은 이와임　메밀꽃 필 무렵　060
이성관 한울건축　숭실대학교 조만식기념관/웨스트민스터홀　289　탄허기념박물관　118
　　　　　전쟁기념관　174
이소진 아뜰리에 리옹　윤동주문학관　124
이_스케이프건축　다시·세운 프로젝트　159
이재원 SoA　윤슬: 서울을 비추는 만리동　147
이정훈 조호건축　플랫폼엘 컨템포러리 아트센터　360
이종호 한국예술종합학교, 메타건축　마로니에공원　087　이화100주년기념관　070
이주은 53427건축　커먼그라운드　365
이지선 인터커드　북촌마을안내소　048
이지은 SSWA　이상의 집　062
이춘만 조각가　절두산 순교자기념탑　107
이충기 서울시립대　선벽원　282
이치훈 SoA　윤슬: 서울을 비추는 만리동　147
이타미 준 伊丹潤　학고재갤러리　080
이형석 열반테이너　커먼그라운드　365
이희태　절두산 순교기념관　104
임영환 홍익대　안중근의사기념관　120

색 인

임현진 이와임　　메밀꽃 필 무렵 . 060
자하 하디드 Zaha Hadid　　동대문디자인플라자　　399
장기욱 보이드아키텍트　　구로청소년문화의집　459　　서울대학교 IBK커뮤니케이션센터　275
　　　　　　　　서울대학교 야외공연장　278
장 누벨 Jean Nouvel　　삼성미술관 리움　391
장 미셸 빌모트 Jean Michel Wilmotte　　가나아트센터　165
장세양 공간건축　　공간 아넥스　022
장영철 와이즈건축　　ABC사옥　258
장용순 홍익대　　다시·세운 프로젝트　159
장윤규 국민대. 운생동　　서울대학교 39동 (건축학과)　268　성수문화복지회관　200　예화랑　357
　　　　　　　이상봉타워　252　크링　356　한내지혜의숲　468
전숙희 와이즈건축　　ABC사옥　258
정림건축　　SK T-타워　345　서울대학교 39동 (건축학과)　268　서울월드컵경기장　337
정영선 서안조경　　선유도공원　211
정현아 디아건축　　서서울예술교육센터　376
조경찬 터미널7아키텍츠　　서울도시건축전시관　142
조민석 매스스터디스　　EG소울리더　325　당인리 문화창작발전소　220　부띠크모나코　339
　　　　　　　송원아트센터　051　에스트레뉴　347
조병수 조병수건축연구소　　온그라운드 갤러리　064　퀸마마마켓　256
조성기 오퍼스건축　　가회동성당　416
조성룡 조성룡도시건축　　선유도공원　211　소마미술관　189
조진만 조진만건축　　내를건너서숲으로도서관　466
주대관 엑토건축　　서울시립대학교 조형관　286
진아건축　　SK T-타워　345
창조건축　　LG 트윈타워　301　교보타워　309
최문규 연세대. 가아건축　　서울시립대학교 100주년기념관　287　숭실대학교 학생회관　291
　　　　　　　쌈지길　078　현대카드 뮤직라이브러리　435
최욱 원오원건축　　현대카드 디자인라이브러리　431　현대카드 영등포사옥　422
　　　　　　　현대카드 쿠킹라이브러리　440
최유종　　김종영미술관 사미루　168
최재원 디자인그룹 오즈　　은평구립 구산동도서관마을　464
최정화　　서울문화재단　156
카타야마 마사미치 片山正通. Wonderwall　　현대카드 트래블라이브러리　433
톰 메인 Thom Mayne, Morphosis　　선타워　406
플로리안 베이겔 Florian Beigel　　웰콤시티　353

하우드엔지니어링　현대아이파크타워　410

한길건축　GT타워 이스트　344

한길환　이상봉타워　252

한대진 도시인건축　국립한글박물관　183

한종률 삼우건축　서울시립미술관　068

함은주 지음아키쎈건축　서울문화재단　156

허서구 한양대　문화비축기지　372

홍동희　성수동 대림창고 갤러리컬럼　385

홍성천 엑토건축　서울시립대학교 조형관　286

홍순인 대우건축　대한출판문화회관　028

황두진 황두진건축　가회헌　046　원앤원 63.5　314

힘마건축　현대아이파크타워　410

위치 / 지역

강남구

강남대로 476 / 어반하이브　311

강남대로 528 / 원앤원 63.5　314

도산대로 451 / 이상봉타워　252

도산대로24길 23/25/29, 논현로145길 19 / ZWKM 블록　448

도산대로100길 24 / 바티_리을　261

밤고개로14길 13-51 / 탄허기념박물관　118

봉은사로49길 38 / 메이크어스　263

선릉로103길 11 / ABC사옥　258

선릉로152길 18 / 현대카드 트래블라이브러리　433

압구정로 343 / 갤러리아백화점명품관 서관　245

압구정로12길 18 / 예화랑　357

압구정로46길 46 / 현대카드 쿠킹라이브러리　440

압구정로46길 50 / 퀸마마마켓　256

언주로133길 11 / 플랫폼엘 컨템포러리 아트센터　360

언주로148길 5 / 플래툰쿤스트할레　363

언주로164길 24 / 아크로스　255

영동대로 337 / 크링　356

영동대로 520 / 현대아이파크타워　**410**
영동대로96길 26 / 플레이스원　**319**
일원로 90 / 밀알학교　**418**
테헤란로 440 / 포스코센터　**332**
테헤란로14길 34 / EG소울리더　**325**

강서구
마곡동로 161 / 서울식물원　**195**

관악구
관악로 1 / 서울대학교 39동 (건축학과)　**268**
관악로 1 / 서울대학교 IBK커뮤니케이션센터　**275**
관악로 1 / 서울대학교 관정도서관　**273**
관악로 1 / 서울대학교 미술관　**270**
관악로 1 / 서울대학교 야외공연장　**278**

광진구
강변북로 68 / 뚝섬 전망복합문화시설　**216**
아차산로 200 / 커먼그라운드　**365**

구로구
부일로 949 / 구로청소년문화의집　**459**

노원구
마들로 86 / 한내지혜의숲　**468**

도봉구
마들로 932 / 평화문화진지　**378**

동대문구
서울시립대로 163 / 서울시립대학교 100주년기념관　**287**
서울시립대로 163 / 서울시립대학교 조형관　**286**
서울시립대로 163 / 선벽원　**282**
청계천로 517 / 서울문화재단　**156**

색 인

동작구

상도로 369 / 숭실대학교 조만식기념관/웨스트민스터홀　289
상도로 369 / 숭실대학교 학생회관　291

마포구

독막로7길 54 / 젠틀몬스터 홍대 플래그십스토어　383
동교로23길 76 / 휴머니스트 사옥　444
월드컵로 240 / 서울월드컵경기장　337
양화진길 46 / 양화진 외국인선교사묘원　101
연남로3길 65 / 다이코그램　408
증산로 87 / 문화비축기지　372
토정로 6 / 절두산 순교기념관　104
토정로 6 / 절두산 순교자기념탑　107
토정로 56 / 당인리 문화창작발전소　220
한강난지로 22 / 난지 수변생태학습센터/한강야생탐사센터　219

서대문구

이화여대길 52 / 이화여자대학교 캠퍼스 콤플렉스　396
이화여대길 79 / 선타워　406

서초구

강남대로 465 / 교보타워　309
반포대로 18 / KH바텍 사옥　316
서초대로 397 / 부띠크모나코　339
서초대로 411 / GT타워 이스트　344
서초대로46길 42 / 질모서리　323

성동구

고산자로 270 / 성동책마루　457
성수이로 78 / 성수동 대림창고 갤러리컬럼　385
연무장7길 11 / 우란문화재단　202
뚝섬로1길 43 / 성수문화복지회관　200
청계천로 530 / 청계천박물관　154

성북구

고려대로 99-14 / 파이빌99   367

송파구
올림픽로 424 / 세계평화의문   188
올림픽로 424 / 소마미술관   189

양천구
남부순환로64길 2 / 서서울예술교육센터   376

영등포구
국제금융로2길 37 / 에스트레뉴   347
선유로 343 / 선유도공원   211
여의대로 128 / LG 트윈타워   301
영등포로 188 / 현대카드 영등포사옥   422

용산구
서빙고로 137 / 국립중앙박물관   176
서빙고로 139 / 국립한글박물관   183
양녕로 445 / 노들섬 오페라하우스 프로젝트   213
이태원로 29 / 전쟁기념관   174
이태원로 246 / 현대카드 뮤직라이브러리   435
이태원로 248 / 바이닐앤플라스틱/스토리지   438
이태원로 250 / 맥심플랜트   446
이태원로55길 60-16 / 삼성미술관 리움   391
한강대로 92 / 국제빌딩   299
한강대로 100 / 아모레퍼시픽 사옥   451
한남대로 90 / 꼰벤뚜알프란치스코수도회 교육관   239
한남대로 98 / 일신홀   240
한남대로 104 / 핸즈코퍼레이션 사옥   241

은평구
연서로13길 29-23 / 은평구립 구산동도서관마을   464
증산로17길 50 / 내를건너서숲으로도서관   466
통일로78가길 13-84 / 은평구립도서관   461

종로구

계동길 92 / 젠틀몬스터 북촌 플래그십스토어   382

대학로 104 / 아르코 미술관/예술극장   083

대학로8길 1 / 마로니에공원   087

대학로8가길 85 / 대학로 문화공간   091

북촌로 31-18 / 현대카드 디자인라이브러리   431

북촌로 57 / 가회동성당   416

북촌로5길 14 / 가회헌   046

북촌로5길 48 / 북촌마을안내소   048

삼청로 6 / 대한출판문화회관   028

삼청로 14 / 갤러리현대   029

삼청로 18 / 금호미술관   031

삼청로 30 / 국립현대미술관 서울관   037

삼청로 30 / 국립현대미술관 젊은건축가프로그램   424

삼청로 48-10 / 국제갤러리 K3   035

삼청로 54 / 국제갤러리 K1   033

세종대로 172 / 광화문광장   135

송월길 2 / 돈의문박물관마을   072

윤보선길 75 / 송원아트센터   051

율곡로 83 / 공간 사옥   020

율곡로 83 / 공간 아넥스   022

율곡로 83 / 아라리오뮤지엄 인 스페이스   024

율곡로3길 87 / 아트선재센터   042

이화장길 94 / 동숭교회   095

이화장길 100 / 쇳대박물관   093

인사동길 44 / 쌈지길   078

인사동길 52-1 / 학고재갤러리   080

자하문로7길 18 / 이상의 집   062

자하문로10길 23 / 온그라운드 갤러리   064

자하문로40길 63 / 환기미술관   114

종로 26 / SK 서린빌딩   303

종로 51 / 종로타워   334

창의문로 119 / 윤동주문학관   124

청계천로 159 / 다시·세운 프로젝트   159

평창30길 28 / 가나아트센터   165

색 인

평창32길 8 / 토탈미술관　　164
평창32길 30 / 김종영미술관　　168
효자로 17 / 아름지기　　055
효자로 31-1 / 메밀꽃 필 무렵　　060
효자로 33 / 통의동 보안여관, 보안 1942　　058

중구

덕수궁길 61 / 서울시립미술관　　068
동호로 272 / 웰콤시티　　353
만리동1가 만리동광장 / 윤슬: 서울을 비추는 만리동　　147
세종대로 110 / 서울광장　　137
세종대로 110 / 서울시청사　　139
세종대로 119 / 서울도시건축전시관　　142
소월로 91 / 안중근의사기념관　　120
을지로 65 / SK T-타워　　345
을지로 281 / 동대문디자인플라자　　399
정동길 26 / 이화100주년기념관　　070
청파로 432 / 서울로7017　　144
칠패로 5 / 서소문성지역사박물관　　109

한국 현대건축의 지리지 2

서울을 건축으로 보다
서 울 체

발행일 2020년 12월 1일 초판 1쇄
지은이 박길룡, 이재성
발행인 이재성
발행처 도서출판 디

등 록   2011년 11월 14일 (제387-2011-000062호)
주 소   경기도 부천시 원미구 중동로 327, 232-1401
전 화   032-216-7145
팩 스   0505-115-7145
이메일   plus33@empas.com

ISBN   979-11-950529-6-7 93600

이 도서는 한국출판문화산업진흥원의 '2020년 출판콘텐츠 창작 지원 사업'의 일환으로 국민체육진흥기금을 지원받아 제작되었습니다.

본 도서는 저작권의 보호를 받는 저작물로 무단 전재나 복사, 복제를 금합니다.